高等学校计算机应用规划教材

Java开发实例教程

石　磊　张　艳　主　编
吕雅丽　陶永才　副主编

清华大学出版社
北　京

内 容 简 介

本书全面讲述 Java 程序设计的相关知识。全书共分为 11 章，深入介绍 Java 的起源和发展，Java 语言的特点，Java 软件开发包的安装方法和环境变量的配置方法，流程控制语句，面向对象编程的相关知识，如类、对象、继承等，Java 常用类库及异常处理，Swing 图形用户界面，多线程机制，数据库编程和网络编程等内容。

本书内容丰富、结构合理、思路清晰、语言简练流畅、示例翔实，可作为高等院校软件开发相关专业、计算机科学与技术专业的教材，还可作为 Java 应用开发人员的参考资料。

本书的电子课件、习题答案和实例源文件可以到 http://www.tupwk.com.cn 网站下载。

图书在版编目(CIP)数据

Java 开发实例教程 / 石磊，张艳 主编. —北京：清华大学出版社，2017
(高等学校计算机应用规划教材)
ISBN 978-7-302-47983-3

Ⅰ. ①J… Ⅱ. ①石… ②张… Ⅲ. ①JAVA 语言－程序设计－高等学校－教材 Ⅳ. ①TP312.8

中国版本图书馆 CIP 数据核字(2017)第 201710 号

责任编辑：胡辰浩　李维杰
装帧设计：孔祥峰
责任校对：成凤进
责任印制：沈　露

出版发行：清华大学出版社
网　　址：http://www.tup.com.cn，http://www.wqbook.com
地　　址：北京清华大学学研大厦 A 座　　**邮　　编：**100084
社 总 机：010-62770175　　**邮　　购：**010-62786544
投稿与读者服务：010-62776969，c-service@tup.tsinghua.edu.cn
质 量 反 馈：010-62772015，zhiliang@tup.tsinghua.edu.cn
课 件 下 载：http://www.tup.com.cn,010-62781730
印 刷 者：北京富博印刷有限公司
装 订 者：北京市密云县京文制本装订厂
经　　销：全国新华书店
开　　本：185mm×260mm　　**印　　张：**20.5　　**字　　数：**473 千字
版　　次：2017 年 9 月第 1 版　　**印　　次：**2017 年 9 月第1次印刷
印　　数：1～4000
定　　价：48.00 元

产品编号：069861-01

前　　言

信息技术的飞速发展大大推动了社会的进步，已经逐渐改变了人类的生活、工作、学习等方式。Java 语言是当今流行的网络编程语言，它的面向对象、跨平台、分布应用等特点给编程人员带来了一种崭新的概念，使万维网从最初的单纯提供静态信息发展到现在的能够提供各种各样的动态服务。

Java 的出现迅速引起了 IT 业和工业界的高度重视。Java 提供的强大的图形、图像、动画、音频、视频、多线程和网络交互能力，使它在设计交互式程序、多媒体网页和网络应用方面大显身手。目前，Java 已经成为最卓越的程序设计语言之一。

Java 不仅是一种程序设计语言，更是现代软件编程技术的基础。Java 还是未来新型 OS 的核心，未来将会出现 Java 芯片。Java 将构成各种应用软件的开发平台与实现环境，成为人们必不可少的开发工具，有着广泛的应用前景。

本书从 Java 的起源出发，由浅入深地详细讲述了 Java 的起源和发展，Java 语言的特点，Java 软件开发包的安装方法和环境变量的配置方法，流程控制语句，面向对象编程的相关知识，如类、对象、继承等，Java 常用类库及异常处理，Swing 图形应用界面，多线程机制，数据库编程和网络编程等，并且运用大量实例对各种关键技术进行深入浅出的分析，注重培养读者解决实际问题的能力并快速掌握利用 Java 语言进行实际开发的基本操作技术。

每一章的引言部分概述了该章的作用和内容。在每一章的正文中，结合所讲述的关键技术和难点，穿插了大量极富实用价值的示例。每一章末尾都安排了有针对性的思考和练习，思考题有助于读者巩固所学的基本概念，练习题有助于培养读者的实际动手能力，增强对基本概念的理解和实际应用能力。

本书内容丰富、结构合理、思路清晰、语言简练流畅、示例翔实，可作为高等院校软件开发相关专业、计算机科学与技术专业的教材，还可作为 Java 应用开发人员的参考资料。

本书共 11 章，其中第 1 章由石磊编写，第 2 章和第 4 章由张艳和巴阳编写，第 3 和第 5 章由吕雅丽编写，第 6 章由陶永才编写，第 7 章由李世科编写，第 8 章和第 11 章由董俊磊和巴阳编写，第 9 章由庞海波编写，第 10 章由张亚利编写。石磊和张艳负责全书的统稿和校对工作。

本书是集体智慧的结晶，参加本书编写的人员还有石育澄、邵玉梅、火昊、赵国桦、丁鑫、贾圣杰、任鹏程、郭华杰、程秋香、赵香玉、郑丽丽、张晓菊、卢华林、吴歌等。由于作者水平有限，本书难免有不足之处，欢迎广大读者批评指正。我们的 email 是 huchenhao@263.net，电话是 010-62796045。

在编写过程中，我们也参考和采纳了国内外大量专家学者的著作和其他形式的研究成果，在此一并向他们表示深深的谢意！

本书对应的电子课件、习题答案和实例源文件可以到 http://www.tupwk.com.cn 网站下载。

作　者

2017 年 6 月

目　　录

第1章　Java语言入门

Java语言是当今流行的网络编程语言，它的面向对象、跨平台、分布应用等特点给编程人员带来了一种崭新的概念，使万维网从最初的单纯提供静态信息发展到现在的能够提供各种各样的动态服务。Java不仅能够通过编写小应用程序实现嵌入网页的声音和动画功能，而且还能够应用于独立的大中型应用程序，其强大的网络功能可以把整个Internet作为一个统一的运行平台。

本章学习目标：

- 了解Java语言的起源和发展
- 了解Java语言的特点
- 了解Java语言的主要用途
- 熟悉Java常用软件包的功能
- 掌握Java软件的下载、安装与配置

1.1　概　　述

1.1.1　Java的起源与发展

驱使计算机语言革新的因素有两个：程序设计技术的改进和计算环境的改变。Java也不例外。在大量继承C和C++的基础之上，Java还增加了反映当前程序设计技术状态的功能与精华。针对在线环境的蓬勃发展，Java为高度的分布式体系结构提供了流水线程序设计的功能。

任职于Sun公司的James Gosling等人于1990年初开发了Java语言的雏形，最初被命名为Oak，目标设定在家用电器等小型系统的程序语言，应用于电视机、电话、闹钟、烤面包机等家用电器的控制和通信。由于这些智能化家电市场的需求没有预期那么高，Sun公司放弃了该项计划。随着20世纪90年代互联网的发展，Sun公司看见Oak在互联网应用的前景，于是改造了Oak，于1995年5月以Java的名称正式发布。Java伴随着互联网的迅猛发展而发展，逐渐成为重要的网络编程语言。

Java曾被美国的著名杂志*PC Magazine*评为1995年十大优秀科技产品，之所以称其为“革命性编程语言”，是因为用Java语言编写的软件能在任何安装了Java虚拟机的操作系统上执行。

Java技术的快速发展得益于Internet的广泛应用，Internet上有各种不同的计算机，它们可能使用完全不同的操作系统和 CPU 芯片，但仍希望运行相同的程序，而 Java 的出现大大推动了分布式系统的快速开发和应用。

Java 的出现迅速引起了 IT 业和工业界的高度重视。Java 提供的强大的图形、图像、动画、音频、视频、多线程和网络交互能力，使它在设计交互式程序、多媒体网页和网络应用方面大显身手。目前，Java 已经成为最卓越的程序设计语言之一。

Java 不仅是一种程序设计语言，更是现代软件编程技术的基础。Java 还是未来新型 OS 的核心，未来将会出现 Java 芯片。Java 将构成各种应用软件的开发平台与实现环境，成为人们必不可少的开发工具。Java 语言有着广泛的应用前景，例如：

- 所有面向对象应用的开发，包括面向对象的事件描述、处理和综合等。
- 计算过程的可视化，可操作化软件的开发。
- 动态画面的设计，包括图形图像的调用。
- 交互操作的设计(选择交互、定向交互和控制流程等)。
- Internet 的系统管理功能模块，包括 Web 页面的动态设计、管理和交互操作设计等。
- Intranet(企业内部网)上的软件开发(直接面向企业内部用户的软件开发)。
- 与各类数据库连接查询的 SQL 语句实现。
- 其他应用类型的程序。

1.1.2　Java 与 C 和 C++的关系

Java 与 C 和 C++直接相关。Java 继承了 C 的语法，Java 的对象模型是从 C++改编而来的。Java 与 C 和 C++的关系之所以重要，是出于以下几个原因：

首先，许多程序员都熟悉 C/C++语法。这样对于他们而言，学习 Java 就简单多了。同样，Java 程序员学习 C/C++也是很简单的。

其次，Java 设计者并没有做重复工作。相反，他们进一步对已经成功的程序设计范式进行了提炼。现代程序设计始于 C，而后过渡到 C++，现在则是 Java。通过大量的继承和进一步的构建，Java 提供了强大的、可以更好利用已有成果的、逻辑一致的程序设计环境，并且增加了在线环境需求的新功能。然而，最重要的一点或许在于，由于它们的相似性，C、C++和 Java 为专业程序员定义了统一的概念架构。程序员从其中一种语言转为另一种语言时，不会遇到太大的困难。

C 和 C++的核心设计原理之一就是程序员拥有控制权。Java 也继承了这一原理。除了 Internet 环境施加的约束以外，Java 为程序员提供了完全的控制权。如果程序编写得出色，就会体现出来；而如果较糟糕，也会体现出来。换句话说，Java 并不是一种教学式语言，而是为专业程序员准备的语言。

Java 还有与 C 和 C++共有的特性：都由真正的程序员设计、测试和修改，与设计者的需求和经验紧密结合。因此，再没有比这更好的方法来创建如此一流的专业程序设计语言了。

因为 Java 与 C++的相似性，特别是它们对面向对象程序设计的支持，所以有些程序员可能会将 Java 简单地看成“C++的 Internet 版”。然而，这种观点是错误的。因为 Java 在实际应用以及基本原理上与 C++有着显著的区别。尽管 Java 受到 C++的影响，但它绝不是 C++的增强版。例如，Java 不提供对 C++的向上或向下兼容。当然，Java 与 C++相似是十分明显的，如果你是一名 C++程序员，那么在使用 Java 时会有驾轻就熟的感觉。另外，Java 不是为替代 C++而设计的，而是为了解决一系列特定问题而设计的。C++则用来解决另一个不同系列的问题。两者将在未来共存。

1.1.3 Java 语言的特点

Java 语言适合用来开发网络上的应用程序。作为较晚问世的程序设计语言，Java 集中体现并充分利用了现代软件技术的新成果，如面向对象、多线程等。Java 语言的特点如下：

1. 简单性

Java 是一种面向对象的语言，它通过提供最基本的方法来完成指定任务，只需要理解一些基本概念就可以使之适合于开发各种情况的应用程序。Java 语言与 C++语言的风格相似，出于安全性考虑，Java 略去了运算符重载、多重继承等模糊的概念，并且通过实现自动垃圾收集大大简化了程序设计者的内存管理工作。另外，Java 也适合在小型机上运行，它的基本解释器及类的支持只有 40KB 左右，加上标准类库和线程的支持也只有 215KB 左右。

2. 面向对象

面向对象技术较好地解决了当今软件开发过程中出现的各种面向过程语言不能处理的问题，包括开发规模的扩大、升级加快、维护难度加大等。面向对象技术是按人们的思维方式建立问题空间模型，利用类和对象的机制将数据及操作封装在一起，通过统一的接口与外界交互。在面向对象技术中，对象和消息表示事物之间的相互联系，类和继承是适应人们一般思维方式的描述方式，方法表示作用于该类对象上的各种操作。

Java 语言的设计集中于对象及其接口，它提供了简单的类机制以及动态的接口模型。对象中封装了它的状态变量以及相应的方法，实现了模块化和信息隐藏；而类则提供了一类对象的原型，并且通过继承机制，子类可以使用父类所提供的方法，实现了代码的复用。

3. 分布性

Java 是面向网络的语言。它提供的类库可以处理 TCP/IP 协议，用户可以通过 URL 地址在网络上很方便地访问其他对象。

4. 鲁棒性

Java 在编译和运行程序时，都要对可能出现的问题进行检查，以消除错误的产生。它提供自动垃圾收集来进行内存管理，防止程序员在管理内存时产生错误。通过集成的面向对象的例外处理机制，在编译时，Java 提示可能出现但未被处理的例外，帮助程序员正确进行选择以防止系统崩溃。另外，Java 在编译时还可捕获类型声明中许多常见的错误，防止动态运行时不匹配问题的出现。

5. 安全性

Java 通过自己的安全机制防止了病毒程序的产生和下载程序对本地系统的威胁和破坏。用于网络、分布式环境的 Java 必须要防止病毒的侵入，Java 不支持指针，一切对内存的访问都必须通过对象的实例变量来实现，这样就防止程序员使用“特洛伊”木马等欺骗手段访问对象的私有成员，同时也避免了指针操作中容易产生的错误。

6. 体系结构中立

对于 Java 设计人员来说，核心问题是程序代码的持久性和可移植性。在创建 Java 时，程序员面临的一个主要问题是，即使是在同一台机器上也不能保证今天编写的程序到了明天仍然能够运行。操作系统升级、处理器升级以及核心系统资源的变化，都可能导致程序出现故障。Java 设计人员对 Java 语言做出了一些艰难的决策，Java 虚拟机就是试图用于解决这个问题的。它们的目标是“编写一次，无论何时、何地都能永远运行”。在很大程度上，这个目标已经实现了。

7. 可移植性

与平台无关的特性使 Java 程序可以方便地被移植到网络上的不同机器上。同时，Java 的类库中也实现了与不同平台的接口，使这些类库可以移植。另外，Java 编译器是由 Java 语言实现的，Java 运行时系统由标准 C 语言实现，这使得 Java 系统本身也具有可移植性。

8. 解释执行

Java 是解释型语言，它编译后并不生成特定的 CPU 机器代码，而是生成一种被称为字节码的目标代码。Java 解释器可以直接运行字节码指令，对其进行解释执行。Java 虚拟机使 Java 字节码指令可以在某一特定软硬件平台环境中直接运行，而工程人员不必考虑运行环境。

9. 高性能

和其他解释执行的语言(如 BASIC、TCL)不同，Java 字节码的设计使之能很容易地直接转换成对应于特定 CPU 的机器码，从而得到较高的性能。

10. 多线程

多线程机制使应用程序能够并行执行，而且同步机制保证了对共享数据的正确操作。通过使用多线程，程序设计者可以分别用不同的线程完成特定的行为，而不必采用全局的事件循环机制，这样就会很容易实现网络上的实时交互行为。

11. 动态性

Java 利用了面向对象技术的优点，新的或升级的库函数不需要更改源程序就能正确运行。

Java 的设计使它适合那种不断发展的环境。在 Java 类中可以自由地加入新的方法和实例变量而不会影响用户程序的执行，并且 Java 通过接口来支持多重继承，使之比严格的类继承具有更灵活的方式和扩展性。

1.2　搭建 Java 开发与运行环境

1.2.1　常用软件包功能

1. SDK

为了开发 Java 程序，计算机上必须安装 Java SDK(Software Development Kit，软件开发工具包)，它是用来辅助开发 Java 程序的相关文档、范例和工具的集合，是专门用于帮助开发人员提高工作效率的 Java 开发环境。它包括开发及运行 Java 所需要的主要软件。

2. JDK

Java SDK 最早被称为 Java Software Development Kit，后来改名为 JDK，它是 Java Development Kit 的缩写，中文称为 Java 开发工具包。它是整个 Java 的核心，是用来编写 Java Applet 和 Java 应用程序的开发环境。它由一个处于操作系统层之上的运行环境，以及翻译、调试和运行 Java 程序所需的工具组成。不论什么 Java 应用服务器，实质都是内置了某个版本的 JDK，JDK 是一切 Java 应用程序的基础，所有的 Java 应用程序都离不开 JDK。它包含所有对 Java 程序最有用的 Java 编译器、Applet 查看器和 Java 解释器。

在下载 Sun 公司提供的 Java EE SDK 软件包时，可以同时下载捆绑的 JDK 软件包，否则需要专门下载 JDK。如果仅仅是开发一些 Java 程序，使用 JDK 即可。

3. JRE

JRE(Java Runtime Environment)称为 Java 运行环境或 Java 平台。所有的 Java 程序都要在 JRE 下才能运行，JDK 开发工具是由 Java 程序组成的，也需要 JRE 才能运行。为了保持 JDK 的独立性和完整性，在 JDK 的安装中，JRE 也是安装的一部分。所以，在 JDK 的安装目录下有一个名为 jre 的目录，用于存放 JRE 文件。也就是说，JDK 中包含 JRE。

4. JVM

JVM(Java Virtual Machine，Java 虚拟机)是 JRE 的一部分。它是一个虚构出来的计算机，是通过在实际的计算机上模拟各种计算机的功能来实现的。JVM 有自己完善的硬件架构，如处理器、堆栈、寄存器等，还具有相应的指令系统。Java 语言最重要的特点就是跨平台运行。JVM 就是实现跨平台运行的主要工具。JRE 中包含 JVM。

5. Java 软件

为了在浏览器中运行 Java 小程序，需要在计算机中安装 Java 软件。这是一个特殊的

Java 软件包，它可以让浏览器支持 Java 程序的功能，它是 Java 程序与 Web 进行交互的工具。它包含 Java 虚拟机和许多其他内容。它可以通过浏览器尽情享受 Internet 提供的带有 Java 功能的最佳内容，包括游戏、体育、聊天、电子邮件、艺术、财务工具等。

1.2.2 安装 JDK 环境

为了开发 Java 程序，计算机上必须安装和配置 Java 开发环境，然而在编译并运行这些程序之前，必须在计算机上安装一个 Java 开发包(Java Development Kit，JDK)。JDK 是 Java Development Kit 的缩写，中文称为 Java 开发工具包，是一切 Java 应用程序的基础。JDK 支持两个主要程序：第一个是 Java 的编译器 javac；第二个是标准 Java 解释器 java，也称为 application launcher。

JDK 可以从 www.oracle.com/technetwork/java/javase/downloads/index.html 免费下载。本节以 Windows 版的 JDK 8 为例介绍 JDK 的安装过程。

(1) 双击下载的安装文件，如图 1-1 所示。

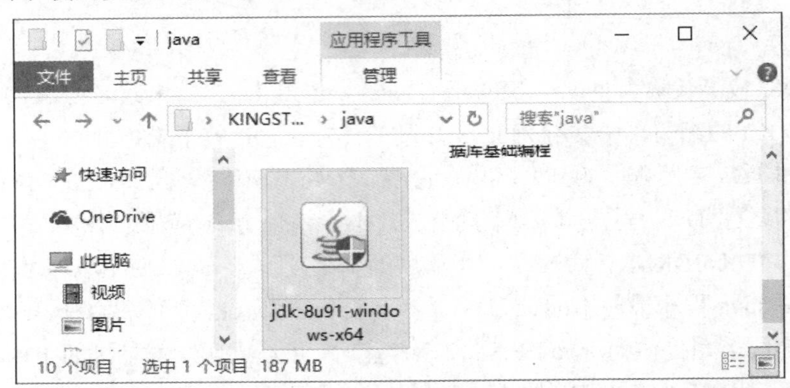

图 1-1　打开 JDK 安装包

(2) 进入安装向导，如图 1-2 所示。

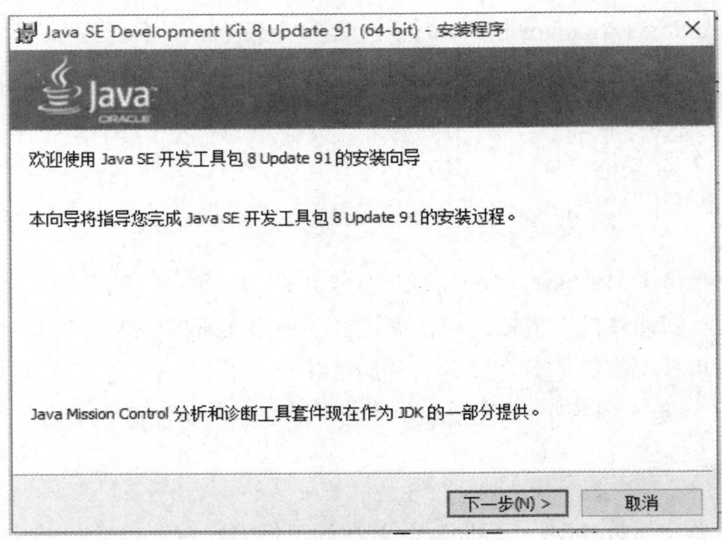

图 1-2　安装向导界面

(3) 单击【下一步】按钮进入自定义安装界面，默认安装到"C:\Program Files\Java\jdk1.8.0_91\"目录下，如图 1-3 所示。可以通过【更改】按钮对安装路径进行自定义，这里我们使用默认的安装路径。

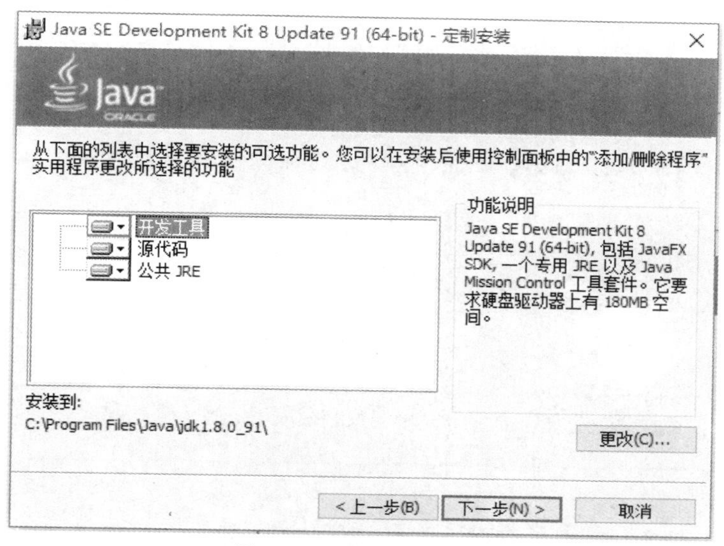

图 1-3　自定义安装界面

(4) 选择安装 JDK 所有组件后，单击【下一步】按钮进入安装进度界面，如图 1-4 所示。

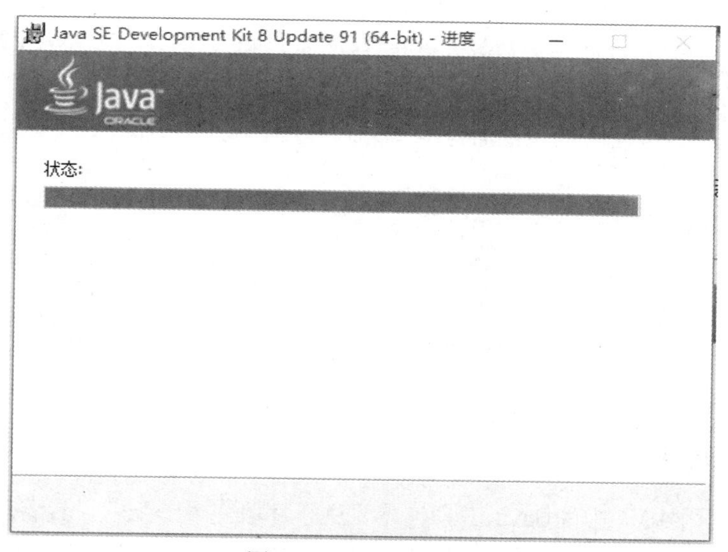

图 1-4　安装进度界面

(5) JDK 安装完成后，如图 1-5 所示，接下来可以配置 Java 开发环境。

安装成功后，可以看到基本工具将安装在 bin 文件中，如图 1-6 所示：包含编译器(javac.exe)、解释器(java.exe)、Applet 查看器(appletviewer.exe)等可执行文件；基础应用类库将安装在 lib 文件夹中，包含了所有的类库以便于开发 Java 程序；sample 文件夹包含开源代码程序实例；src 压缩文件夹包含类库开源代码。

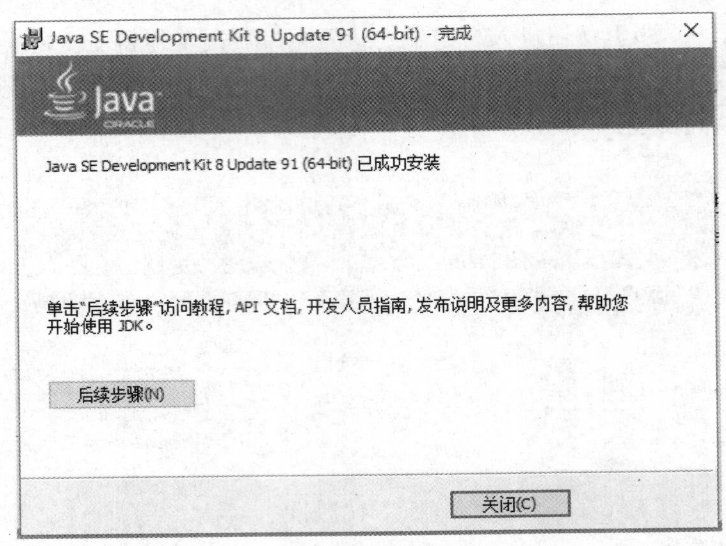

图 1-5　安装完成

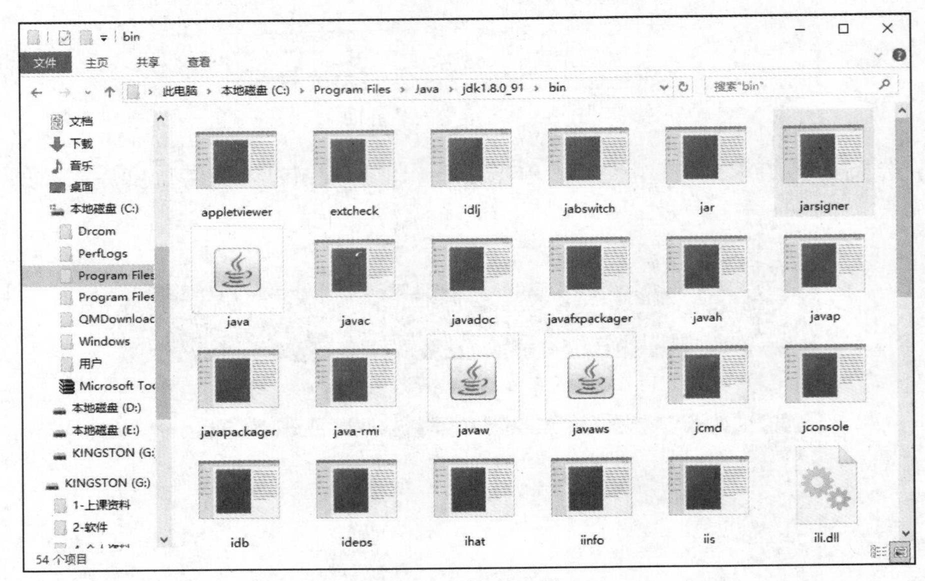

图 1-6　基本工具

1.2.3　配置 Java 开发与运行环境

为了方便使用 JDK 中的 Java 工具，需要进行环境变量的配置。设置环境变量是为了能够正常使用所安装的开发包，主要包括两个环境变量：Path 和 classpath。Path 称为路径环境变量，用来指定 Java 开发包中的一些可执行程序所在的位置；classpath 环境变量，用于告诉 Java 执行环境，在哪些目录下可以找到所要执行的 Java 程序。

我们以 Windows 操作系统为例进行环境变量的设置。

(1) 右击【计算机】，选择【属性】菜单，弹出【系统属性】对话框，选择【高级】选项卡，如图 1-7 所示。

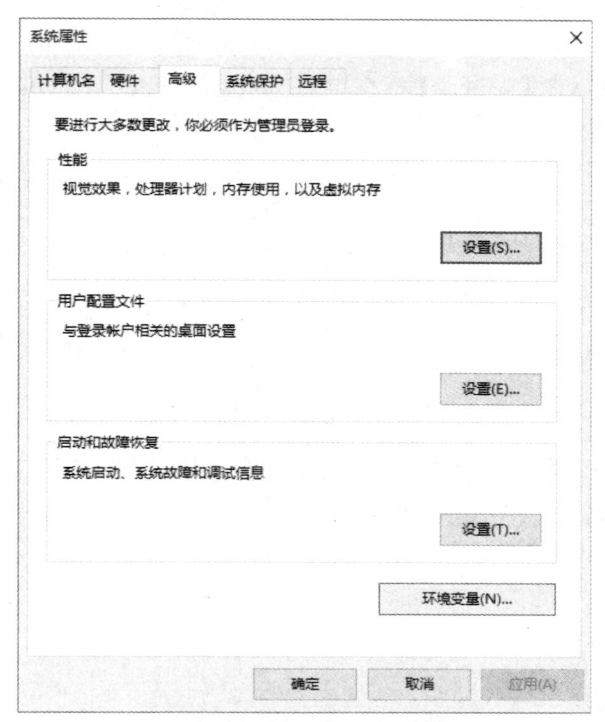

图 1-7　【系统属性】对话框的【高级】选项卡

(2) 在【高级】选项卡中单击【环境变量】按钮，将出现【环境变量】对话框，如图 1-8 所示。

图 1-8　【环境变量】对话框

(3) 在【系统变量】列表框中选择【Path】，然后单击【编辑】按钮，在出现的【编辑系统变量】对话框中，在【变量值】栏添加“C:\Program Files\Java\jdk1.8.0_91\bin”(以 JDK 安装在 C 盘为例)，如图 1-9 所示。

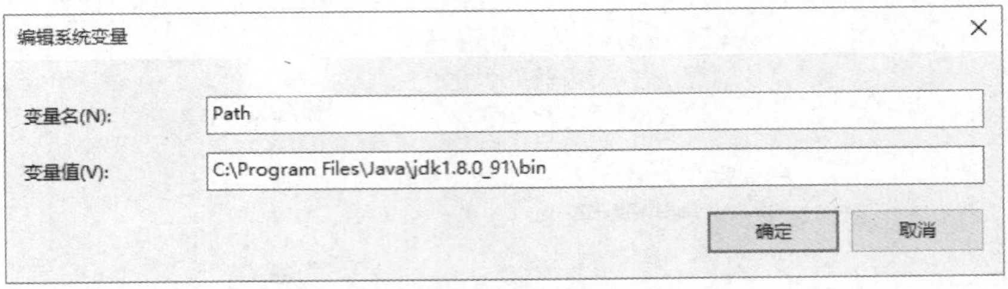

编辑系统变量

变量名(N): Path

变量值(V): C:\Program Files\Java\jdk1.8.0_91\bin

确定　取消

图 1-9　设置 Path 环境变量

(4) 在【系统变量】列表框中，单击【新建】按钮，在出现的【新建系统变量】对话框中，在【变量名】栏中输出“classpath”，在【变量值】栏输入“.;C:\Program Files\Java\jdk1.8.0_91\lib”，如图 1-10 所示。其中“.”表示当前目录。

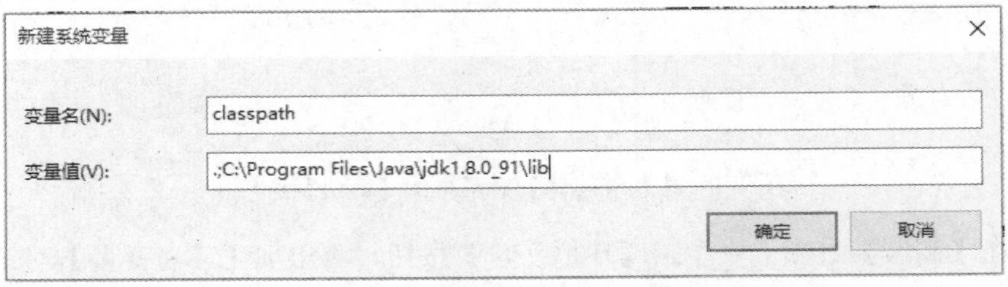

新建系统变量

变量名(N): classpath

变量值(V): .;C:\Program Files\Java\jdk1.8.0_91\lib

确定　取消

图 1-10　新建 classpath 环境变量

至此，完成环境变量的设置工作。设置完成后，单击【开始】|【所有程序】|【运行】，输入“cmd”后回车，打开 DOS 窗口。在命令行提示符下输入“javac”后回车，如果出现其用法参数提示信息，则安装正确，如图 1-11 所示。

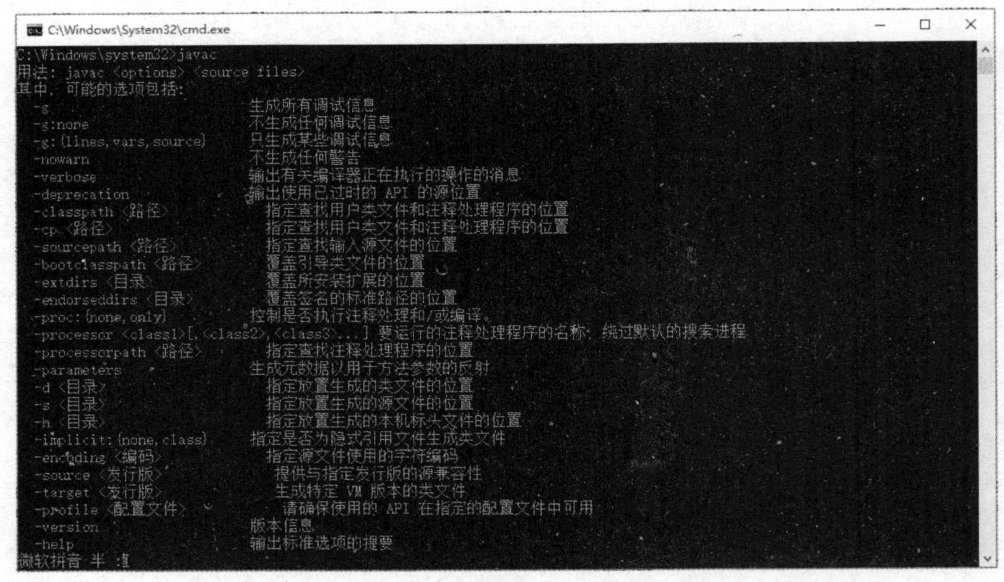

图 1-11　用法参数显示结果

1.2.4　安装开发平台 Eclipse

这里介绍 IBM 公司开发的 IDE 开发环境 Eclispe，它是一个开放源代码的、基于 Java 的可扩展开发平台。

进入 Eclispe 官方网站http://www.eclipse.org/downloads，下载软件，下载后解压安装包，如图 1-12 所示。双击运行 eclipse.exe 文件，启动安装过程，如图 1-13 所示，根据提示完成软件的安装。

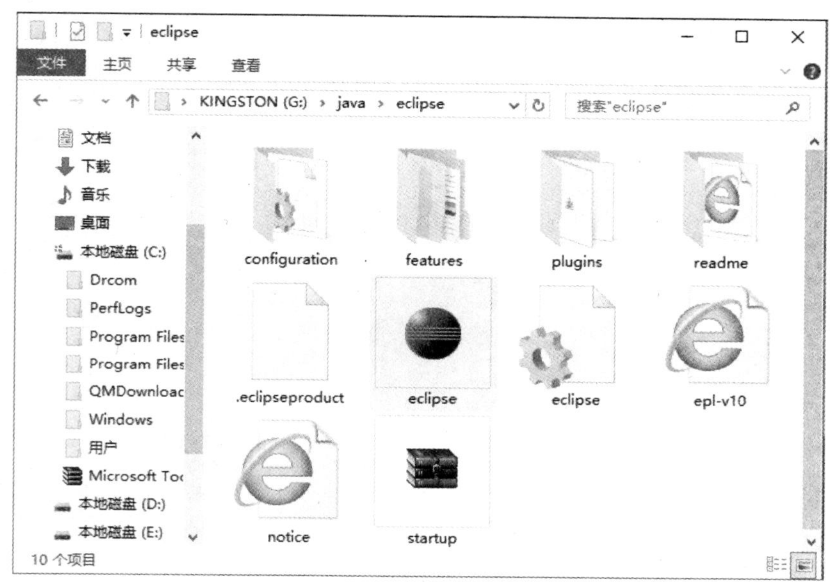

图 1-12　Eclipse 安装文件

图 1-13　Eclipse 安装界面

安装成功后，双击桌面图标，即可启动软件。

1. Eclipse 窗口的组成

Eclipse 启动后的窗口，主要分为 5 个部分：菜单栏、工具栏、包资源管理器、大纲视图及信息视图，如图 1-14 所示。

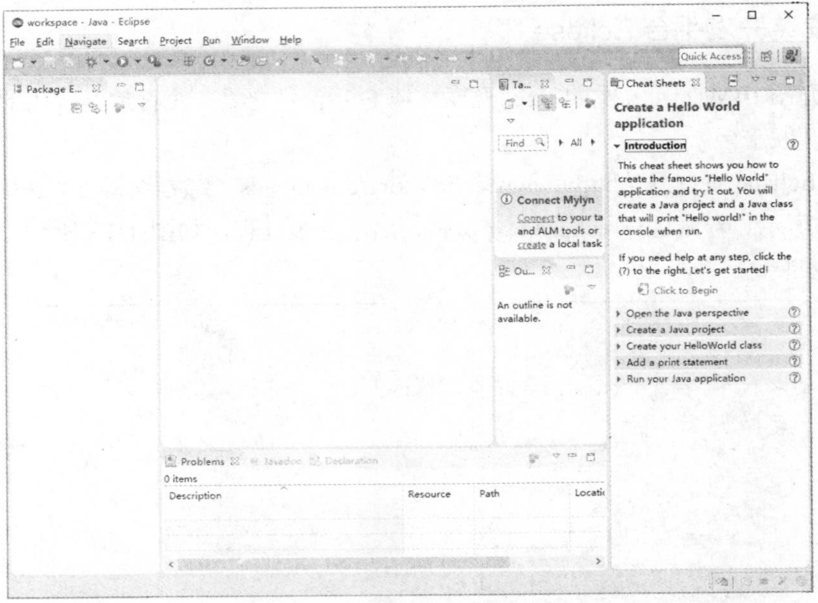

图 1-14　Eclipse 窗口的组成

1.3　编写第一个 Java 程序

1.3.1　利用记事本编写 Java 程序并运行

首先介绍以最简单的方式来编写、编译与运行 Java 程序。打开记事本，在文本编辑界面中键入程序，如图 1-15 所示，命名为“first.java”，将文件保存到 d:\java 目录中。注意：文件名必须和程序中所声明的类名一致，并且扩建名为“.java”。

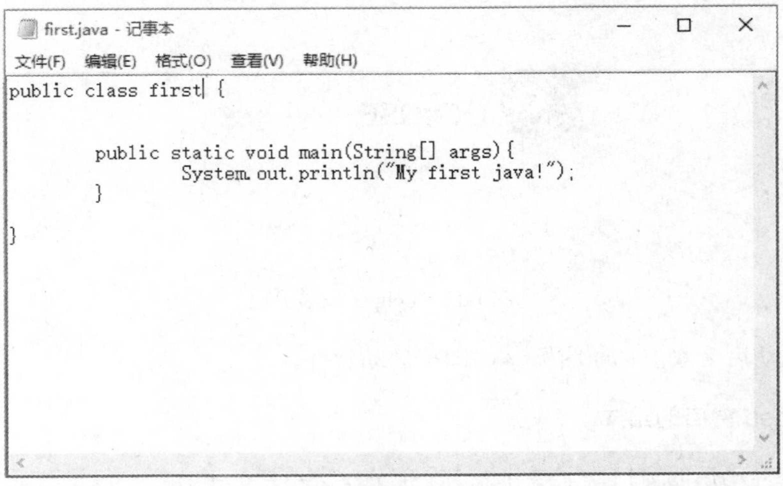

first.java - 记事本

文件(F)　编辑(E)　格式(O)　查看(V)　帮助(H)

```
public class first {


        public static void main(String[] args){
                System.out.println("My first java!");
        }

}
```

图 1-15　使用记事本编辑 Java 程序

文件保存成功后，从命令提示符窗口进入 d:\java 目录，在此目录下输入程序编译命令

javac：first.java。编译后目录下多了一个“first.class”文件，这是 javac 编译器将源代码编译成字节代码生成类文件的结果。

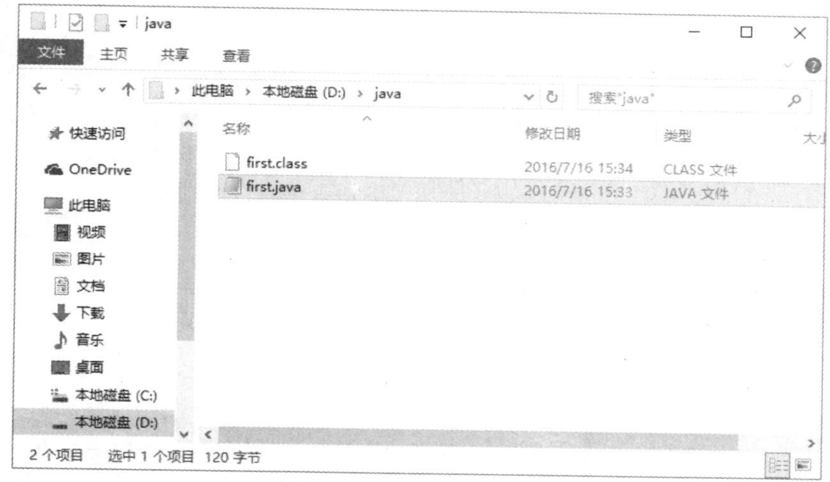

图 1-16　编译结果

再由 Java 解释，执行“first.class”类文件。输入程序运行命令：java first。程序运行后，输出“My first java！”，如图 1-17 所示。

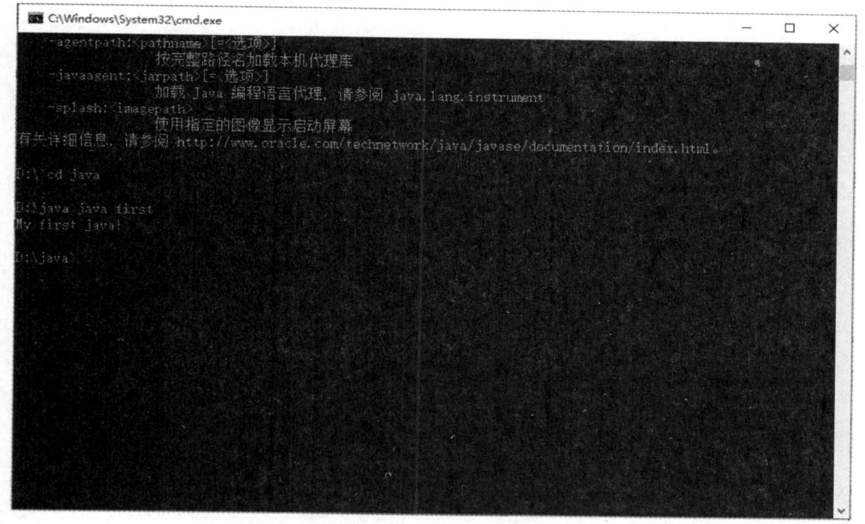

图 1-17　运行结果

1.3.2　利用开发环境 Eclispe 建立和运行 Java Application 源程序

具体步骤如下：

(1) 建立工程，单击【File】|【New】|【Java Project】选项，如图 1-18 所示。

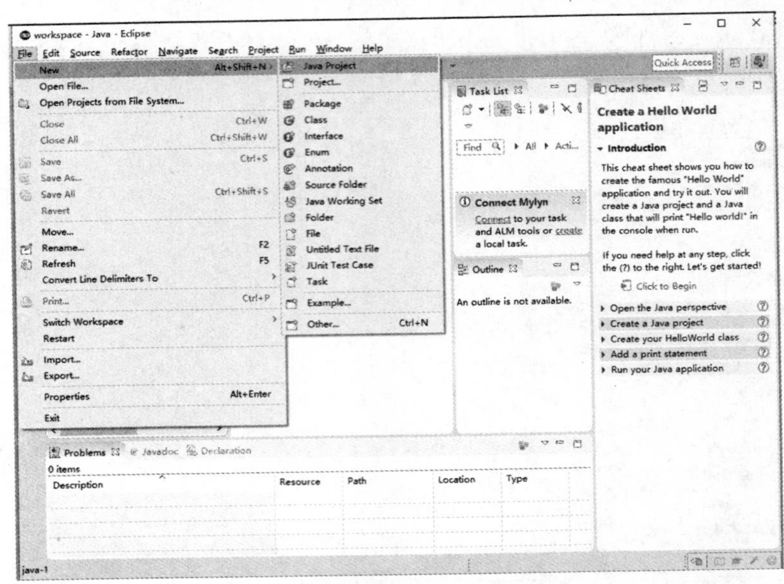

图 1-18　建立一个 Java 工程

(2) 打开图 1-19 所示窗口，在 Project name 文本框中输入工程名“java1-1”，然后单击【Finish】按钮，弹出图 1-20 所示窗口。

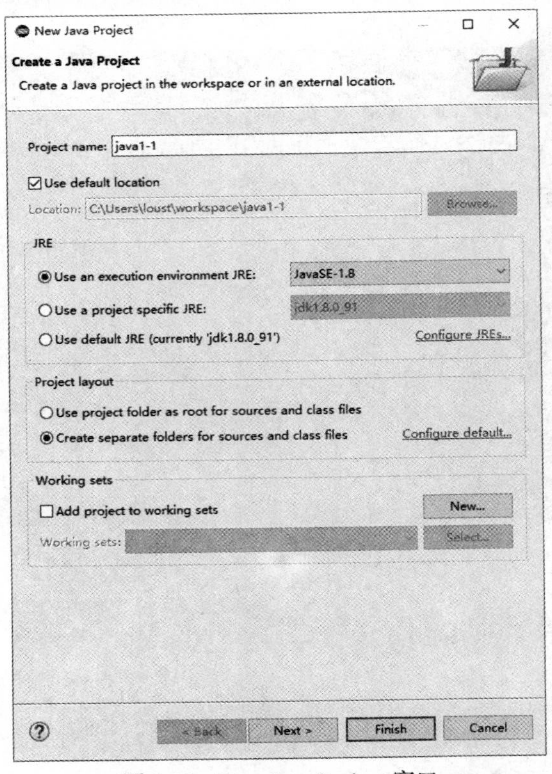

图 1-19　New Java Project 窗口

(3) 图 1-20 中显示了建好的工程，可在此操作界面中编写 Java 程序。

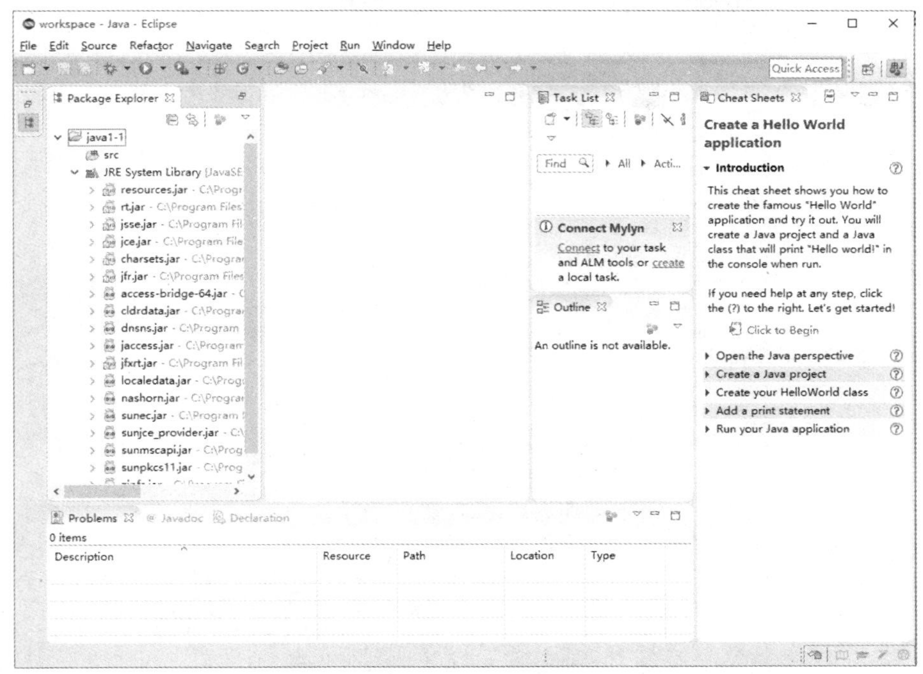

图 1-20　建好的工程窗口

(4) 单击【File】|【New】|【Class】选项，如图 1-21 所示。

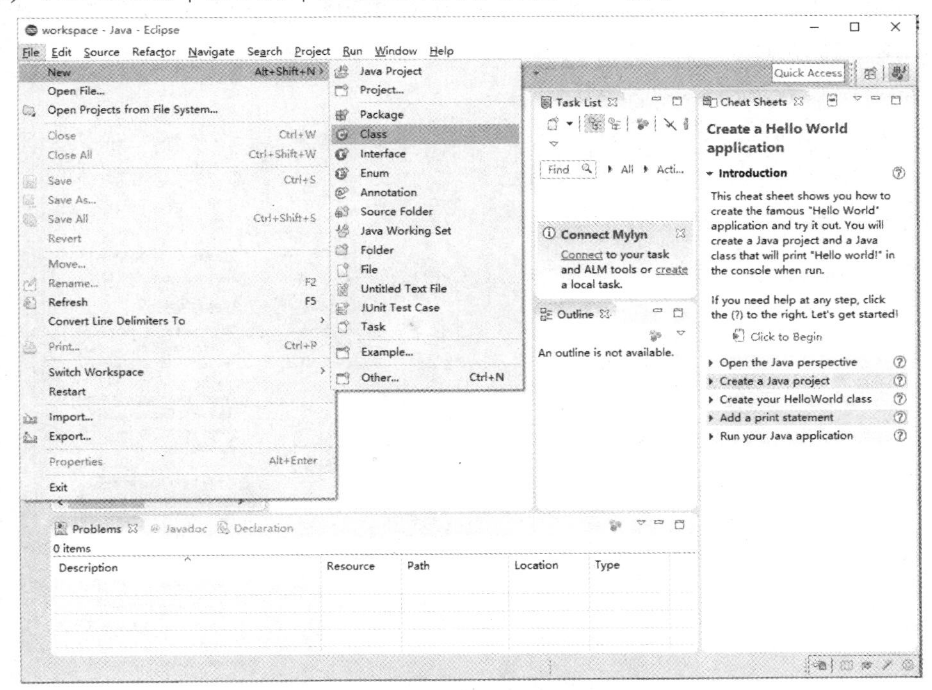

图 1-21　在建好的工程中建立 Java 源程序

(5) 打开图 1-22 所示窗口，在 Name 文本框中输入 Java 源程序名“helloworld”，扩展名不用写，默认为“.java”。然后单击【Finish】按钮，弹出图 1-23 所示窗口。

图 1-22　New Java Class 窗口

(6) 创建图 1-23 所示的空的 Java Application 应用程序框架，可在此编写程序，输入的源程序如图 1-24 所示。

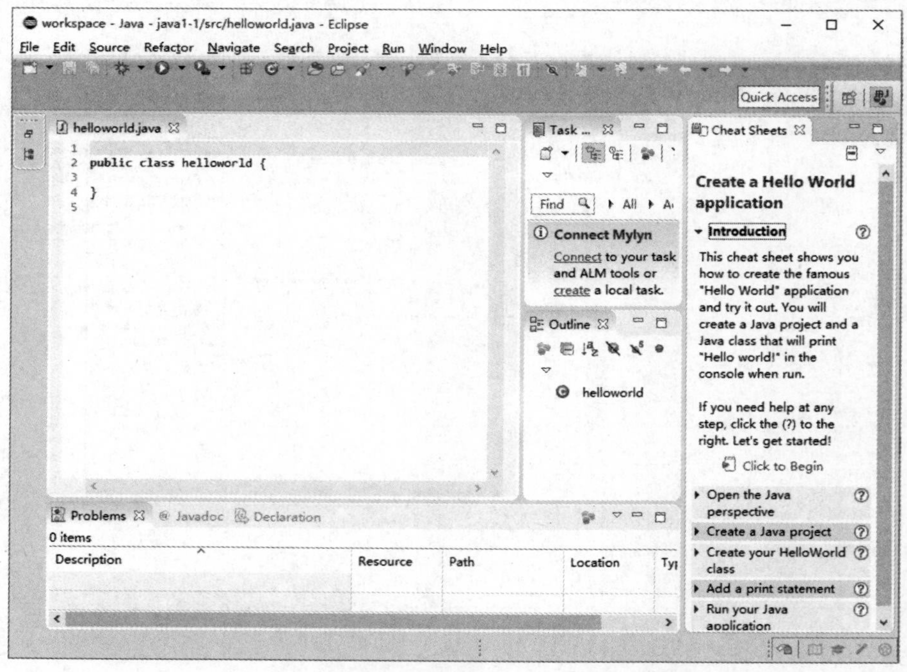

图 1-23　空的 Java Application 应用程序框架

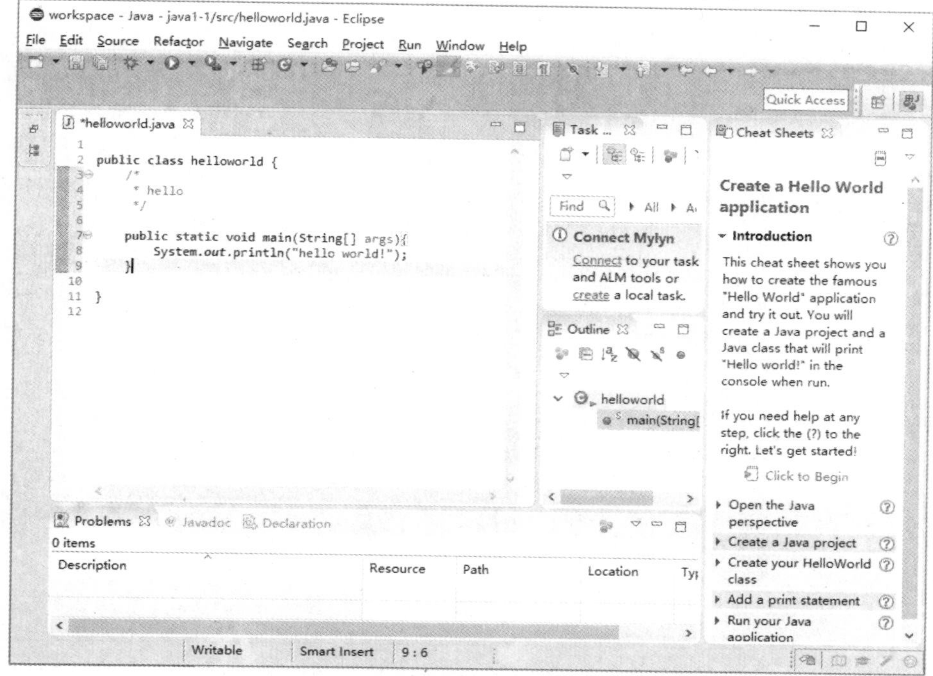

图 1-24　输入“helloworld.java”源程序

(7) 编译并运行程序。单击【Run】|【Run as】|【1 Java Application】选项，如图 1-25 所示。

(8) 在弹出的图 1-26 所示窗口中单击【OK】按钮，运行结果显示在 Console 控制台选项卡中，如图 1-27 所示。

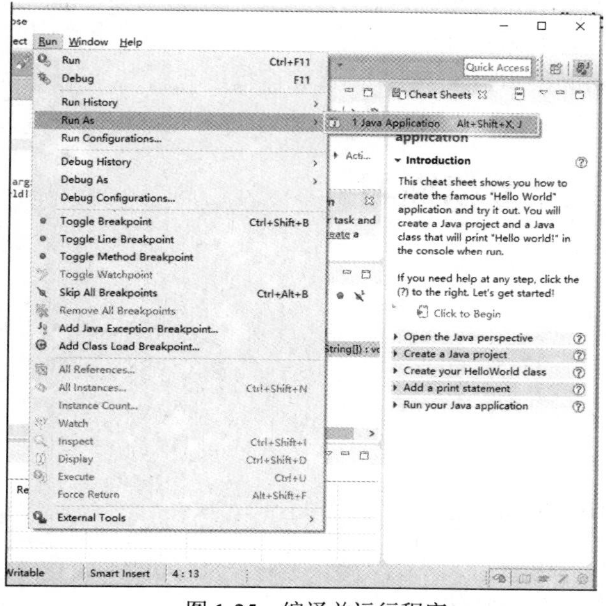

图 1-25　编译并运行程序

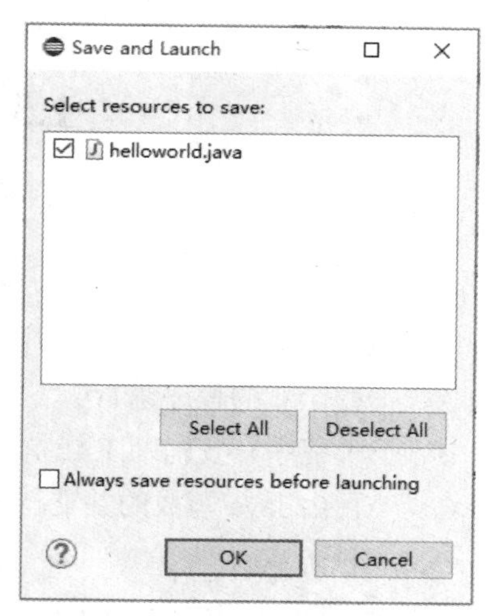

图 1-26　Save and Launch 窗口

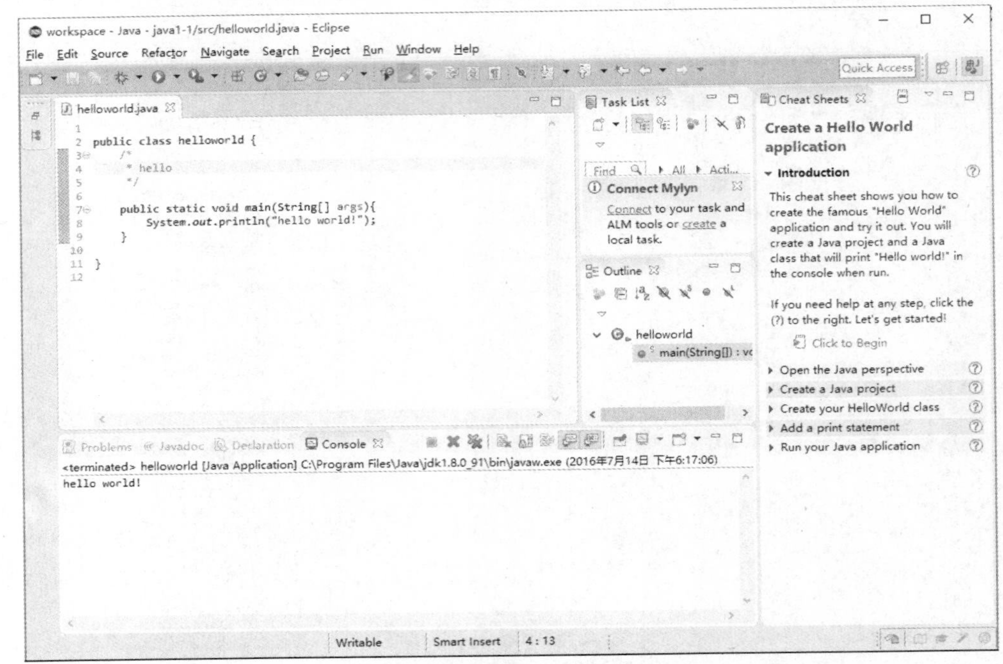

图 1-27　运行结果

1.4　本章小结

本章主要介绍了 Java 的基础知识，包括 Java 的起源和发展，Java 语言的特点，Java 软件开发包的安装方法和环境变量的配置方法等内容。通过本章内容的学习，读者应当熟练掌握 Java 开发环境的搭建以及 Java 应用程序的编写、编译和运行过程。

1.5　思考和练习

一、选择题

1、JDK 是(　　)。

A、一种全新的程序语言

B、一种程序开发辅助工具

C、一种由 Java 写成的并支持 Java Applet 的浏览器

D、一种游戏软件

2、Java 源文件和编译后的文件扩展名分别为(　　)。

A、.class 和.java　　　　B、.java 和.class

C、.class 和.class　　　　D、.java 和.java

3、Java 语言具有许多优点和特点，下列选项中，哪个反映了 Java 程序并行机制的特点(　　)?

A、安全性　　B、多线程　　C、跨平台　　D、可移植

4、在 Java 中，不属于整数类型变量的是(　　)。

A、double　　B、long　　C、int　　D、byte

5、下面哪条语句是正确的(　　)。

A、Object o=new Button("A");　　B、Button b=new Object("B");

C、Panel p=new Frame();　　D、Frame f=new Panel();

6、执行下列方法 method()，返回值为(　　)。

```
int method(){
    int num=10;
    if (num>20)
        return num;
    num=30;
}
```

A、10　　B、20　　C、30　　D、编译出错

二、编程题

1、在记事本中编写一个显示“欢迎和我一起学习 Java！”的 Java 应用程序并查看运行结果。

2、在 Eclipse 开发平台中编写一个显示“欢迎使用 Eclipse！”的 Java 应用程序并查看运行结果。

第2章　Java语言基础

Java 语言和其他的高级语言相同，有它自己的语法结构和书写规范。它与 C、C++语言非常相似，读者如果已经对 C 和 C++语言有所了解，那么学习 Java 语言会感到比较轻松。数组是以通用名称引用的一组类型相同的变量。可以创建任意类型的数组，并且数组可以是一维或多维的。本章介绍 Java 语言的基础知识，包括基本符号、基本数据类型、变量、运算符、表达式和数组等内容。

本章学习目标：

- 熟悉标识符和关键字
- 掌握 Java 所包含的数据类型
- 理解常量与变量的概念和定义方法
- 掌握数据类型之间的转换
- 掌握各种运算符，能够定义与计算各种表达式
- 理解一维数组和二维数组的应用

2.1　认识 Java 程序

2.1.1　类

Java 程序由类(Class)组成，因此在完整的 Java 程序中，至少需要一个类。每一个 Java 程序必须有一个 main( )方法，而且只能有一个，这是程序执行的起点。Java 程序的主要功能是对数据进行计算处理，Java 语言设计了常量这个元素来使用固定不变的数据，设计了变量这个元素来使用可以改变的数据。

Java 程序由类组成，下面的程序片段即为定义类的范例：

```
//定义 public 类 myjava
public class myjava{
…
}
```

其中，public 是 Java 关键字，指的是对类的访问方式为公有的。由于 public 涉及大型程序设计的概念，我们将在后文中详细讲解，现在只需在编写程序时加上 public 即可。

确定类名后，即可开始编写类的内容。左大括号“{”为类主体的开始，而整个类的主题至右大括号“}”结束。每条指令语句结束时，必须以分号“；”结尾。当某条指令语句不止一行时，必须以一对大括号“{}”将这些语句括起来，形成区段(Segment)，或称为区块(Block)。

2.1.2 分号和定位

在 Java 语言中，分号是一条语句的终止符，即每条语句都必须以分号结尾。它表明一个逻辑实体的结束。

代码块是一组逻辑相关的包含在左右大括号之间的语句。代码块不以分号结束。因为代码块是一组语句，其中的每条语句以分号结束，所以代码块不以分号结束，而以代码块末尾的右大括号表示结束，这是很合理的。

在 Java 语言中，分号才是语句结束的标识，而不是行末。因此下面两组代码是等效的：

```
x = y;
y = y + 3;
System.out.println(x + " " + y);
is the same as the following, to Java:
```

对于 Java 而言，这几行代码与下面的代码是等效的：

```
x = y; y = y + 3; System.out.println(x + " " + y);
```

并且将较长的一行如此进行分隔常用于增强程序的可读性，这也有助于防止一行因过长而发生的换行。

2.1.3 缩进原则

在前面的示例中，用户可能注意到了某些语句使用了缩进。Java 是一种形式自由的语言，因此在一行放置语句时，语句之间的相对位置无关紧要。但是，长期以来，已经形成了一种公认的、被人们接受的缩进形式。这种形式同样增强了程序的可读性。

2.1.4 Java 关键字

Java 语言目前定义了 50 个关键字。这些关键字与运算符和分隔符的语法结合起来就构成了 Java 语言的定义。这些关键字不能作为变量名、类名或方法名使用。

Java 保留了 const 和 goto，但不能使用。早期 Java 语言中保留了几个关键字以备后用，但是目前的 Java 规范只定义了如表 2-1 所示的关键字。

除了这 50 个关键字之外，Java 还保留了 true、false 和 null，它们是 Java 定义的值，也不能作为变量名、类名或方法名使用。

表 2-1　Java 关键字

abstract	assert	boolean	break	byte	case
catch	char	class	const	continue	default
do	double	else	enum	extends	final
finally	float	for	goto	if	implements
import	instanceof	int	interface	long	native
new	package	private	protected	public	return
short	static	strictfp	super	switch	synchronized
this	throw	throws	transient	try	void
volatile	while				

2.1.5　Java 标识符

在 Java 程序中需要使用大量的标识符，标识符是给方法、变量或其他用户定义项所起的名称。Java 规定，标识符的命名必须以字母、下划线开头，后面的字符可以包含字母、数字、下划线。标识符不能使用 Java 关键字，标识符有大小写之分，但没有长度限制。标识符可以包含一个到若干个字符。

表 2-2 列出了 Java 中标识符的习惯命名原则。

表 2-2　标识符的习惯命名原则

标识符	命名原则	示例
常量	全部字符皆由英文大写字母及下划线组成	PI MAX_NUM
变量	以英文小写字母开头，若由数个英文单词组成，则后面的英文单词由大写开头，其余为小写	radius circleArea myPhoneNumber
方法	以英文小写字母开始，若由数个英文单词组成，则后面的英文单词由大写开头，其余为小写	show addNum mouseClick

2.1.6　常量、变量及其赋值

Java 中的数据是具体的数值，如整型数据 91、562，字符型数据 da、B 等。在编写 Java 程序代码以及在 Java 程序运行时，如何使用这些反映具体事物的数据呢？Java 语言设计了常量这个元素来使用固定不变的数据，设计了变量这个元素来使用可以改变的数据。

1. 常量

在编写 Java 程序代码时，常量在程序代码中作为标识符，用来保留固定的数值。在 Java 程序运行时，常量是计算机中存放固定不变数据的内存空间的代号。调用数据时，只要通过调用常量代号即可。

1) 常量的声明方式

声明 Java 常量要使用关键字 final。常量具有 3 个元素：数据类型、常量名和数据值。声明常量的语法格式如下：

```
final 数据类型 常量名[,常量名]=数据值
```

2) 声明 Java 常量的同时指定数据类型

Java 是严格区分数据类型的语言，在代码中使用任何常量都必须声明数据类型。数据类型说明了 Java 常量的性质。只有数据类型相同的常量，才可以进行运算。

3) 声明常量名与数据值

在声明常量时，关键字 final 可以省略，但数据类型与常量名必须确定，常量名是程序运行中使用数据时的代号。常量名要符合标识符的命名规则，在命名的同时，要指定常量的数据值。Java 约定选取的常量名要用大写字母。

例如：

```
final int I=45;
```

4) 不同数据类型的常量

① 布尔常量

布尔常量只有两个值——true 和 false，代表了两种状态——真和假，使用时直接书写 true 和 false 这两个英文单词，不能加引号。

② 整型常量

整型常量是不含小数的整数值，书写时可采用十进制、十六进制和八进制形式。十进制常量以非零开头，后跟多个 0~9 之间的数字；八进制常量以 O 开头，后跟多个 0~7 之间的数字；十六进制常量则以 OX 开头，后跟多个 0~9 之间的数字或 a~f 之间的小写字母或 A~F 之间的大写字母。

③ 浮点型常量

Java 的浮点型常量有两种表示形式：

- 十进制数形式，由数字和小数点组成，且必须有小数点，如 0.123、173.56。
- 科学记数法形式，如 163e3 或 123E−3，其中 e 或 E 之前必须有数，且 e 或 E 后面的指数必须为整数。

一个浮点数，加上 f 或 F 后缀，就是单精度浮点数；加上 d 或 D 后缀，就是双精度浮点数，不加后缀的浮点数默认为双精度浮点数。

④ 字符常量

字符常量为一对单引号(' ')括起来的单个字符，它可以是 Unicode 字符集中的任意一个字符，如'a'、'Z'。对无法通过键盘输入的字符，可用转义字符表示，见表 2-3。

例如，下面的代码将 tab 字符赋给了 st：

```
st = '\t';
```

下一个示例将一个单引号赋给了 ch：

```
ch = '\'';
```

字符常量的另一种表示就是直接写出字符编码，如字母 A 的八进制表示为'\101'，十六进制表示为'\u0041'。

表 2-3　转义字符

转义符号	Unicode 编码	功能
'\b'	'\u0008'	退格
'\r'	'\u000d'	回车
'\n'	'\u000a'	换行
'\t'	'\u0009'	水平制表符
'\f'	'\u000c'	换页
'\''	'\u0027'	单引号
'\"'	'\u0022'	双引号
'\\'	'\u005c'	反斜杠

⑤ 字符串常量

字符串常量为一对双引号(" ")括起来的字符序列，字符串常量的数据类型为复合类型，为 String 类。当字符串只包含一个字符时，不要把它和字符常量混淆。例如，'A'是字符常量，而"A"是字符串常量。字符串常量中可包含转义字符，例如，"Hello\nworld!"在中间加入了一个换行符，输出时这两个单词将显示在两行上。

2. 变量

与常量相同，在编写程序代码时，变量在程序代码中作为标识符；与常量不同的是，变量用来保存可以改变的数据。

1) 变量的声明方式

声明变量就是定义一个变量，即确定变量的数据类型和名称。声明变量具有 3 个元素：数据类型、变量名和初值。

声明变量的语法格式为：

```
数据类型 变量名 [，变量名]=数据值
```

该语句告诉编译器以给定的数据类型和变量名创建一个变量。可以一次声明多个变量。与常量名为大写字母不同，变量名通常用小写字母或单词表示；可以根据个人喜好来定义变量的名称，但这些变量的名称不能使用 Java 关键字，可以包含字母、数字、下划线；变量名不能包含空格，且第一个字符不能为数字；变量名还有大小写之分，因此 Num 和 num 被认为是两个不同的变量。

通常变量会以其所代表的意义来命名，如 num 代表数字。当然也可以使用 a、b、c 等简单的英文字母代表变量，但是当程序越大且所声明的变量数量越多时，这些简单的变量名所代表的意义较容易混淆，会增加阅读、调试程序的难度。

2) 初始化变量

初始化变量即给变量赋初值。

在声明变量时可以只定义变量的名称与数据类型，不赋初值，在具体使用时再根据需要进行初始化，也可以在声明变量时，同时赋初值给变量，即初始化变量。例如：

```
short b1, b2;
int a1=5, a2=10, a3=8;
```

2.1.7　分隔符

在 Java 程序中有标识符、关键字，如何分隔这些 Java 程序中的基本成分呢？Java 语言提供了分隔符用于区分 Java 程序中的基本成分，编译时能够识别分隔符，确认代码在何处分隔。

Java 语言提供了 3 种分隔符：注释符、空白符和普通分隔符。

1. 注释符

注释是程序员为提高程序的可读性和可理解性，在源程序的开始或中间对程序的功能、作者、使用方法等所写的注释。注释仅用于阅读源程序，编译程序时，会忽略其中所有注释。注释有以下两种类型：

- 注释一行。以"//"开始，以回车键结束，一般用作单行注释使用，也可放在某条语句的后面。
- 注释一行或多行。以"/*"开始，以"*/"结束，中间可写多行。

2. 空白符

空白符包括空格、回车、换行、制表符(Tab键)等符号，用来分隔程序中的各种基本成分，各基本成分之间可以有一个或多个空白符，其作用相同。

3. 普通分隔符

普通分隔符和空白符的作用相同，用来区分程序中的各种基本成分，但它在程序中有确定的含义，不能忽略。Java 提供了以下普通分隔符：

- .(点号)：用于分隔包、类或引用变量中的变量和方法。
- ;(分号)：Java 语句的结束标记。
- ,(逗号)：分隔函数参数和变量参数等。
- :(冒号)：说明语句标号。
- { }(大括号)：用来定义复合语句、方法体、类体及数组的初始化。
- [ ](方括号)：用来定义数组类型。
- ( )(小括号)：用于在方法定义和变量访问中将参数表括起来，或者在表达式中定义运算的先后次序。

2.2　Java 的数据类型

Java 定义了 8 种基本数据类型：byte、short、int、long、char、float、double 和 boolean。基本类型通常也称为简单类型，并且在本书中这两个术语都会使用。这些类型可以被分成 4 组：

- 整型：这一组包括 byte、short、int 和 long，它们用于表示有符号整数。
- 浮点型：这一组包括 float 和 double，它们表示带小数位的数字。
- 字符型：这一组包括 char，表示字符集中的符号，比如字母和数字。
- 布尔型：这一组包括 boolean，是一种用于表示 true/false 值的特殊类型。

2.2.1　整型

Java 提供了 4 种整数类型——byte、short、int 和 long，如表 2-4 所示。

表 2-4　4 种整数类型

类　型	占用的二进制位数	取值范围
byte	8	–128～127
short	16	–32 768～32 767
int	32	–2 147 483 648～2 147 483 647
long	64	–9 223 372 036 854 775 808～9 223 372 036 854 775 807

所有整数类型都有正负值之分。Java 不支持无符号(只为正的)整数。其他许多语言都支持有符号整数和无符号整数，然而，Java 的设计者感觉无符号整数是没必要有的。

1. byte

最小的整数类型是 byte。它是有符号的 8 位类型，范围为–128～127。当操作来自网络或文件的数据流时，byte 类型的变量特别有用。当操作与 Java 的其他内置类型不直接兼容的原始二进制数据时，byte 类型的变量也很有用。

字节变量是通过关键字 byte 声明的。例如，下面声明了两个 byte 变量 a 和 b：

```
byte a, b;
```

2. short

short 是有符号的 16 位类型。它的范围为–32 768～32 767。它可能是最不常用的 Java 类型。例如，声明 short 变量：

```
short h;
short t;
```

3. int

最常用的整数类型是 int。它是有符号的 32 位类型，范围为−2 147 483 648～2 147 483 647。除了其他用途外，int 类型变量通常用于控制循环和索引数组。对于那些不需要更大范围的 int 类型数值的情况，您可能会认为使用范围更小的 byte 和 short 类型效率更高，然而事实并非如此。原因是如果在表达式中使用 byte 和 short 值，当对表达式求值时它们会被提升(promote)为 int 类型(类型提升将在本章后面描述)。所以，当需要使用整数时，int 通常是最好的选择。

```
int d;
int g;
```

4. long

long 是有符号的 64 位类型，对于那些 int 类型不足以容纳期望数值的情况，long 类型是有用的。long 类型的范围相当大，这使得当需要很大的整数时非常有用。

2.2.2　浮点型

浮点数也称为实数(real number)，当计算需要小数精度的表达式时使用。例如，求平方根这类计算以及正弦和余弦这类超越数，保存结果就需要使用浮点类型。浮点型有两种——float 和 double，分别代表单精度和双精度数值。float 类型为 32 位，double 类型为 64 位。它们的宽度和范围如表 2-5 所示。

表 2-5　浮点数的宽度和范围

名　称	宽度(位)	大 致 范 围
double	64	4.9e−324～1.8e+308
float	32	1.4e−045～3.4e+038

1. float

float 类型表示使用 32 位存储的单精度(single-precision)数值。在某些处理器上，单精度运算速度更快，并且占用的空间是双精度的一半，但是当数值非常大或非常小时会变得不精确。如果需要小数部分，并且精度要求不是很高时，float 类型的变量是很有用的。例如，表示周长和面积时可以使用 float 类型。

下面是声明 float 变量的例子：

```
float r, low;
```

2. double

双精度使用 double 关键字表示，并使用 64 位存储数值。在针对高速数学运算进行了优化的某些现代处理器上，实际上双精度数值的运算速度更快。所有超越数学函数，如 sin()、cos()和 sqrt()，都返回双精度值。如果需要在很多次迭代运算中保持精度，或是操作非常大的数值，double 类型是最佳选择。

例 2-1 所示的程序使用 double 变量计算圆的周长：

```
// 例 2-1 计算圆的周长。
public class Circumference {
  public static void main(String args[]) {
    double pi, r, a;

    r = 10.8;         // 圆半径
    pi = 3.14;        // 圆周率
    a = pi * r * 2;  // 计算圆周长

   System.out.println("Circumference of circle is " + a); // 输出圆周长
  }
}
```

2.2.3　字符型

在 Java 中，字符不像在其他计算机语言中那样占用 8 个二进制位，Java 使用的是 Unicode。Unicode 定义了一个字符集合，该集合可以表示所有人类语言中的字符。因此在 Java 中，char 是无符号 16 位类型，取值范围为 0～65 536。标准的 8 位 ASCII 字符集是 Unicode 的子集，取值范围为 0～127。因此，ASCII 字符依然是有效的 Java 字符。

字符变量可以由一对单引号中的字符赋值。例如，下面就是将字母 X 赋予变量 ch 的示例：

```
char ch;
ch = 'X';
```

可以使用 println( )语句输出字符值。例如，下面这行语句输出了 ch 中的值：

```
System.out.println("This is ch: " + ch);
```

因为 char 是无符号 16 位类型，所以可以对 char 变量进行多种算术运算。例如例 2-2 对字符型变量 ch 进行了加法运算：

```
// 例 2-2 对字符型变量执行加法运算。
public class CharAtoInt {
  public static void main(String args[]) {
    char ch;//定义变量

    ch = 'X';
    System.out.println("ch is " + ch);

    ch++; // ch 值加 1
```

```
    System.out.println("ch is now " + ch);

    ch = 90; //为变量 ch 赋值为 90，即 Z
    System.out.println("ch is now " + ch);
  }
}
```

该程序生成的输出如下所示：

```
ch contains X
ch is now Y
ch is now Z
```

在该程序中，ch 首先被赋值为 X。接着 ch 被递增。这样它的结果就成了对应 ASCII(和 Unicode)序列中的下一个字符 Y。接着，ch 被赋值为 90，这个 ASCII(和 Unicode)值对应的是字母 Z。因为 ASCII 码占用 Unicode 中的前 127 个值，所以过去使用其他语言时应用于字符的一些技巧依然可以在 Java 中使用。

2.2.4　布尔型

布尔类型(boolean)表示真/假(true/false)值。Java 使用保留字 true 和 false 来定义真值和假值。因此，布尔类型的变量或表达式只能是这两个值中的一个。

下面的例 2-3 是一个用于说明布尔类型的程序：

```
// 例 2-3 布尔型变量。
public class BoolDemo {
  public static void main(String args[]) {
    boolean b = false;
    System.out.println("b is " + b);//输出布尔型变量 b 的值
    b = true;
    System.out.println("b is " + b);

    if(b) System.out.println("This is executed.");   //判断变量 b 的值，
                                                     //若为真时，输出结果
    b = false;
    if(b) System.out.println("This is not executed.");
    System.out.println("10 > 9 is " + (10 > 9)); //直接输出结果
  }
}
```

该程序生成的输出如下所示：

```
b is false
b is true
This is executed.
10 > 9 is true
```

该程序的 println( )语句输出时显示的是布尔型变量 b 的值“true”或“false”。布尔变量的值本身就可以控制 if 语句。

2.3 变　　量

在 Java 程序中，变量是基本存储单元。变量是通过联合标识符、类型以及可选的初始化器来定义的。此外，所有的变量都有作用域，作用域定义了变量的可见性和生存期。下面分析这些元素。

2.3.1 变量的声明

在 Java 中，所有变量在使用之前必须声明。声明变量的基本形式如下所示：

```
type identifier [ = value ][, identifier [= value ] …];
```

其中，type 是 Java 的原子类型或是类或接口的名称(类和接口类型将在本书第 I 部分的后面讨论)。identifier 是变量的名称。可以通过指定一个等号和一个值来初始化变量。请牢记，初始化表达式的结果类型必须与为变量指定的类型相同(或兼容)。为了声明指定类型的多个变量，需要使用以逗号分隔的列表。

下面是声明各种类型变量的一些例子，注意有些变量声明包含初始化部分：

```
int a, b, c;                  // 声明整型变量 a、b、c
int d = 3, e, f = 5;          // 声明整型变量并赋初值

byte z = 22;                  // 初始化变量 z
double pi = 3.14159;          // 声明浮点型变量 pi
char x = 'x';                 // 字符型变量 x 的值为'x'
```

在此选择的标识符与用来指定变量类型的名称没有任何内在联系。Java 允许将任何形式的正确的标识符声明为任何类型。

2.3.2 动态初始化

在前面的例子中只使用常量作为初始化器，但是在声明变量时，Java 也允许使用任何在声明变量时有效的表达式动态地初始化变量。

例如，下面的简短程序根据直角三角形的两条直角边来计算斜边的长度：

```
// 声明动态变量
public class DynInit {
  public static void main(String args[]) {
    double a = 3.0, b = 4.0;
```

```
    double c = Math.sqrt(a * a + b * b);

    System.out.println("Hypotenuse is " + c);
  }
}
```

在此，声明了三个局部变量：a、b和c。其中的前两个变量a和b，使用常量进行初始化，而c被动态初始化为斜边的长度(使用勾股定理)。该程序使用了另一个内置的Java方法sqrt()，该方法是Math类的成员，用于计算参数的平方根。在此的关键点是，初始化表达式可以使用任何在初始化时有效的元素，包括方法调用、其他变量或字面值。

2.4　数据类型转换

Java 数据类型在定义时就已经决定，因此不能随意转换成其他的数据类型，但 Java 也允许使用者有限度地作类型转换处理。如果这两种类型是兼容的，那么Java会自动进行类型转换。例如，总是可以将int类型的值赋给long类型的变量。然而，并不是所有类型都是兼容的，从而也不是所有类型转换默认都是允许的。例如，没有定义从double类型到byte类型的自动转换。那么在两种不兼容的类型之间如何进行转换呢？必须使用强制类型转换(cast)，在不兼容的类型之间执行显式转换。下面分析自动类型转换和强制类型转换这两种情况。

2.4.1　自动类型转换

当将某种类型的数据赋给另一种类型的变量时，如果满足如下两个条件，就会发生自动类型转换：

- 两种类型是兼容的。
- 目标类型大于源类型。

当满足这两个条件时，会发生转换。例如，要保存所有有效的byte值，int类型总是足够的，所以不需要显式的强制转换语句。

例2-4演示了四则运算中的自动类型转换：

```
// 例2-4 自动类型转换。
public class auto {
  public static void main(String args[]) {
    int a=45;
    float b = 2.3f;
    System.out.println("a="+ a +",b=" + b);//输出变量a、b的值
    System.out.println("a/b=" + (a/b));
  }
}
```

该程序生成的输出如下所示：

```
a=45,b=2.3
a/b=19.565218
```

从运算结果可以看到，当两个数中有一个是浮点型时，运算结果会直接转换为浮点型。当表达式中变量的类型不同时，Java 会自动将表示范围较小的类型转换成表示范围较大的类型后，再进行运算。也就是说，假设对整型和双精度浮点型作运算时，Java 会把整型转换成双精度浮点型后再运算，运算结果也会变成双精度浮点型。

值得注意的是，类型转换只限于该行语句，并不会影响原变量的类型定义，而且通过自动类型转换，可以保证数据的精确度(Precision)，不会因为转换而损失数据内容，这种类型的转换方式也被称为扩大转换(Augmented Conversion)。

以“扩大转换”来看，字符与整型是可以使用自动类型转换的；整型与浮点型也是相容的；但是由于布尔类型只能存放 true 和 false，与整型及字符型不兼容，因此不能进行类型转换。

当将字面整数常量保存到 byte、short、long 或 char 类型的变量中时，Java 也会执行自动类型转换。

2.4.2　强制类型转换

尽管自动类型转换很有帮助，但是它们无法完全满足全部需要。例如，如果希望将 int 类型的值赋给 byte 变量，会发生什么情况呢？不会自动执行转换，因为 byte 比 int 更小。这种转换有时被称为缩小转换(narrowing conversion)，因为是显式地使数值变得更小以适应目标类型。

为了实现两种不兼容类型之间的转换，必须使用强制类型转换。强制类型转换只不过是一种显式类型转换，转换的语法形式如下所示：

```
(target-type) value
```

其中，target-type 指定了期望将特定值转换成哪种类型，value 为要转换类型的变量名。例如，下面的代码片段将 int 类型的值强制转换为 byte 类型。如果整数的值超出了 byte 类型的范围，结果将以 byte 类型的范围为模(用整数除以 byte 范围后的余数)减少。

```
int a;
byte b;
b = (byte) a;
```

当将浮点值赋给整数类型时会发生另一种不同类型的转换：截尾(truncation)。您知道，整数没有小数部分。因此，当将浮点值赋给整数类型时，小数部分会丢失。例如，如果将数值 1.23 赋给一个整数，结果值为 1，0.23 将被截去。当然，如果整数部分的数值太大，以至于无法保存到目标整数类型中，那么数值将以目标类型的范围为模减少。

例 2-5 演示了强制类型转换：

```
// 例2-5 强制类型转换。
public  class Conversion {
  public static void main(String args[]) {
    byte b;
    int i = 257;
    double d = 323.142;

    System.out.println("\nConversion of int to byte.");
    b = (byte) i;  //将整型变量i强制转换为byte型
    System.out.println("i and b " + i + " " + b);

    System.out.println("\nConversion of double to int.");
    i = (int) d; //将double型变量d强制转换为int型
    System.out.println("d and i " + d + " " + i);

    System.out.println("\nConversion of double to byte.");
    b = (byte) d;  //将double型变量d强制转换为byte型
    System.out.println("d and b " + d + " " + b);
  }
}
```

这个程序产生的输出如下所示：

```
Conversion of int to byte.
i and b 257 1

Conversion of double to int.
d and i 323.142 323

Conversion of double to byte.
d and b 323.142 67
```

当数值257被强制转换为byte变量时，结果是257除以256(byte类型的范围)的余数，也就是1。当将d转换成int类型时，小数部分丢失了。当将d转换成byte类型时，小数部分也丢失了，并且值以256为模减少，结果为67。

2.5 运 算 符

Java提供了丰富的运算符环境。运算符(operator)是告知编译器执行特定数学或逻辑操作的符号。Java有4种基本运算符类型：算术运算符、位运算符、关系运算符和逻辑运算符。此外，Java还定义了一些处理某种特殊情况的运算符。

2.5.1　赋值运算符

为各种不同数据类型的变量赋值，可使用赋值运算符(=)，表 2-6 列出了赋值运算符。

表 2-6　赋值运算符

赋值运算符	意义
=	赋值

等号“=”在 Java 中并不是等于，而是“赋值”的意思。

2.5.2　算术运算符

算术运算符主要用于数学表达式，使用方法与在代数中的使用方法相同。表 2-7 中列出了算术运算符。

表 2-7　算术运算符

运　算　符	结　果
+	加法(也是一元加号)
–	减法(也是一元减号)
*	乘法
/	除法
%	求模
++	自增
+=	加并赋值
-=	减并赋值
*=	乘并赋值
/=	除并赋值
%=	求模并赋值
--	自减

算术运算符的操作数必须是数值类型。不能为 boolean 类型使用算术运算符，但是可以为 char 类型使用算术运算符，因为在 Java 中，char 类型在本质上是 int 的子集。

例 2-6 演示了算术运算符的使用：

```
// 例 2-6 算术运算符的使用。
public class BasicMath {
  public static void main(String args[]) {
    System.out.println("Integer Arithmetic");
    int a = 1 + 1;
    int b = a * 3;
    int c = b / 4;
    int d = c - a;
    int e = -d;
```

```
        System.out.println("a = " + a);
        System.out.println("b = " + b);
        System.out.println("c = " + c);
        System.out.println("d = " + d);
        System.out.println("e = " + e);
    }
}
```

当运行该程序时，会看到如下输出：

```
a = 2
b = 6
c = 1
d = -1
e = 1
```

2.5.3　自增与自减运算符

++和--是 Java 的自增和自减运算符。表 2-8 列出了自增与自减运算符的含义。

表 2-8　自增与自减运算符

自增与自减运算符	意义
++	自增，变量值加 1
--	自减，变量值减 1

自增运算符将操作数加 1，自减运算符将操作数减 1。例如，下面这条语句：

```
x = x + 1;
```

可以使用自增运算符改写为如下形式：

```
x++;
```

类似地，下面这条语句：

```
x = x - 1;
```

与下面的语句是等价的：

```
x--;
```

这些运算符比较独特，它们既可以显示为后缀形式，紧随在操作数的后面；也可以显示为前缀形式，位于操作数之前。在前面的例子中，采用哪种形式没有区别。但是，当自增和/或自减运算符是更大表达式的一部分时，两者之间会出现微妙的，同时也是有价值的差别。对于前缀形式，操作数先自增或自减，然后表达式使用自增或自减之后的值；对于后缀形式，表达式先使用操作数原来的值，然后修改操作数。例如：

```
x = 42;
y = ++x;
```

在此，正如所期望的，y 被设置为 43，因为在将 x 赋值给 y 之前就发生了自增操作。因此，代码行“y=++x;”等价于下面这两条语句：

```
x = x + 1;
y = x;
```

但是，如果将上面的代码写为如下形式：

```
x = 42;
y = x++;
```

那么会在执行自增运算符之前，先将 x 赋值给 y，所以 y 的值为 42。当然，对于这两种情况，x 都被设置为 43。在此，代码行“y=x++;”等价于下面这两条语句：

```
y = x;
x = x + 1;
```

例 2-7 演示了自增与自减运算符的用法：

```
// 例 2-7 自增与自减运算符的使用。
public class IncDem {
  public static void main(String args[]) {
    int a = 1;
    int b = 2;
    int c;
    int d;
    c = ++b;
    d = a++;
    c++;
    System.out.println("a = " + a);
    System.out.println("b = " + b);
    System.out.println("c = " + c);
    System.out.println("d = " + d);
    int e;
    int f;
    e = c--;
    f = --d;
    System.out.println("e = " + e);
    System.out.println("f = " + f);

  }
}
```

以下是该程序的输出：

```
a = 2
b = 3
c = 4
d = 1
e = 4
f = 0
```

2.5.4　位运算符

Java 定义了几个位运算符，它们可以用于整数类型——long、int、short、char 以及 byte。这些运算符对操作数的单个位进行操作。表 2-8 对位运算符进行了总结。

表 2-8　位运算符

运　算　符	结　　果
~	按位一元取反
&	按位与
|	按位或
^	按位异或
>>	右移
>>>	右移零填充
<<	左移
&=	按位与并赋值
|=	按位或并赋值
^=	按位异或并赋值
>>=	右移并赋值
>>>=	右移零填充并赋值
<<=	左移并赋值

位运算符用于对二进制位(bit)进行运算。在 Java 中，所有整数类型都由宽度可变的二进制数字表示。例如，byte 型数值 42 的二进制形式是 00101010，其中每个位置表示 2 的幂，从最右边的 2^0 开始。向左的下一个位置为 2^1，即 2；接下来是 2^2，即 4；然后是 8、16、32，等等。所以 42 在位置 1、3、5(从右边开始计数，最右边的位计数为 0)被设置 1；因此，42 是 $2^1+2^3+2^5$ 的和，即 2+8+32。

所有整数类型(char 类型除外)都是有符号整数，这意味着它们既可以表示正数，也可以表示负数。Java 使用所谓的“2 的补码”进行编码，这意味着负数的表示方法为：首先反转数值中的所有位(1 变为 0，0 变为 1)，然后再将结果加 1。例如，−42 的表示方法为：通过反转 42 中的所有位(00101010)，得到 11010101，然后加 1，结果为 11010110，即−42。为了解码负数，首先反转所有位，然后加 1。例如，反转−42(11010110)，得到 00101001，即 41，所以再加上 1 就得到了 42。

如果分析“零交叉”(zero crossing)问题，就不难理解 Java(以及大多数其他计算机语言)使用 2 的补码表示负数的原因。假定对于 byte 型数值，0 被表示为 00000000。如果使用 1 的补码，简单地反转所有位，得到 11111111，这会创建−0。但问题是，在整数数学中，−0 是无效的。使用 2 的补码代表负数可解决这个问题。如果使用 2 的补码，1 被加到补码上，得到 100000000，这样就在左边新增加了一位，超出了 byte 类型的表示范围，从而得到了所期望的行为，即−0 和 0 相同，并且−1 被编码为 11111111。尽管在前面的例子中使用的是 byte 数值，但是相同的基本原则被应用于 Java 中的所有整数类型。

因为 Java 使用 2 的补码存储负数，并且因为 Java 中的所有整数都是有符号数值，所以应用位运算符时很有可能会产生意外的结果。例如，不管是有意的还是无意的，将高阶位改为 1，都会导致结果值被解释为负数。为了避免产生不愉快的结果，只需要记住高阶位决定了整数的符号，而不管高阶位是如何设置的。

2.5.5　关系运算符和逻辑运算符

在术语关系运算符(relational operator)和逻辑运算符(logical operator)中，关系是指值与值之间的相互关系，逻辑是指把真值和假值连接在一起的方式。关系运算符产生的结果是真或假，所以它们经常与逻辑运算符一起使用。出于这一原因，我们这里对这两种运算符一起进行讨论。

关系运算符如表 2-9 所示。

表 2-9　关系运算符

运　算　符	含　　义	运　算　符	含　　义
==	等于	<	小于
!=	不等于	>=	大于等于
>	大于	<=	小于等于

逻辑运算符如表 2-10 所示。

表 2-10　逻辑运算符

<table>
<tr><th>运　算　符</th><th>含　　义</th><th>运　算　符</th><th>含　　义</th></tr>
<tr><td>&</td><td>与(AND)</td><td>||</td><td>短路或(short-circuit OR)</td></tr>
<tr><td>|</td><td>或(OR)</td><td>&&</td><td>短路与(short-circuit AND)</td></tr>
<tr><td>^</td><td>异或(XOR)</td><td>!</td><td>非(NOT)</td></tr>
</table>

关系运算符与逻辑运算符的结果是 boolean 类型的值。

在 Java 中，所有的对象都可以使用==和!=进行等于或不等于比较。然而，比较运算符<、>、<=或>=则只能用于支持顺序关系的类型。因此，所有的关系运算符都可用于数值类型和 char 类型。然而，boolean 类型的值只可以用于进行等于或不等于比较，因为 true 和 false 值是无序的。例如，在 Java 中 true > false 是无意义的。

对于逻辑运算符，操作数必须是boolean类型，逻辑运算的结果也必须是boolean类型。

逻辑运算符&、|、^和!按照表2-11所示的真值表进行基本的逻辑运算AND、OR、XOR和NOT。

表 2-11　逻辑运算符的真值表

p	q	p & q	p | q	p ^ q	!p
false	false	false	false	false	true
true	false	false	true	true	false
false	true	false	true	true	true
true	true	true	true	false	false

如表 2-11 所示，只有一个操作数为真时，异或运算(exclusive OR)的结果为真。

下面的例 2-8 对这几个关系运算符和逻辑运算符进行了演示：

```
// 例 2-8 关系运算符和逻辑运算符示例。
Public class RelLogOps {
  public static void main(String args[]) {
    int i, j;
    boolean b1, b2;

    i = 10;
    j = 11;
    if(i < j) System.out.println("i < j");
    if(i <= j) System.out.println("i <= j");
    if(i != j) System.out.println("i != j");
    if(i == j) System.out.println("this won't execute");
    if(i >= j) System.out.println("this won't execute");
    if(i > j) System.out.println("this won't execute");

    b1 = true;
    b2 = false;
    if(b1 & b2) System.out.println("this won't execute");
    if(!(b1 & b2)) System.out.println("!(b1 & b2) is true");
    if(b1 | b2) System.out.println("b1 | b2 is true");
    if(b1 ^ b2) System.out.println("b1 ^ b2 is true");
  }
}
```

该程序的输出如下所示：

```
i < j
i <= j
i != j
!(b1 & b2) is true
b1 | b2 is true
b1 ^ b2 is true
```

2.5.6　运算符的优先级

表 2-12 列出了各种 Java 运算符的优先次序。数字越小的表示优先级越高。

表 2-12　运算符的优先级

<table>
<tr><th>优先级</th><th>运算符</th><th>类别</th><th>结合性</th></tr>
<tr><td>1</td><td>()</td><td>括号运算符</td><td>由左至右</td></tr>
<tr><td>1</td><td>[]</td><td>方括号运算符</td><td>由左至右</td></tr>
<tr><td>2</td><td>！、+(正号)、-(负号)</td><td>一元运算符</td><td>由右至左</td></tr>
<tr><td>2</td><td>~</td><td>位逻辑运算符</td><td>由右至左</td></tr>
<tr><td>2</td><td>++、--</td><td>递增与递减运算符</td><td>由右至左</td></tr>
<tr><td>3</td><td>*、/、%</td><td>算术运算符</td><td>由左至右</td></tr>
<tr><td>4</td><td>+、-</td><td>算术运算符</td><td>由左至右</td></tr>
<tr><td>5</td><td><<、>></td><td>位左移、位右移运算符</td><td>由左至右</td></tr>
<tr><td>6</td><td><、<=、>、>=</td><td>关系运算符</td><td>由左至右</td></tr>
<tr><td>7</td><td>==、！-</td><td>关系运算符</td><td>由左至右</td></tr>
<tr><td>8</td><td>&</td><td>位逻辑运算符</td><td>由左至右</td></tr>
<tr><td>9</td><td>^</td><td>位逻辑运算符</td><td>由左至右</td></tr>
<tr><td>10</td><td>|</td><td>位逻辑运算符</td><td>由左至右</td></tr>
<tr><td>11</td><td>&&</td><td>逻辑运算符</td><td>由左至右</td></tr>
<tr><td>12</td><td>||</td><td>逻辑运算符</td><td>由左至右</td></tr>
<tr><td>13</td><td>?:</td><td>条件运算符</td><td>由右至左</td></tr>
<tr><td>14</td><td>=</td><td>赋值运算符</td><td>由右至左</td></tr>
</table>

表 2-12 的最后一列是运算符的结合性。结合性可以让我们了解到运算符与操作数的相对位置及其关系。举例来说，当使用同一优先级的运算符时，结合性就非常重要了，它决定先处理什么，可以看下面的例子：

```
a=b+d/3*6;  //结合性可以决定运算符的处理顺序
```

这个表达式有不同的运算符，优先级是“*”和“/”高于“+”又高于“=”，但是读者会发现，“*”和“/”的优先级是相同的，到底 d 先除以 3 再乘以 6 呢？还是 3 乘以 6 以后 d 再除以这个结果呢？

经过结合性的定义后，就不会有这方面的困扰了。算术运算符的结合性为“由左至右”，就是在相同优先级的运算符中，先由运算符左边的操作数开始处理，再处理右边的操作数。在上面的式子中，由于“*”和“/”的优先级相同，因此 d 会先除以 3 再乘以 6，得到的结果加上 b 后，再将整个值赋值给 a。

2.6　表　达　式

表达式是由操作数和运算符按一定的语法形式组成的符号序列。

表达式可以是由常量、变量或是其他操作数与运算符组合而成的语句，当 Java 程序发现程序的表达式中操作数类型不相同时，会依据相应的规则来处理类型转换。

2.6.1　表达式

表达式可以是由常量、变量或是其他操作数与运算符组合而成的语句，下面的例子均为表达式。

简单的表达式：

```
-18       //表达式由一元运算符“-”与常量 18 组成
sum+6     //表达式由变量 sum、算术运算符与常量 6 组成
```

复杂的表达式：

```
a+b-c/(d*3-9)    //由变量、常量与运算符组成的表达式
```

此外，Java 还有一些写法简洁的方式，将算术运算符和赋值运算符结合，成为新的运算符。表 2-13 列出了这些相结合的运算符。

表 2-13　简洁的表达式

运算符	范例用法	说明	意义
+=	a+=b	将 a+b 的值存放到 a 中	a=a+b
-=	a-=b	将 a-b 的值存放到 a 中	a=a-b
*=	a*=b	将 a*b 的值存放到 a 中	a=a*b
/=	a/=b	将 a/b 的值存放到 a 中	a=a/b
%=	a%=b	将 a%b 的值存放到 a 中	a=a%b

下面的例 2-9 演示了一个这种简洁用法的程序：

```
// 例 2-9 简洁表达式示例。
public class expression {
  public static void main(String args[]) {
    int a=3, b=9;
    System.out.println("before, a= " + a + ",b= " + b);

    a+=b;
    System.out.println("after, a= " + a + ",b= " + b);  }
}
```

在程序中，第 3 行分别为变量 a、b 赋值为 3 和 9。第 4 行在运算之前先打印变量 a、b 的值，a 为 3，b 为 9。在第 5 行计算 a+=b，该语句相当于 a=a+b，将 a+b 的值存放到 a 中。计算 3+9 的结果后赋给 a。最后，程序第 6 行打印运算之后 a、b 的值。此时 a 的值变为 12，而 b 的值仍为 9。

2.6.2 表达式的类型转换变量

Java 是一门很有弹性的程序设计语言，它允许数据类型暂时转换成其他类型的情况发生，但有个原则——以不丢失数据为前提，即可进行不同数据类型间的转换。当 Java 程序发现程序的表达式中操作数类型不相同时，会依据下列规则来处理类型转换：

- 占用字节较少的转换成字节较多的类型。
- 字符类型会转换成 short 类型(字符会取其 Unicode 编码)。
- short 类型(2 bytes)遇上 int 类型(4 bytes)，会转换成 int 类型。
- int 类型会转换成 float 类型。
- 在表达式中，若某个操作数的类型为 double，则另一个操作数也会转换成 double 类型。
- 布尔类型不能转换成其他类型。

2.7 数　组

数组是用共有名称引用相同类型变量的集合。在 Java 中，虽然最常用的数组是一维数组，但是数组也可以有多维。数组用途广泛，因为它们提供了一种把相关变量集合在一起的便利方法。例如，可以使用数组存储一个月当中天气的信息、学生的各类信息等。

数组的主要优势在于用一种可以轻松操作数据的方法把数据组织了起来。例如，如果有一个存储学生各科分数的数组，那么通过遍历数组，可以轻松地计算出学生的平均成绩。而且，按照这种方法组织数据的数组可以方便地进行排序操作。

2.7.1 一维数组

一维数组本质上是一连串类型相同的变量。为了创建数组，首先必须创建期望类型的数组变量。声明一维数组的一般形式如下所示：

```
type var-name[];
```

其中，type 声明了数组的元素类型(也称为基本类型)。元素类型决定了构成数组的每个元素的类型。因此，数组的元素类型决定了数组可以包含什么类型的数据。

例如，下面的语句演示了数组的声明：

```
int [ ] score1;      //Java 成绩
int  score2[ ];      //C#成绩
String [ ] name;     //学生姓名
……
```

下面的示例创建了一个有 10 个元素的 int 数组，并将其与一个名为 sample 的数组引用变量建立链接：

```
int sample[] = new int[10];
```

这个声明与对象声明相似。sample 变量存储了一个由 new 分配的内存引用。该内存的容量足以存储 10 个 int 类型的元素。与对象一样，可以把前面的声明分为两部分。例如：

```
int sample[];
sample = new int[10];
```

这里，第一次创建 sample 时，它没有引用实际对象。只有第二条语句执行后，sample 才与数组链接。

数组中的单个元素是通过索引来访问的。索引(index)描述了元素在数组中的位置。在 Java 中，所有的数组都以 0 作为第一个元素的索引。因为 sample 有 10 个元素，所以它的索引值就是从 0 到 9。要索引数组，只需使用方括号包含指定的元素索引值即可。因此，sample 的第一个元素是 sample[0]，最后一个元素是 sample[9]。例如，下面的程序把从 0 到 9 的数字存储到 sample 中：

```
class ArrayDemo {
  public static void main(String args[]) {
    int sample[] = new int[10];
    int i;

    for(i = 0; i < 10; i = i+1)   ◄── 数组从 0 开始索引
      sample[i] = i;

    for(i = 0; i < 10; i = i+1)   ◄──
      System.out.println("This is sample[" + i + "]: " +sample[i]);
  }
}
```

程序的输出如下所示：

```
This is sample[0]: 0
This is sample[1]: 1
This is sample[2]: 2
This is sample[3]: 3
This is sample[4]: 4
This is sample[5]: 5
This is sample[6]: 6
This is sample[7]: 7
This is sample[8]: 8
This is sample[9]: 9
```

从概念上看，sample 数组如图 2-1 所示。

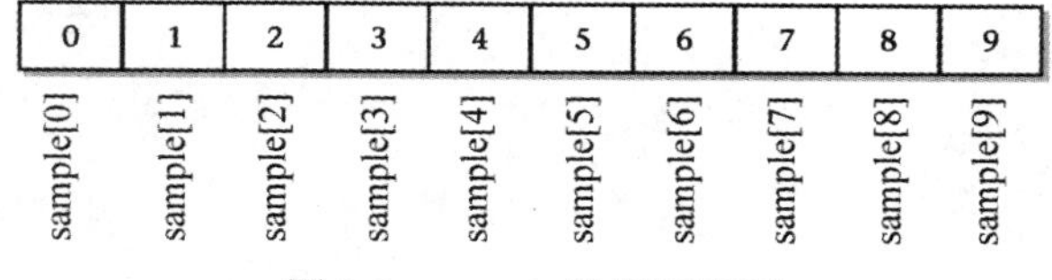

图 2-1　sample 数组示意图

例 2-10 是一个使用一维数组的例子，计算一组数字的平均值。

```
// 例 2-10 计算一组数字的平均值。
public class Average {
  public static void main(String args[]) {
    int nums[] = {1, 2, 3, 4, 5, 6, 7, 8, 9};
    int result = 0;
    int i;
    for(i=0; i<10; i++)
      result = result + nums[i];
    System.out.println("Average is " + result / 10);
  }
}
```

当运行这个程序时，会打印出整数 1 到 9 的平均值。

2.7.2 多维数组

尽管一维数组是程序设计中最常用的数组，但是多维数组(二维及二维以上的数组)也是比较常见的。在 Java 中，多维数组是数组的数组。

Java 中的多维数组无论是形式还是行为都与常规的多维数组类似。为了声明多维数组变量，需要使用另外一组方括号指定每个额外的索引。例如，下面声明了一个名为 twoW 的二维数组：

```
int twoW[][] = new int[4][5];
```

这条语句分配了一个 4×5 的数组，并将之赋给 twoW。在内部，这个矩阵是作为 int 数组的数组实现的。从概念上讲，这个数组看起来如图 2-2 所示。

下面的例 2-11 按照从左向右、从上向下的顺序列出数组中的每个元素，然后显示这些元素的值：

```
// 例 2-11 按照从左向右、从上向下的顺序列出数组中的每个元素，然后显示这些元素的值。
public class TwoDArray {
  public static void main(String args[]) {
    int twoD[][]= new int[4][5];
    int i, j, k = 0;

    for(i=0; i<4; i++)
      for(j=0; j<5; j++) {
        twoD[i][j] = k;
        k++;
      }

    for(i=0; i<4; i++) {
      for(j=0; j<5; j++)
```

```
        System.out.print(twoD[i][j] + " ");
      System.out.println();
    }
  }
}
```

这个程序产生的输出如下所示：

```
0 1 2 3 4
     5 6 7 8 9
     10 11 12 13 14
     15 16 17 18 19
```

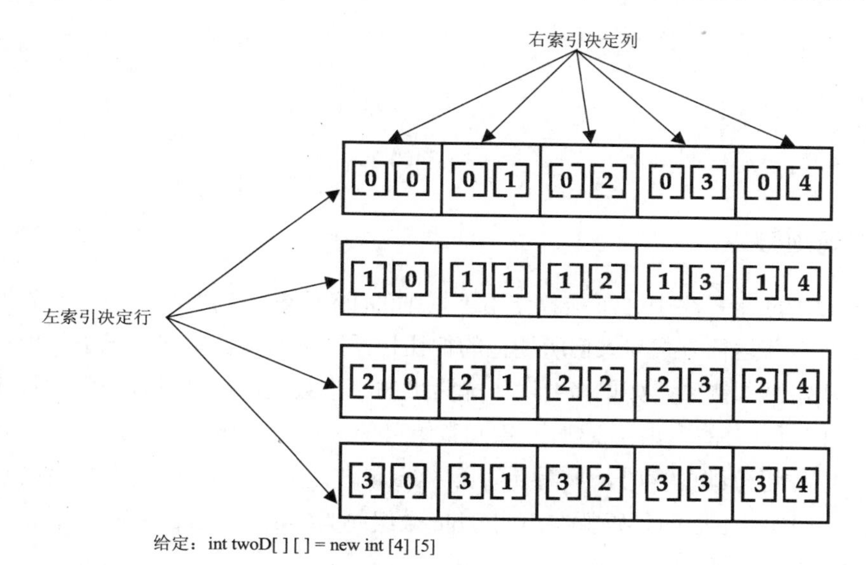

图 2-2　4×5 二维数组的概念视图

下面再看一个使用多维数组的例子。下面的例 2-12 创建了一个 3×4×5 的三维数组，然后将每个元素设置为各自索引的乘积，最后显示这些乘积：

```
// 例 2-12 创建一个 3×4×5 的三维数组，然后将每个元素设置为各自索引的乘积，最后显示
// 这些乘积。
publicc lass ThreeDMatrix {
  public static void main(String args[]) {
    int threeD[][][] = new int[3][4][5];
    int i, j, k;

    for(i=0; i<3; i++)
      for(j=0; j<4; j++)
        for(k=0; k<5; k++)
          threeD[i][j][k] = i * j * k;
```

```
    for(i=0; i<3; i++) {
      for(j=0; j<4; j++) {
        for(k=0; k<5; k++)
          System.out.print(threeD[i][j][k] + " ");
        System.out.println();
      }
      System.out.println();
    }
  }
}
```

这个程序产生的输出如下所示：

```
0 0 0 0 0
0 0 0 0 0
0 0 0 0 0
0 0 0 0 0
```

2.7.3　不规则数组

在大多数的应用程序中并不推荐使用不规则的(或不整齐的)多维数组，因为当人们遇到多维数组时，其运行方式与人们所期望的往往相反。然而，在某些情况下使用不规则数组的效率却非常高。例如，如果需要一个非常大的二维数组，但是只有个别位置才存储数据(即，不是使用所有的元素)，这时不规则数组可能是完美的解决方法。

当为多维数组分配内存时，只需要为第一维(最左边的一维)分配内存，而其余的维可以单独分配。例如，下面的代码就在声明 table 数组时为它的第一维分配了内存，而它的第二维是手动分配内存的：

```
int table[][] = new int[3][];
table[0] = new int[4];
table[1] = new int[4];
table[2] = new int[4];
```

尽管在这种情况下单独分配第二维数组的内存没有什么优势可言，但是在其他情况下却可能有优势。例如，当手动给数组的各维分配内存时，不必为每一个索引分配同等数量的元素。因为多维数组是作为数组的数组来实现的，所以每个数组的长度是由你来控制的。例如，假设你在编写一个用于存储航班搭乘人数的程序。如果航班周一至周五每天飞行 10 次，而周六、周日则是每天两次，可以使用下面程序所示的 riders 数组来存储信息。注意第一维前 5 项的第二维长度是 10，而第一维后两项的第二维长度为 2。

```
// 手动为数组的第二维分配内存.
public class Ragged {
  public static void main(String args[]) {
```

```
    int riders[][] = new int[7][];
    riders[0] = new int[10];
    riders[1] = new int[10];
    riders[2] = new int[10];    // 第二维长度是 10
    riders[3] = new int[10];
    riders[4] = new int[10];
    riders[5] = new int[2];     // 第二维长度是 2
    riders[6] = new int[2];

    int i, j;

    for(i=0; i < 5; i++)
      for(j=0; j < 10; j++)
        riders[i][j] = i + j + 10;
    for(i=5; i < 7; i++)
      for(j=0; j < 2; j++)
        riders[i][j] = i + j + 10;

    System.out.println("Riders per trip during the week:");
    for(i=0; i < 5; i++) {
      for(j=0; j < 10; j++)
        System.out.print(riders[i][j] + " ");
      System.out.println();
    }
    System.out.println();

    System.out.println("Riders per trip on the weekend:");
    for(i=5; i < 7; i++) {
      for(j=0; j < 2; j++)
        System.out.print(riders[i][j] + " ");
      System.out.println();
    }
  }
}
```

2.8 本章小结

本章主要介绍了 Java 中的基本元素——数字和字符，包括标识符、变量、常量的概念，Java 的基本数据类型以及运算符和表达式。通过对本章内容的学习，读者应当熟练掌握 Java 中的各种数据类型及其用法。

2.9　思考和练习

一、选择题

1、在 Java 语句中，运算符&&实现(　　)。

A、逻辑或　B、逻辑与　C、逻辑非　D、逻辑相等

2、在 Java 中，Integer.MAX_VALUE 表示(　　)。

A、浮点类型最大值　B、整数类型最大值

C、长整型最大值　D、以上说法都不对

3、在 Java 语言中，下面哪个可以用作正确的变量名称(　　)。

A、3D　B、name

C、extends　D、implements

4、若已定义 byte[ ] x= {11,22,33,-66}；其中 0≤k≤3，则对 x 数组元素错误的引用是(　　)。

A、 x[5-3]　B、 x[k]　C、 x[k+5]　D、 x[0]

5、下面哪种注释方法能够支持 javadoc 命令(　　)?

A、 /**...**/　B、 /*...*/　C、 //　D、 /**...*/

6、下面哪条语句定义了 5 个元素的数组(　　)?

A、int [] a={22,23,24,25,12};　B、int a []=new int(5);

C、int [5] array;　D、int [] arr;

7、下面哪项可以得到数组元素的个数，假定在 Java 中已定义数组 abc(　　)?

A、abc.length( )　B、abc.length

C、len(abc)　D、ubound(abc)

8、数组中可以包含什么类型的元素(　　)?

A、int　B、string 型

C、数组　D、以上都可以

9、下列运算结果默认为 float 的是(　　)。

A、100/10　B、100*10

C、100F+10　D、100D-10

10、Java 中，不可以用来限制存取权限的关键字是(　　)。

A、public　B、protected

C、extends　D、private

二、编程题

1、设计程序，要求给定半径值 6，分别计算出圆的周长和面积。

2、设计程序，观察不同类型变量之间数据类型的自动转换和强制转换。

3、设计程序，使用多维数组描述多个学生的信息并进行输出。

第3章　流程控制语句

Java 程序是由若干条语句组成的，一般情况下，计算机按照语句的先后顺序逐条执行。在某些情况下，需要有选择地或重复地执行某条或某些语句时，使用程序的流程控制语句。本章将会介绍控制程序执行流程的语句：选择(selection)语句、迭代(iteration)语句、跳转(jump)语句以及 return 语句。

本章学习目标：

- 了解 Java 的分支语句
- 掌握分支语句的用法
- 熟悉循环预计的 3 种形式
- 掌握循环语句的结构和组成部分
- 了解跳转语句 break、continue

3.1　选择语句

编程语言使用控制语句，根据程序状态的变化，引导程序的执行流程和分支。Java 的程序控制语句分为以下几类：选择语句、迭代语句和跳转语句。

选择语句允许程序根据表达式的输出或变量的状态，选择不同的执行路径。迭代语句使程序能够重复执行一条或多条语句(即迭代语句形成了循环)；跳转语句使程序能够以非线性的方式执行。

为实现分支结构程序设计，Java 语言提供了条件分支语句 if 和多重分支语句 switch，根据它们所包含的逻辑表达式的值决定程序执行的方向。

3.1.1　if 语句

if 语句是 Java 的条件分支语句。可以使用 if 语句通过两条不同的路径，引导程序的执行流程。if 语句的流程图如图 3-1 所示：

if 语句的一般形式如下所示：

```
if (condition){
 statement;
}
```

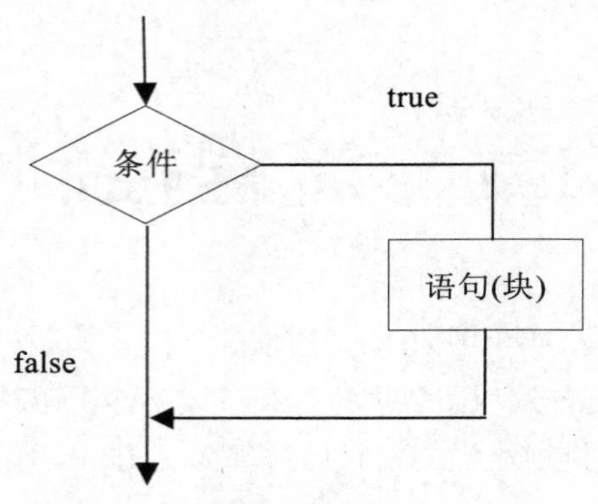

图 3-1　if 语句的流程图

如果“条件”为 true，则执行块内语句。例如，下面的例 3-1 比较两个整数的大小：

```
// 例 3-1 比较两个整数的大小。
public class ShowMaxmum {
  public static void main(String args[]) {
    int a, b;
    a = 3;
    b = 10;
    if(a>b) // 比较 a 和 b 的大小
   System.out.println("a 比 b 大"); //a>b 条件满足时输出
   if(a<b) // 比较 a 和 b 的大小
   System.out.println("a 比 b 小"); //a<b 条件满足时输出
  }
}
```

3.1.2　if-else 语句

if-else 语句的流程图如图 3-2 所示：

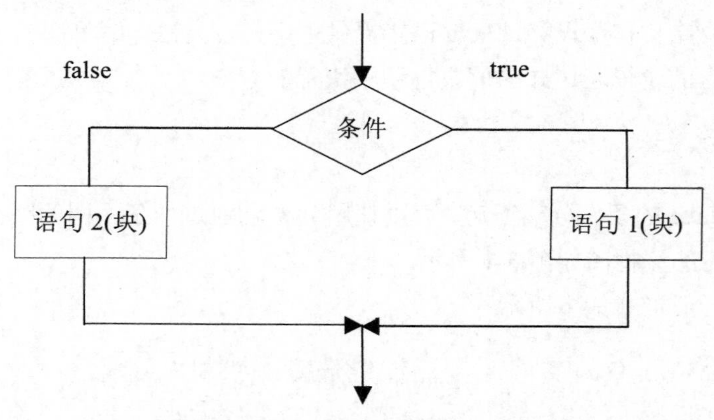

图 3-2　if-else 语句的流程图

if-else 语句的一般形式如下所示：

```
if (condition){
 statement1;
}
else{
 statement2;
}
```

if-else 语句对“条件”进行分析，当“条件”为 true 时，执行语句(块)1，否则执行语句(块)2。例 3-1 也可用 if-else 语句实现，如下面的例 3-2 也比较两个整数的大小：

```
// 例 3-2 使用 if-else 语句比较两个整数的大小。
public class ShowMaxmum {
  public static void main(String args[]) {
    int a, b;
    a = 3;
    b = 10;
    if(a>b) // 条件 a>b 条件满足时输出
   System.out.println("a 比 b 大");
   else    //条件 a>b 不满足时输出
   System.out.println("a 不大于 b");
  }
}
```

3.1.3　嵌套 if 语句

所谓嵌套，是指程序中存在多条 if 语句。如果一条 if 语句之后还有 if 语句，或 else 语句之后还有 if 语句，就构成了 if 条件语句的嵌套。嵌套 if 语句的流程图如图 3-3 所示。

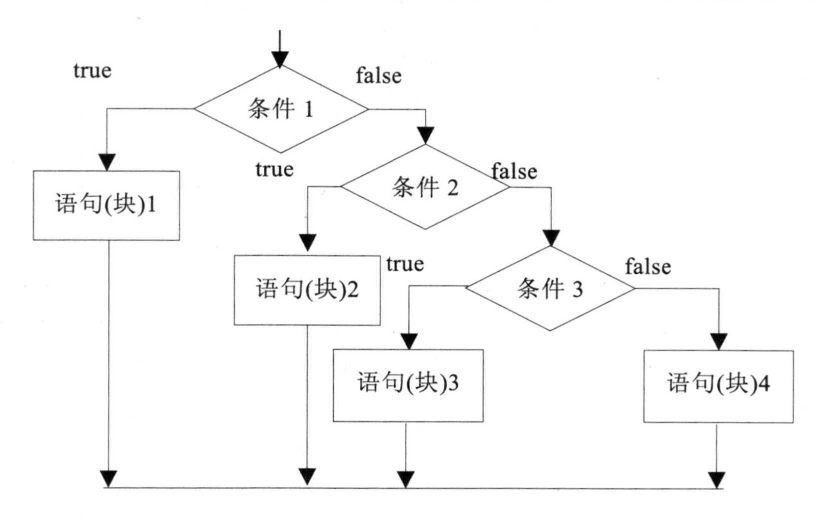

图 3-3　嵌套 if 语句的流程图

嵌套 if 语句的一般形式如下所示：

```
if (condition1){
 statement1;
}
else if(condition2){
 statement2;
}
else if(condition3){
 statement3;
}
…
else{
 statement;
}
```

如果“条件 1”满足，则执行“语句(块)1”，其他语句块被忽略；否则，继续判断“条件 2”的值，若满足，则执行“语句(块)2”；否则，继续判断下面的条件。如果所有条件都不满足，则执行最后一个语句(块)。

在 if 语句嵌套时，一定要注意 if 和 else 的搭配关系，否则，容易造成判断错误。例 3-3 对嵌套 if 语句做了演示：

```
// 例 3-3 使用嵌套 if 语句比较三个整型数的大小。
public class ShowMaxmum {
  public static void main(String args[]) {
    int a=4, b=5, c=6;
    if(a>b&a>c)                // a 最大时输出
   System.out.println("三个数中 a 大");
   else if(b>a&b>c)           // b 最大时输出
   System.out.println("三个数中 b 大");
   else                       //前两个条件都不满足
   System.out.println("三个数中 c 大");
  }
}
```

3.1.4　switch 语句

switch 关键字的中文意思是开关、转换，switch 语句在条件语句中特别适合执行一组变量相等的判断，在结构上比 if 语句要清晰很多。switch 语句的流程图如图 3-4 所示。

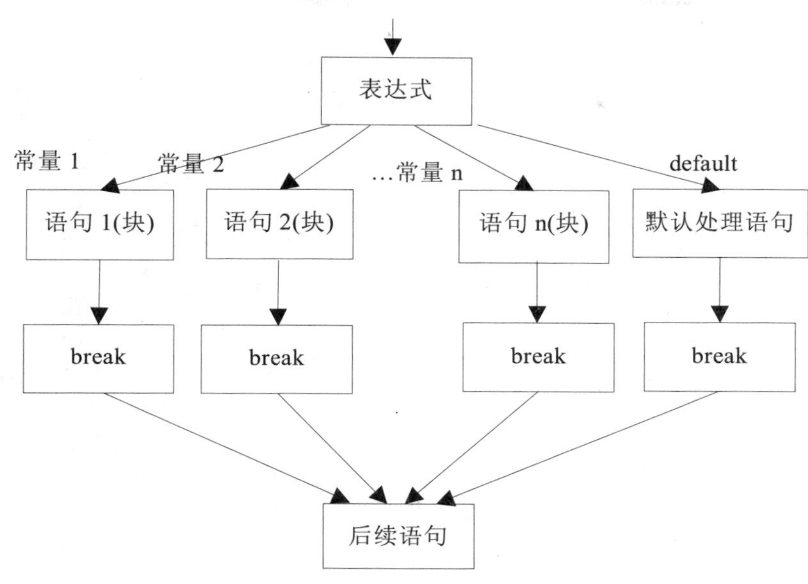

图 3-4　switch 语句的流程图

switch 语句的一般形式如下所示：

```
switch (condition)
{
  case condition1: statement1; break;
  case condition 2: statement2; break;
  case condition 3: statement3; break;
  ……
  case condition n: statementn; break;
  default:
  statement+1;
}
```

语法中的 switch、case、default 是关键字，表达式的类型应为 byte、short 和 int，语法中的 default 子句可以省略。执行 switch 语句时，先计算表达式，将表达式的值与各常量表达式比较，若与某个常量相等，就执行该常量后面的语句块；若都不相等，就执行 default 后面的语句块。若没有 default 语句，则直接跳出 switch 语句。

在 default 语句中，使用 break 语句跳过其后的判断语句，否则程序会执行后面 case 语句中的程序段，而不进行判断，直到再遇到 break 语句。例 3-4 对 switch 语句做了演示：

```
// 例 3-4 使用 switch 语句输出月份对应的季节。
public class Switch {
  public static void main(String args[]) {
    int month = 4;
    String season;
    switch (month) {
      case 12:
```

```
        case 1:
        case 2:
          season = "Winter";
          break;
        case 3:
        case 4:
        case 5:
          season = "Spring";
          break;
        case 6:
        case 7:
        case 8:
          season = "Summer";
          break;
        case 9:
        case 10:
        case 11:
          season = "Autumn";
          break;
        default:
          season = "Bogus Month";
      }
      System.out.println("April is in the " + season + ".");
    }
  }}
```

该程序产生的输出如下所示：

```
April is in the Spring.
```

3.2 循环语句

循环语句用于反复执行一段代码，直到满足某种条件为止。Java 语言有三种循环语句：for 循环语句、while 循环语句和 do…while 循环语句。循环语句由循环体和循环条件两部分组成。

3.2.1 for 循环

for 循环语句是在条件成立时反复执行的某段程序代码。for 循环语句的流程图如图 3-5 所示。

for 循环语句的一般形式如下所示：

```
for(initialization; condition; iteration)
{
  statement;
}
```

for 循环语句使用时需要注意以下几点：

- 括号中的任何一个表达式都可以省略，但分号不能省略。
- 循环体中可以有空语句。
- 初值和修改表达式可用{ }得到多重表达式。
- for 循环最合适的是已知执行次数的循环体。

如果只是重复执行一条语句，就不需要使用花括号。

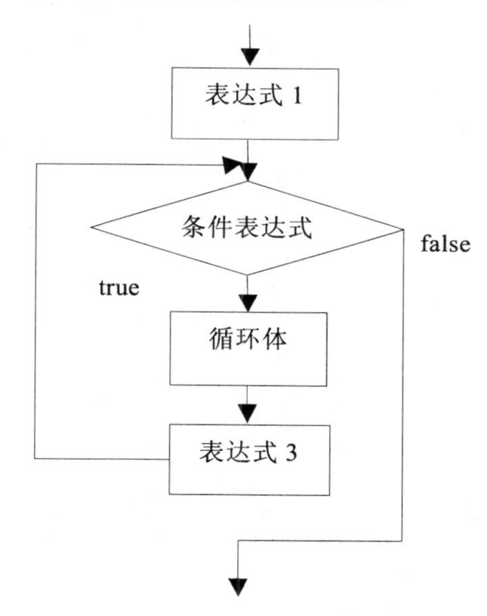

图 3-5　for 循环语句的流程图

for 循环的执行过程如下：当第一次开始循环时，执行循环的 initialization 部分。通常该部分是一个设置循环控制变量的表达式，循环控制变量作为控制循环的计数器。初始化表达式只执行一次，理解这一点很重要。接下来，对 condition 进行求值。该部分必须是布尔表达式，通常根据目标值测试循环控制变量。如果这个表达式为 true，就执行循环体；如果这个表达式为 false，就终止循环。然后执行循环的 iteration 部分。该部分通常是一个递增或递减循环控制变量的表达式。最后迭代循环，对于每次迭代，首先计算条件表达式的值，然后执行循环体，接下来执行迭代表达式。这个过程一直重复执行，直到控制表达式为 false。

例 3-5 使用 for 循环来打印 1 到 99 之间数字的平方根。

```
// 例 3-5 使用 for 循环来打印 1 到 99 之间数字的平方根。
public class SqrRoot {
```

```
    public static void main(String args[]) {
      double num, sroot;
      for(num = 1.0; num < 100.0; num++) {
        sroot = Math.sqrt(num);   //调用函数
        System.out.println("Square root of " + num +
                           " is " + sroot);
        System.out.println();
      }
    }
}
```

3.2.2 while 循环

while 循环又称为“当型循环”，判断条件是否满足，若条件成立，则再一次执行循环体；若条件不满足，则退出循环。while 循环语句的流程图如图 3-6 所示。

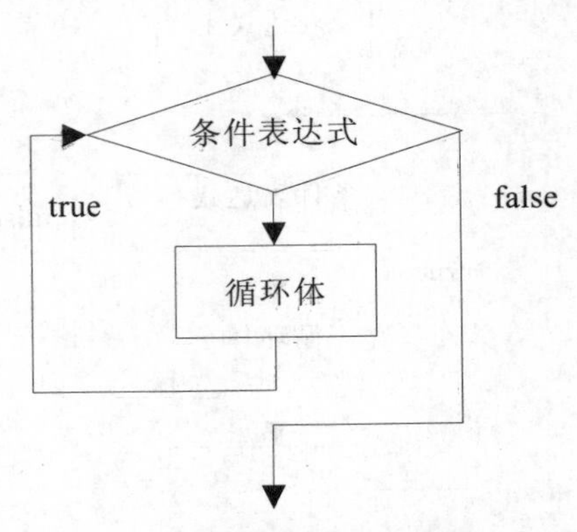

图 3-6　while 循环语句的流程图

while 循环的基本语法形式是：

```
while(condition)
{
 statement;
}
```

其中，statement 是一条语句或一个语句块，condition 定义了控制循环的条件，可以是任何有效的布尔表达式。条件为真时，循环会迭代。条件为假时，程序控制流会立刻转移到循环后面的代码行。

下面是一个使用 while 循环输出字母表的简单示例：

```
// 例 3-6 使用 while 循环输出字母表。
public class WhileDemo {
  public static void main(String args[]) {
    char ch;
    // print the alphabet using a while loop
```

```
      ch = 'a';
      while(ch <= 'z') {
        System.out.print(ch);
        ch++;
      }
    }
  }}
```

这里，初始化 ch 为字母 a。每次迭代循环时，都输出 ch，然后将它加 1。这个过程会一直持续，直到 ch 比 z 大为止。

与使用 for 循环一样，while 循环也是在循环顶部检查条件表达式，这就意味着循环代码可能根本不会被执行。因此不必在循环之前进行单独测试。例 3-7 演示了 while 循环的这一特点，程序计算的是 2 的从 0 到 9 的整数幂：

```
// 例 3-7 计算 2 的从 0 到 9 的整数幂 2。
public class Power {
  public static void main(String args[]) {
    int e;
    int result;

    for(int i=0; i < 10; i++) {
      result = 1;
      e = i;
      while(e > 0) {
        result *= 2;
        e--;
      }

      System.out.println("2 to the " + i +
                         " power is " + result);
    }
  }
}
```

程序的输出如下所示：

```
2 to the 0 power is 1
2 to the 1 power is 2
2 to the 2 power is 4
2 to the 3 power is 8
2 to the 4 power is 16
2 to the 5 power is 32
2 to the 6 power is 64
2 to the 7 power is 128
2 to the 8 power is 256
2 to the 9 power is 512
```

注意，只有当 e 大于 0 时，才执行 while 循环。因此，当 e 为 0 时，即它在 for 循环的第一次迭代中的值，while 循环会被跳过。

3.2.3　do-while 循环

如果控制 while 循环的条件表达式最初为 false，那么循环体就不会被执行。Java 还有一种循环，是 do-while 循环。与 for、while 这些在循环顶部进行条件测试的语句不同，do-while 是在循环底部进行条件检查。这就意味着 do-while 循环至少要执行一次。do-while 循环的基本形式如下：

```
do {
    // body of loop
      }
 while (condition);
```

do-while 循环的每次迭代首先执行循环体，然后对条件表达式进行求值。如果条件表达式为 true，就继续执行循环；否则终止循环。与所有 Java 循环一样，condition 必须是布尔表达式。

do-while 循环的语句流程图如图 3-7 所示。

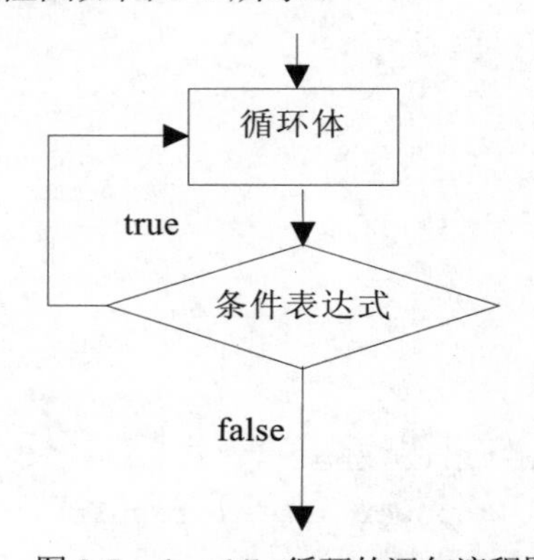

图 3-7　do-while 循环的语句流程图

例 3-8 是一个使用 do-while 循环打印正整数 1 到 50 中奇数之和与偶数之和的示例：

```
// 例 3-8 打印正整数 1 到 50 中奇数之和与偶数之和。
public class Sum {
  public static void main(String args[]) {
    int i=1;
    int oddsum=0, evensum=0;

    do
    {
      if(i%2==0)
       evensum+=i;
      else
```

```
            oddsum+=i;
        }while(++i<=50);

        System.out.println("奇数和是 " +oddsum);
        System.out.println("偶数和是 " +evensum);

    }
}
```

do-while 语句与 while 语句的区别是：do-while 语句不管条件是否满足，都先进入循环体，即先进循环体，再判断条件是否满足，最少执行一次；而 while 语句是先判断，根据条件表达式的值决定是否进入循环体，可能一次都不执行循环体。

3.3.4　嵌套循环

循环嵌套是指在循环体中包含循环语句的情况。3 种循环语句既可以自身进行嵌套，也可以相互进行嵌套构成多重循环。多重循环自内向外展开，即先执行内循环，后执行外循环。多重循环不允许相互交叉。

例如，下面的程序嵌套了 for 循环：

```
// 循环输出.标记。
public class Nested {
  public static void main(String args[]) {
    int i, j;

    for(i=0; i<10; i++) {
      for(j=i; j<10; j++)
        System.out.print(".");
      System.out.println();
    }
  }
}
```

这个程序产生的输出如下所示：

```
..........
.........
........
.......
......
.....
....
...
..
.
```

3.3 跳转语句

Java 支持三种跳转语句：break 语句、continue 语句和 return 语句。这些语句将控制转移到程序的其他部分。

3.3.1 break 语句

使用 break 语句可以跳过循环体的其余代码和循环的条件测试，强迫循环立即退出。当在某个循环内部遇到 break 语句时，循环终止，程序控制流转移至循环后面的语句。

例 3-9 是一个利用 break 语句跳出循环的例子：

```
// 例 3-9 使用 break 跳出循环。
public class BreakLoop {
  public static void main(String args[]) {
    for(int i=0; i<100; i++) {
      if(i == 10) break; // terminate loop if i is 10
      System.out.println("i: " + i);
    }
    System.out.println("Loop complete.");
  }
}
```

该程序产生的输出如下所示：

```
i: 0
i: 1
i: 2
i: 3
i: 4
i: 5
i: 6
i: 7
i: 8
i: 9
Loop complete.
```

可以看出，尽管 for 循环被设置为从 0 运行至 99，但是当 i 等于 10 时，break 语句提前终止了 for 循环。

3.3.2 continue 语句

break 语句在程序还没有执行完循环时，强行退出循环，执行循环体后面的语句。而 continue 语句只能结束本次循环，即本次循环不再执行 continue 语句后面的语句，继续执行下一次循环语句或循环判定。

例 3-10 使用 continue 语句，在每行上打印两个数字：

```
// 例 3-10 使用 continue 语句，在每行上打印两个数字。
public class Continue {
  public static void main(String args[]) {
    for(int i=0; i<10; i++) {
      System.out.print(i + " ");
      if (i%2 == 0) continue;
      System.out.println("");
    }
  }
}
```

上面的代码使用%运算符检查 i 是否是奇数。如果 i 是奇数，就继续进行循环，不打印新行。下面是这个程序的输出：

```
0 1
2 3
4 5
6 7
8 9
```

3.3.3 return 语句

最后一种控制语句是 return 语句，return 语句表示要显式地从方法返回。也就是说，return 语句导致程序的执行控制转移给方法的调用者。因此，它被归类为跳转语句。

在方法中，任何时候都可以使用 return 语句将执行控制转移到方法的调用者。因此，return 语句会立即终止执行该语句的方法。下面的例子演示了这一点。在此，return 语句将执行控制转移给 Java 运行时系统，因为 main()方法是由运行时系统调用的。

```
// Demonstrate return.
class Return {
  public static void main(String args[]) {
    boolean t = true;

    System.out.println("Before the return.");

    if(t) return; // return to caller

    System.out.println("This won't execute.");
  }
}
```

该程序的输出如下所示：

```
Before the return.
```

可以看出，没有执行最后的 println()语句。只要执行 return 语句，执行控制就会传递给调用者。

最后一点：在前面的程序中，if(t)语句是必需的。如果没有该语句，Java 编译器会发出“unreachable code”错误，因为编译器知道最后的 println()语句永远不会执行。为了完成上面的演示，需要防止这个错误发生，在此使用 if 语句欺骗编译器以达成这一目的。

3.4　本章小结

本章主要介绍了 Java 中的流程控制语句，包括选择语句、循环语句和跳转语句。顺序结构能完成很多工作，任何程序在总体上都是顺序的，但某些时候局部有分支或局部有语句需要重复，就要引入分支和循环结构。为实现分支结构程序设计，Java 语言提供了条件分支语句 if 和多重分支语句 switch，根据它们所包含的逻辑表达式的值决定程序执行的方向。循环结构的程序可以对反复执行的程序段进行精简，用较少的语句执行大量重复的工作。Java 提供了 for、while 和 do-while 三种循环语句。

3.5　思考和练习

一、选择题

1、关于 while 和 do-while 循环，下列说法中正确的是(　　)。

A、两种循环除了格式不同外，功能完全相同

B、与 do-while 语句不同的是，while 语句的循环体至少执行一次

C、do-while 语句首先计算终止条件，当条件满足时，才去执行循环体中的语句

D、以上都不对。

2、已知 i 为整型变量，关于一元运算++i 和 i++，下列说法中正确的是(　　)。

A、++i 运算将出错

B、在任何情况下程序运行结果都一样

C、在任何情况下程序运行结果都不一样

D、在任何情况下变量 i 的值都增 1

3、下列语句序列执行后，i 的值是(　　)。

```
int i=8, j=16;
if( i-1 > j ) i--; else j--;
```

A、15　　B、16　　C、7　　D、8

4、下列语句序列执行后，i 的值是(　　)。

```
int i=16;
do { i/=2; } while( i > 3 );
```

A、16　　B、8　　C、4　　D、 2

5、不能构成循环的语句是(　　)。

A、for 语句　　B、while 语句　　C、switch 语句　　D、do while 语句

二、编程题

1、设计程序，给定一个 0~100 内的分数，按照以下标准评定等级并输出：0~59 为不合格，60~69 为及格，70~79 为中等，80~89 为良好，90~100 为优秀。

2、使用 continue 语句编写程序，打印 0 到 9 的三角乘法表。

3、设计程序，利用 while 循环，计算 2 的从 0 到 9 的整数幂。

4、利用 while 循环，从 10 开始向下计数，准确地打印 10 行“tick”；改版的“滴答”程序，利用 do-while 循环准确地打印 10 行“tick”。

5、设计程序，使用嵌套循环在 2 到 100 之间寻找因数。

第4章　面向对象编程

Java 是面向对象(Object-Oriented)的编程语言。类与对象是面向对象程序设计的核心。类定义了对象的外形和属性，它是一种逻辑结构，整个 Java 语言基于类而构建。面向对象编程有三个基本特性，分别是封装性、继承性和多态性。继承是面向对象编程语言实现代码复用的重要手段，合理的继承关系在减少工作量的同时也提高了系统的可扩展性。继承的目的是实现、扩展和重载(overload)，重载是多态性的根源。

本章将介绍类的相关知识，并学习如何使用类创建对象。在本章还将学习方法、构造函数、类的继承、访问控制和修饰符、接口和包等内容。

本章学习目标：

- 掌握类和对象的创建
- 理解公有成员和私有成员的概念
- 理解构造函数
- 理解继承、封装、接口、重载等概念

4.1　类和对象

面向对象是一种新兴的程序设计方法也是一种新的程序设计规范，其基本思想是使用对象、类、继承、封装等基本概念进行程序设计。从现实世界中客观存在的事物(即对象)出发来构造软件系统，并且在系统构造中尽量运用人类的自然思维方式。

4.1.1　类的概念

类是定义对象形式的模板，指定了数据以及操作数据的代码。Java 使用类的规范来构造对象(object)，而对象是类的实例(instance)。因此，类实质上是一系列指定如何构建对象的计划。

1. 对象

在现实世界中，对象就是人们要研究的任何事物。对象随处可见，一盏台灯、一把椅子、一只小鸟，它们都可以被认为是对象。简单地说，对象对应的就是我们日常生活中的“东西”。对象是状态和行为的结合体，例如，小鸟有状态(名字、颜色、品种)和行为(飞翔、休息、觅食)。

面向对象的程序设计方法就是把现实世界中的东西抽象为程序设计语言中的对象，达到二者的统一。信息世界中用数据来描述对象的状态，用方法来实现对象的行为。而在信息世界中，数据又是通过变量来表述的，变量是一种有名称的数据实体。方法对应的则是和对象有关的函数或过程。

2. 类

现实世界中有很多同类对象。类是组成 Java 程序的基本元素，类是对一个或几个相似对象的描述，类把不同对象具有的共性抽象出来，定义某类对象共有的变量和方法，从而使程序实现代码的复用，所以说，类是同一类对象的原型。

例如，自行车种类很多：公路自行车、山地自行车、小轮车、技巧车等。我们从这些不同种类的自行车中抽象出它们的共同特征：车轮、轮胎、变速器、刹车器、如何驱动、如何变速，然后把这些共同特征设计成一个类——自行车类。车轮、轮胎、变速器、刹车器是自行车类的状态，如何驱动、如何变速是自行车类的行为。然后用这些共同特征，可以生成一个确定的对象：我们在状态(变量)和行为(方法)中对自行车的轮胎(窄而薄的)、车身(轻便的)/档位(灵活准确的)加以定义，这样就可以实例化为一辆公路自行车轮胎；我们在状态(变量)和行为(方法)中对自行车类的车身(结实的)、刹车(灵活的)、减震性好等进行定义，这样就可以实例化为一辆山地自行车。这两个确定的对象，就称为实例对象。跟实例对象相关的方法称为实例方法。

所以说，类就是对象的一张软件图纸、模板和原型，这张图纸上定义了同类对象共有的状态(变量)和行为(方法)。用这张图纸我们可以生成实例对象。

3. 对象和类的关系

对象和类的描述尽管非常相似，但它们之间还是有区别的。

类是组成 Java 程序的基本要素。类封装了一类对象的状态和方法。类是用来定义对象的模板。

类是具体的抽象，而对象是类的具体完成。类与对象的关系就好像图纸和实体一样。利用 Java 编程时先定义类，然后按照类的模式建造对象，最后用对象来完成程序功能。

4.1.2　类的定义格式

类是 Java 的核心，Java 程序都由类组成。一个程序至少要包含一个类，也可以同时包含多个类。当包含多个类时，只有一个类是主类。

Java 的类分为两种：系统定义的类和用户自定义的类。

Java 类库是系统定义的类，它是系统提供的已实现的标准类的集合，提供了 Java 程序与运行它的系统软件之间的接口。Java 类库是一组由其他开发人员或软件供应商编写好的 Java 程序模块，每个模块对应一种特定的基本功能和任务。当用户编写自己的 Java 程序且需要完成其中某一功能时，就可以直接使用这些现有的类库，而不需要一切从头编写。Java 类库大部分是由 Sun 公司提供的，这些类库称为基础类库，也有少量类库是由其他软件开发商以商品的形式提供的。由于 Java 语言诞生的时间不长，还处于不断发展和完善阶段，因此 Java 类库还在不断扩充和修改当中。创建类时可以从父类继承，就是从系统定义的类库继承，也可以自己创建。

当定义类时，要声明类确切的形式和特性。这是通过指定类所包含的实例变量和操作它们的方法来完成的。尽管简单的类可能只包含方法，或只包含实例变量，但是大多数实际的类一般都包含这两者。

使用关键字 class 创建类。类定义的基本形式如下所示：

```
class classname {
    // declare instance variables
    type var1;
    type var2;
    // ...
    type varN;

    // declare methods
    type method1(parameters) {
        // body of method
    }
    type method2(parameters) {
        // body of method
    }
    // ...
    type methodN(parameters) {
        // body of method
    }
}
```

1. 类的声明格式

类的声明格式如下：

```
[类的修饰符] class <类名> [extends 父类名][implements 接口 1，接口 2，…]
```

其中，[ ]表示可选项；< >表示必选项。

在类的声明格式中，体现了面向对象程序设计语言的 3 大特征：封装性、继承性和多态性。这 3 大特征是构成面向对象程序设计思想的基石，实现了软件的可重用性，增强了软件的可扩充能力，提高了软件的可维护性。

类的修饰符，就能对类的使用做一些限定。类的修饰符体现了类的封装性。类的封装性是指为类的成员提供公有、默认、保护和私有等多级访问权限，目的是隐藏类中的私有成员和类中方法实现的细节。

一般将修饰符分成两类：访问控制修饰符和非访问控制修饰符。类的访问控制修饰符有 public、private、friendly、protected 等。

① public(公共的)

默认情况下，类只能被同一个源程序文件或同一个包中的其他类使用，加上public修饰符后，类可以被任何包中的类使用，称为公共类。在同一源程序文件中，只能有一个public类。程序的主类必须是公共类。

② private(私有的)

用此修饰符修饰的类只能被该类自身访问和修改，不能被任何其他类(包括该类的子类)获取和引用。private 修饰符提供了最高的保护级别。

③ friendly(友好的)

用此修饰符修饰的类可以被同一个包中的类访问，其他包中的类不能访问。

④ protected(受保护的)

用此修饰符修饰的类可以被该类自身、与该类在同一个包中的其他类、在其他包中的该类的子类访问。protected 修饰符的主要作用是允许其他包中该类的子类来访问父类的特定属性。

⑤ private protected(私有的、受保护的)

用此修饰符修饰的类可以被该类自身及其所有子类访问。

⑥ final(最终的)

用此修饰符修饰的类为最终类。最终类不能有子类，不能被继承。

⑦ abstract(抽象的)

用此修饰符修饰的类为抽象类，不能用它实例化一个对象。也就是说，没有实现的方法，只能在被继承后通过子类提供方法来实现。例如，食品这个概念，我们定义时就要把它定义为抽象类，因为它是一个抽象的概念：能吃的东西。但是这个世界上没有一样东西叫食品，苹果、桔子是食品的子类，我们在这些子类的基础上实例化就可以产生对象，如某某牌子的饼干。

final 和 abstract 不能同时修饰一个类，这样的类没有任何意义。

(1) class<类名>

class 是类的一个关键字。类名可以自己随意选取，但必须是一个合法的标识符，即类名可以由字母、数字、下划线或美元符号组成，且第一个字符不能是数字。

(2) extends[父类名]

extends 也是类的一个关键字，是继承的意思。extends 会告诉编译器创建的类是从父类继承下来的子类，其中父类必须是 Java 系统类或已经定义好的类。

类的继承性是从已存在的类创建新类的机制，继承使一个新类自动拥有被继承类的全部成员。被继承的为父类，通过继承产生的新类为子类。类继承也称为类派生，从父类继承，可以实现代码重用，不必从头开始编写程序。程序设计时大部分要用继承的手段来编程，实在没有合适的类继承时，才选择自己从头设计。

在单重继承方式下，父类与子类是一对多的关系。一个子类只有一个直接父类，但是一个父类可以有多个子类，每个子类又可以作为父类拥有自己的子类，由此形成具有树型结构的类的层次体系。在随后章节中将详细讲述类继承的概念。

(3) [implements 接口 1，接口 2，…]

implements 也是类的一个关键字，是实现的意思。[inplements 接口 1，接口 2，…]是指一个类可以实现一个或多个接口，当实现多个接口时，接口名之间用“，”隔开。

接口是一系列方法的声明，是一些方法特征的集合。一个接口只有方法的特征而没有方法的实现，因此这些方法可以在不同的地方被不同的类实现，而这些实现可以具有不同的行为(功能)。

接口中的方法在不同的地方被不同的类实现是类的多态性的体现。类的多态性提供类中方法执行的多样性，多态性有两种表现方式：重载和覆盖。重载时子类中的方法可以同名，但是参数列表必须不同；覆盖是指子类重写了父类中的同名方法。程序运行时，究竟执行重载的同名方法中的哪一个，取决于调用该方法的实际参数的个数、参数的数据类型和参数的次序；究竟执行覆盖的同名方法中的哪一个，取决于调用该方法的对象所属类是父类还是子类。

为了说明类，我们将开发一个封装员工信息(如姓名、部门、职务和级别)的类。该类名为 Employee，它存储了员工的三个信息项：姓名、部门和年龄。

Employee 的定义如下所示，它定义了三个实例变量：name、department 和 age。注意，Employee 不包含任何方法。因此，它是一个只包含数据的类(后面将向其中添加方法)。

```
class Employee {
  int name;           // name of employee
  int department;     // department of employee
  int age;            // age of employee
}
```

class 定义了一种新的数据类型。本例中，新的数据类型名为 Employee。可以使用这个名称声明 Employee 类型的对象。切记，class 声明只是类型描述，不创建任何实际的对象。因此，前面的代码不会创建任何 Employee 类型的对象。习惯上类名的第一个字母大写，但这不是必需的。类名最好能够容易识别，见名知义。当类名由几个单词复合而成时，每个单词的首字母大写，如 HelloWorld、JiangSu、NanJing 等。

2. 类体

写类的目的是描述一类事物共同的行为和状态，描述的过程由类体来实现。类体可以分为成员变量和成员方法的声明及实现。在 Java 中也可以定义没有任何成员的空类。

(1) 成员变量

在变量声明部分定义的变量被称为类的成员变量。在方法体中，声明的变量被称为方法的局部变量而不是类的成员变量。成员变量描述了类的对象所包含的数据的类型，它们可以是常量，也可以是变量。在类中进行成员变量的声明与一般变量的声明形式完全相同，变量的类型可以任意。

① 成员变量的声明格式

成员变量的声明格式如下：

```
[<修饰符>] <类型><成员变量名>;
```

修饰符用来规定变量的一些特征，与类的修饰符相似。常用的成员变量修饰符有 public、private、static、final 等。

成员变量和局部变量的类型可以是 Java 中任何一种基本数据类型(char，byte，short，int，float，double，boolean)，也可以是引用数据类型(对象、接口和数组)。

② 变量的作用域

成员变量在整个类中都有效，局部变量只在定义它的方法内有效。在作用域之外，不能访问局部变量。声明局部变量的好处是：局限变量有作用范围；保护变量不被非法访问或修改；增强安全性；在不同作用域内可以声明同名变量。

不能为方法体中的局部变量赋初值。Java 不支持传统意义上的全程变量。在类的定义中，还可以加入对成员变量进行操作的成员方法。

(2) 成员方法

成员方法包括在类中，用以完成不同的功能。方法实质上就等同于 C 语言中的函数。每个成员方法都有一个自己的名字，每个方法都可以被反复地多次调用，既可以调用其他方法，也可以被其他方法调用。方法被多次调用、多次执行，这样可以大大提高程序的重复利用性，节约编程时间。

成员方法的声明格式如下：

```
[<修饰符>]<返回值类型><方法名>([参数值])[throw<exception>]
{
  局部变量声明;
  执行语句组;
}
```

大括号前的部分称为方法头，大括号中的部分称为方法体。

① 修饰符

修饰符与类的修饰符相似，用来规定方法的一些特征。常用的修饰符有 public、private、static 等。

② 返回值类型

方法的返回值类型可以是简单变量，也可以是对象。如果没有返回值，就用 void 来描述。

对于一个方法，如果在声明中指定的返回类型不是 void，则在方法体中必须包含 return 语句。

return 语句有两个含义：一个是系统调用方法时，执行方法体中的语句，遇到 return 语句时，则调用结束，返回方法调用处。如果 return 语句之后还有其他语句，系统将忽略不执行，所以 return 语句通常作为方法体中的最后一条语句。另一个是把关键字 return 后面的表达式的值作为该方法的值返还给调用它的语句，因此表达式的值必须和返回值属于同一类型。

方法体中也可以出现多条 return 语句，当遇到不同的条件时返回不同的值。

当返回类型是接口时，返回的数据类型必须实现该接口。

```
public static void main(String args[])  //这个 main 方法没有返回值
public String toString()      //这个 toString 方法的返回值是 String 类型
```

③ 方法名

方法调用时需要用到方法名，它可以用 Java 的任意一个标识符来表示。一般情况下，为了增强程序的可读性，建议读者使用这样的命名规则：方法名的第一个字母一般要小写，其他有意义的单词首字母要大写，其余字母可以小写。如果使用的单词比较多，可以适当地使用单词的常用缩写方法。使用的单词最好能明确地表达出该方法的主要功能。方法名最后的括号一定要有，那是方法的标志。

方法名可以和变量相同，但是一个类中不能有名字相同的多个方法(构造方法除外)，否则会产生编译错误。与变量名不同，方法名不会被局部变量名隐藏。

④ 参数列表

方法后的小括号内的参数就是方法的输入，用来接收外面传来的消息，相当于数学函数中的自变量，它可以是简单数据，也可以是对象，可以有一个或多个参数，也可以没有参数。方法中的参数被称为形式参数，简称形参。形参的类型必须在括号内定义。

参数列表是可选的。参数列表中的参数名不能相同。在调用方法时，会在方法调用堆栈中根据参数列表中的类型新建一些参数变量，然后将方法调用表达式中实际参数表达式的值逐一赋给这些参数变量，在方法体内，可以使用参数的名字来引用这些调用时创建的参数变量。方法的参数在整个方法中有效。

⑤ 抛出异常

throws 语句列出了在方法执行过程中可能会导致的异常。

⑥ 方法体

大括号内是方法体。方法体中一般包括局部变量定义和执行语句。局部变量从它定义的位置之后开始有效。方法体可以是一个实现了这个方法的代码块，也可以是一条空语句：简单的一个分号(；)。只有当方法的修饰符中有 abstract 或 native 时，方法体才是一个分号。

例 4-1 定义了 Sutdent 类并为 Student 类声明成员变量和成员方法。

```
// 例 4-1 定义 Student 类并为 Student 类声明成员变量和成员方法。
public class Student {

 String sSO;     //学号
 String sName;   //姓名
 String sSex;    //性别
 String sAge;    //年龄
 String tel;     //电话

 public String toString() {
  return "学号"+sSO+"\n 姓名"+sName;
 }
}
```

对成员变量的操作只能放在方法体内，方法体可以对成员变量和方法体中自己定义的局部变量进行操作。在定义类的成员变量时可以赋初值。

尽管类的定义没有严格的语法规则，但是设计良好的类应该只定义唯一的逻辑实体。例如，用于存储姓名和电话号码的类一般不用于存储股市信息、平均降雨量、太阳黑斑周期或其他无关信息。这里要说明的就是：设计良好的类只应该组织逻辑相关的信息。将无关信息放在同一个类中很快就会破坏你的代码。

直到现在，我们使用的类只用到了一个方法：main( )。但是，你很快就会明白如何创建其他方法。注意，类的基本形式中没有指定 main( )方法。只有当一个类是程序的运行起点时，才需要定义 main( )方法，而且某些类型的 Java 应用程序(例如 applet)不需要 main( )方法。

4.2 创建对象

一旦定义好需要的类，就可以创建该类的变量了。创建类的变量的过程称为类的实例化，类的变量也称为类的对象、类的实例等。

4.2.1 对象创建格式

创建一个类的对象需要两个步骤。首先，必须声明类类型的一个变量。这个变量没有定义对象。反而，它只是一个引用对象的变量。

定义的作用是声明这个对象是某个类的实例。定义一个对象相当于建立一个内存标识：对象名。但是这个内存标识并不指向任何实际的内存地址，所以不能使用。

然后，需要获取对象实际的物理副本，并将其赋给那个变量。可以使用 new 运算符完成这一操作。

new 运算符实现的对象的实例化就是在内存中为一个对象开辟一块空间，其中既有成员变量空间，又有成员方法空间，同类的不同对象占有不同的内存空间，它们之间互不干扰。只有创建这个对象后，对象名才指向定义对象后实际的内存地址。如果把一个对象赋予另一个对象，实际上只是把地址赋予另一个对象。

也就是说，new 运算符动态地(在运行时)为对象分配内存，并返回指向对象的引用。这个引用基本上是由 new 为该对象分配的内存地址。然后将这个引用存储在变量中。

new 还可以初始化实例变量。

当然，new 运算符也可以与类定义一起使用，用来创建类的对象。格式如下：

```
class classname =new class(pra1, pra2…)
```

比如，为 Student 类创建一个对象 student。

```
class Student {
  public static void main(String args[]) {
```

```
        Student student = new Student();
    … }
}
```

此程序中 Student 为类名，student 为对象名。

在前面的示例程序中，使用类似下面的一行代码声明 Employee 类型的对象：

```
Employee worker = new Employee();
```

这条语句组合了刚才描述的两个步骤。可以按如下形式重写上述语句，以便更清晰地展示每个步骤：

```
Employee worker;              // declare reference to object
worker = new Employee();      // allocate a Employee object
```

第一行代码将 worker 声明为对 Employee 类型对象的引用。执行这行代码后，worker 不指向实际的对象。下一行代码分配实际的对象，并将对该对象的引用赋给 worker。执行第二行代码后，就可以使用 worker 变量了，就好像它是一个 Employee 对象。但实际上，worker 只是保存了实际 Employee 对象的内存地址。图 4-1 描绘了这两行代码的效果。

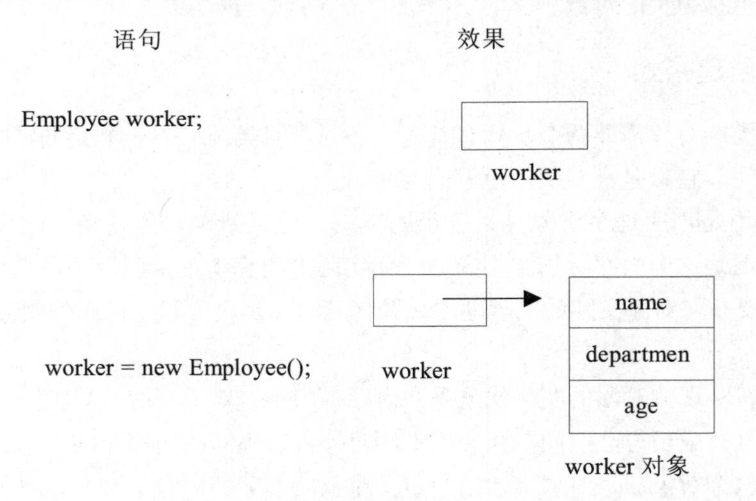

图 4-1　声明 Employee 类型的对象

4.2.2　对象的使用

在创建了类的对象后，对象的所有变量和方法就都被读到专为它开辟的内存空间中了。可以对对象的成员变量或方法进行访问或进行各种处理。

1. 引用对象的变量

每次创建类的实例时，都是在创建包含类定义的实例变量副本的对象。引用对象的变量的格式是在变量前面加上对象名，用圆点分隔。基本形式如下所示：

```
object.member;
```

运算符“.”在这里被称为成员运算符，在对象名和成员名之间起到连接作用，指明是哪个对象的哪个成员。

例如：对于 Student 类的对象 student，若想访问这个对象的变量 address，只需输入

```
student.address;
```

就可以引用 student 对象的变量 address。

如果有多层结构，例如想知道 student 对象的 address 的省份变量时，只需要采用多个“.”运算符来取得，具体引用如下：

```
student.address.province;
```

对于上节中创建的 Employee 对象的实例 worker，若要将值 John 赋给 worker 的 name 变量，需要使用下面的语句：

```
worker.name = John;
```

总之，可以使用点运算符来访问实例变量和方法。

例 4-2 是使用 Employee 类的完整程序：

```
// 例 4-2 使用 Employee 类。
/* A program that uses the Employee class.

   Call this file EmployeeDemo.java
*/
class Employee {
  String name;              // name of employee
  String department;        // department of employee
  int age;                  // age of employee
}

// This class declares an object of type Employee.
class EmployeeDemo {
  public static void main(String args[]) {
    Employee worker = new Employee();

    // assign values to fields in worker
    worker.name = John;
    worker.department =Techo;  ←———— 注意使用点运算符来访问成员
    worker.age = 28;

    // print result
        System.out.println("name: " + worker.name);
        System.out.println(" age: " + worker.age);
```

```
    }
}
```

包含本程序的文件应该命名为 EmployeeDemo.java，因为 main( )方法在名为 EmployeeDemo 的类中，而不是在名为 Employee 的类中。在编译该程序时，你会发现创建了两个扩展名为.class 的文件，一个用于 Employee，另一个则用于 EmployeeDemo。Java 编译器将自动地把每个类放到各自的.class 文件中。没必要将 Employee 和 EmployeeDemo 类放入同一个源文件。可以将这两个类分别放在名为 Employee.java 和 EmployeeDemo.java 的文件中。

要运行该程序，必须执行 EmployeeDemo.class，输出如下所示：

```
name: John
age:28
```

2. 调用对象的方法

调用对象的方法与引用对象的变量的方法类似，就是在方法名前加上对象名，用圆点分隔。具体格式如下：

```
object.method(prameter);
```

从格式中可以看出，调用方法与引用对象的变量的区别在于：调用方法时可能需要传入参数及返回数据。这些参数可以是数值、字符串或是变量的类型。

- 调用方法时，传入的参数必须符合类中定义的数据类型，否则会出错。
- 当方法有返回值时，可利用与返回值相同的变量将返回值保存起来。
- 当方法有 void 修饰符时，代表方法无返回值。
- 参数列表可以为空。若参数列表为空，就不要传入参数。

例 4-3 定义学生信息管理系统中的 Student 类并实例化。Student 类包含以下属性：学号(sSO)、姓名(sName)、性别(sSex)、年龄(sAge)、成绩(sJava)等信息。

```
//例 4-3 定义 Student 类并实例化。
public class Student {
 private String sSO;//学号
 private String sName;//姓名
 private String sSex;//性别
 private String sAge;//年龄
 private String sJava;//成绩
 public String getSSO() {
  return sSO;
 }
 public void setSSO(String sso) {
  sSO = sso;
 }
```

```
    public String getSName() {
     return sName;
    }
    public void setSName(String name) {
     sName = name;
    }
    public String getSSex() {
     return sSex;
    }
    public void setSSex(String sex) {
     sSex = sex;
    }
    public String getSAge() {
     return sAge;
    }
    public void setSAge(String age) {
     sAge = age;
    }
    public String getSJava() {
     return sJava;
    }
    public void setSJava(String java) {
     sJava = java;
    }
}

//实例化
public class textStudent {

    public static void main(String[] args) {
     Student s1 = new Student();//学生对象一
     Student s2 = new Student();//学生对象二
     //学生一信息
     s1.setSName("卢楠");
     s1.setSSO("1001002");
     s1.setSAge("18");
     s1.setSSex("男");
     s1.setSJava("89");
     //学生二信息
     s2.setSName("段伊涵");
     s2.setSSO("1001001");
     s2.setSAge("19");
     s2.setSSex("女");
     s2.setSJava("90");
```

```
    System.out.println("两名学生的信息如下：");
    System.out.println("学号\t 姓名\t 年龄\t 性别\t 成绩");
    System.out.println(s1.getSSO()+"\t"+s1.getSName()+"\t"+s1.getSAge()+
    "\t"+s1.getSSex()+"\t"+s1.getSJava());
    System.out.println(s2.getSSO()+"\t"+s2.getSName()+"\t"+s2.getSAge()+
    "\t"+s2.getSSex()+"\t"+s2.getSJava());
    System.out.println();
    int sj1 = Integer.parseInt(s1.getSJava());
    int sj2 = Integer.parseInt(s2.getSJava());
    double sum = (sj1+sj2)/2.0;//保留一位小数
    System.out.println("平均成绩为:"+sum);
   }
  }
```

程序运行后，输出结果如下：

```
学号      姓名      年龄      性别      成绩
1001002  卢楠      18        男        89
1001001  段伊涵    19        女        90
平均成绩为：89.5
```

4.2.3　对象的生命周期

Java 对象的生命周期大致包括 3 个阶段：对象的创建、对象的使用和对象的清除。对象的清除又称为释放对象。

在 VB/C++等程序设计语言中，无论是对象还是动态配置的资源或内存，都必须由程序员自行声明其产生和回收，否则其中的资源将不断消耗，造成资源的浪费甚至死机。由于预先确定占用的内存空间是否应该被回收是非常困难的，这就导致手工回收内存往往是一项复杂而艰巨的工作；因此，当使用这些程序设计语言编程时，程序员不仅要考虑如何实现算法以满足应用，还要花费许多精力来考虑合理使用内存以避免系统崩溃。

针对这种情况，Java 语言建立了垃圾回收机制。Java 是纯粹的面向对象编程语言，它的程序以类为单位，程序运行期间会使用 new 操作符在内存中创建很多个类的对象。创建对象后，Java 虚拟机自动为对象分配内存并跟踪存储单元的使用情况。Java 虚拟机能判断出对象是否还被引用，同时对已完成任务并且不再需要被引用的对象释放其占用的内存空间，使回收的内存能被再次利用，提高程序的运行效率。这种定期寻找不再使用的对象并自动释放对象占用空间的过程称为“垃圾回收”。

Java 的垃圾回收机制的另一个特点是，进行垃圾回收的线程是一种低优先级的线程，在一个 Java 程序的生命周期中，它只有在内存空闲的时候才有机会运行。

垃圾回收不仅可以提高系统的可靠性，使内存管理与类接口设计分离，还可以使开发者减少跟踪内存管理错误的时间，从而把程序员从手工回收内存空间的繁重工作中解脱出来。

当然，也可以自行清除一个对象，只需要把一个空值赋给这个对象引用即可。例如：

```
Student student=new Student();
......
student=null;
```

以上语句执行后，student 对象将被清除。

4.3　构造函数

4.3.1　简单构造函数

在前面的示例中，每个 Employee 对象的实例变量都需要使用一组语句来手动设置，例如：

```
worker.name= "Lily";                 // name of employee
worker.department= "market";         // department of employee
worker.age= 32;                      // age of employee
```

这种方法容易出错(可能会忘记设置某个域)，在专业编写的 Java 代码中一般不会被使用。还有一种更为简单、更好的方法来完成这项任务——使用构造函数。

构造函数(constructor)在创建对象时初始化对象。它的名称与类名相同，并且在语法上与方法相似。然而，构造函数没有显式的返回类型。通常，构造函数用来初始化类定义的实例变量，或执行其他创建完整对象所需的启动过程。

无论是否定义，所有的类都有构造函数，因为 Java 自动提供了一个默认的构造函数来初始化所有的成员变量为它们的默认值，即 0、null 和 false。当然，一旦定义自己的构造函数，就不会再使用默认构造函数了。

下面是使用构造函数的一个简单示例：

```
// A simple constructor.

class MyClass {
  int a;

  MyClass() {  ←—— 这是 MyClass 的构造函数
    a = 10;
  }
}

class Cnum {
  public static void main(String args[]) {
```

```
    MyClass c1 = new MyClass();
    MyClass c2 = new MyClass();

    System.out.println(c1.a + " " + c2.a);
  }
}
```

本例中，MyClass 的构造函数如下：

```
MyClass() {
  a = 10;
}
```

该构造函数把数值 10 赋给了 MyClass 的实例变量 a。该构造函数在创建对象时由 new 来调用。例如，在下面这行代码中：

```
MyClass c1 = new MyClass();
```

c1 对象调用了构造函数 MyClass( )，并把 10 赋给了 c1.a。对于 c2 也是这样。在构造完成之后，c2.a 的值为 10。因此，该程序的输出为：

```
10 10
```

4.3.2 带形参的构造函数

在前面的示例中，使用了无形参的构造函数。尽管对于某些情况这已经足够用了，但是大多数情况下，还需要一个可以接受一个或多个形参的构造函数。向构造函数添加形参的方式与向方法添加形参的方式一样：只需在构造函数名称后的圆括号内声明形参即可。例如，下面的 MyClass 就有一个带形参的构造函数：

```
// A parameterized constructor.

class MyClass {
  int a;

  MyClass(int i) {  ←—— 该构造函数有一个形参
    a = i;
  }
}

class ParmCnum {
  public static void main(String args[]) {
    MyClass c1 = new MyClass(10);
    MyClass c2 = new MyClass(20);
    System.out.println(c1.a + " " + c2.a);
```

```
    }
  }
```

程序的输出如下所示：

```
10 20
```

在该程序中，构造函数 MyClass( )定义了一个名为 i 的形参，它用于初始化实例变量 a。因此，当执行如下代码时：

```
MyClass c1 = new MyClass(10);
```

10 就被传递给了 i，然后再由 i 赋给 a。

可以通过添加一个可以在创建对象时自动初始化 name、department 和 age 域的构造函数来改善 Employee 类。特别要注意如何创建 Employee 对象。

```
// Add a constructor.

class Employee {
  String name;              // name of employee
  String department;        // department of employee
  int age;                  // age of employee
}

  // This is a constructor for Employee.
  Employee(int n, int d, int a) {  ◀——— Employee 的构造函数
    name = n;
    department = d;
    age = a;
  }

  // Return the birth.
  int birth() {
    return 2016-age;
  }


class employeDemo {
 public static void main(String args[]) {

    Employee worker1 = new Employee("John", "market", 26);
    Employee worker2 = new Employee("Lily", "technical", 32);

    System.out.println("name:" + worker1.name + ", birthday is:" +
                   worker1.birth);
```

```
    System.out.println("name:" + worker2.name + ", birthday is:" +
                         Worker2.birth);

  }
}
```

worker1 和 worker2 都是在创建时由构造函数 Employee( )初始化的。每个对象被初始化为构造函数中形参指定的那样。例如，下面这行代码：

```
Employee worker1 = new Employee("John", "market", 26);
```

在 new 创建对象时，值 John、market 和 26 被传递给了 Employee( )构造函数。因此，worker1 的 name、department 和 age 的副本会分别存储值 John、market 和 26。该程序的输出与前一个版本的一致。

4.4　析构函数

析构函数是类的一种特殊的成员方法，它的作用是释放类的实例并执行特定操作。

由于 Java 语言的垃圾回收机制能够释放不再使用的对象，所以一般情况下，自定义类中不需要设计析构函数。如果需要主动释放对象，或在释放对象时需要执行特定的操作，那么在类中可以定义析构函数。Java 语言中将析构函数的方法名定为 finalize。finalize( )函数没有参数，也没有返回值。一个类中只能有一个 finalize( )函数，但是析构函数允许重载。

例如：

```
public void finalize()
{
  ……
}
```

通常，当对象超出它的作用域时，系统将自动调用并执行对象的析构函数。一个对象也可以调用析构函数 finalize( )来释放自身。

例如：

```
Student.finalize(); //调用对象的析构函数
```

不能使用已经被析构函数释放的对象，否则将会产生编译错误。

4.5　this 关键字

关键字 this 表示某个对象。当需要在类的实例方法中指向调用该实例的对象时，可以使用关键字 this。在大多数情况下，关键字 this 不是必需的，可以被忽略。在 Java 语言中，系统会在自动调用所有实例变量和实例方法时与 this 关键字联系在一起，因此一般情况下，不需要使用关键字 this。不使用关键字 this，程序一样可以正常编译和运行。但是，在某些特殊情况下，关键字 this 是必不可少的。

4.5.1　局部变量和成员变量同名的情况

参数变量或局部变量与实例变量同名的情况下，由于参数变量或局部变量的优先级高，因此在方法体中，参数变量或局部变量将隐藏同名的实例变量。如果实在需要参数变量或局部变量与实例变量同名，可以使用关键词 this 来完成相应的功能。一般情况下，它们都是使用实例变量不同的参数名或者局部变量名来避免这个问题。

为了理解 this，看下面的示例，该例创建了一个名为 Pwr 的类，该类计算数值的不同幂的结果。

```
class Pwr {
  double b;
  int e;
  double val;

  Pwr(double base, int exp) {
    b = base;
    e = exp;

    val = 1;
    if(exp==0) return;
    for( ; exp>0; exp--) val = val * base;
  }

  double get_pwr() {
    return val;
  }
}

class DemoPwr {
  public static void main(String args[]) {
    Pwr x = new Pwr(4.0, 2);
    Pwr y = new Pwr(2.5, 1);
    Pwr z = new Pwr(5.7, 0);

    System.out.println(x.b + " raised to the " + x.e +
                       " power is " + x.get_pwr());
    System.out.println(y.b + " raised to the " + y.e +
                       " power is " + y.get_pwr());
```

```
        System.out.println(z.b + " raised to the " + z.e +
                           " power is " + z.get_pwr());
    }
}
```

如你所知，在一个方法中，无需对象或类的限定就可以直接访问类中的其他方法。因此，在 get_pwr( )中，语句：

```
return val;
```

意味着要返回与调用对象相关的 val 的副本。然而，同一条语句也可以这样写：

```
return this.val;
```

这里，this 引用了调用 get_pwr( )的对象。因此，this.val 引用了调用对象的 val 的副本。例如，如果已经调用了 x 的 get_pwr( )，那么前面语句中的 this 就会引用 x。不使用 this 编写语句仅仅是为了方便。

下面使用 this 引用编写的完整的 Pwr 类：

```
class Pwr {
  double b;
  int e;
  double val;

  Pwr(double base, int exp) {
    this.b = base;
    this.e = exp;

    this.val = 1;
    if(exp==0) return;
    for( ; exp>0; exp--) this.val = this.val * base;
  }

  double get_pwr() {
    return this.val;
  }
}
```

事实上，没有 Java 程序员会编写如上所示的 Pwr 类，因为这样做不会带来任何好处，而使用标准形式会更为简单。然而，this 有一些重要的用途。例如，Java 语法允许形参名或局部变量名与实例变量名一致。当发生这种情况时，局部变量名会隐藏实例变量。通过使用 this 引用它，可以得到隐藏实例变量的访问权。例如，尽管不是推荐的形式，但是在语法上，下面的 Pwr( )构造函数是有效的：

```
Pwr(double b, int e) {
```

```
    this.b = b;
    this.e = e;          ——引用实例变量 b 而不是形参

    val = 1;
    if(e==0) return;
    for( ; e>0; e--) val = val * b;
  }
```

在这个版本中，形参名与实例变量名一致，因此隐藏了它们。然而，this 可以用于找到实例变量。

4.5.2　在构造函数中调用其他构造函数

关键字 this 还有一个用法，就是在构造函数的第一条语句中使用关键字 this 来调用同一个类中的另一个构造函数。

构造函数是在产生对象时被 Java 系统自动调用的，不能在程序中像调用其他函数一样去调用构造函数(必须通过关键词 new 自动调用它)；但可以在一个构造函数里调用其他重载的构造函数，不是用构造函数名，而是用 this(参数列表)的形式，根据其中的参数列表，选择相应的构造函数，而且必须放在第一行。

例 4-4 演示了 this 关键词的使用：

```
// 例 4-4 this 关键词的使用。
public class Student {
 String name;//姓名
 int age;//年龄

 public Student(String name) {
  this.name = name;
 }

 public Student(String name,int age) {
  this(name);
        this.age = age;
 }

 public Student(String name,int age) {
  this(name);
  this.age = age;
 }
}

public class test{
    int i;
  int m;
```

```
    test(int i){
          this.i=i;
       }

    test(int i,int m){
       this(i);
       this.m=m;
    }

     // print result
     public static void main(String[] args) {
     test b=new test(10,20);
     System.out.println(b,i);
     System.out.println(b,m);
    }
}
```

程序的输出如下所示：

```
10
20
```

4.6　垃圾回收

对象是使用 new 运算符动态创建的，使用 new 运算符可以把空闲的内存空间分配给对象。如前所述，内存不是无限的，空闲内存也是可能耗尽的。因此，new 可能会因为没有足够的空闲空间来创建对象而失败。动态分配内存方案的关键就是回收无用对象占用的内存，以使内存用于后面的分配。在许多程序设计语言中，释放已经分配的内存是手动来处理的。例如，在 C++中，要使用 delete 运算符来释放分配的内存。Java 使用一种不同的、更方便的方法——垃圾回收(garbage collection)。

Java 的垃圾回收系统会自动回收对象，透明地在后台操作，无需程序员干预。具体工作方式为：当不存在对某对象的任何引用时，该对象就被认定为没有存在的必要了，它所占用的内存就要被释放。被回收的内存可以用于以后的分配。

此外，不同的 Java 运行时实现也会采用不同的方法进行垃圾回收，但是对于大多数情况，在编写程序的过程中不需要考虑这个问题。

4.7　finalize()方法

有时，对象销毁时需要执行一些动作。例如，如果对象包含一些非Java资源，比如文件句柄或字符字体，那么可能希望确保这些资源在对象销毁之前释放。为了处理这种情况，Java提供了一种称为“终结”(finalization)的机制。通过使用终结机制，可以定义当对象即将被垃圾回收器回收时发生的特定动作。

为了给类添加终结器(finalizer)，可以简单地定义finalize()方法。当即将回收类的对象时，Java运行时会调用该方法。在finalize()方法内部，可以指定在销毁对象之前必须执行的那些动作。垃圾回收器周期性地运行，检查那些不再被任何运行时状态或通过其他引用对象间接引用的对象。在释放资源之前，Java运行时为对象调用finalize()方法。

finalize()方法的一般形式如下所示：

```
protected void finalize( )
{
// finalization code here
}
```

只会在即将进行垃圾回收之前调用finalize()方法，理解这一点很重要。例如，当对象超出其作用域时不会调用该方法。这意味着不知道什么时候会执行finalize()方法，甚至也不知道是否会执行finalize()方法。所以，程序应当提供释放对象所使用的系统资源等内容的一些其他方法。对于常规的程序操作而言，不应依赖于finalize()方法。

4.8　数据的封装

封装是面向对象的基础，也是面向对象的核心特征之一。封装也称为信息隐藏，是指利用抽象数据类型将数据和基于数据的操作封装在一起，使其构成一个不可分割的独立实体，数据在抽象数据类型的内部得以保护，尽可能地隐藏内部细节，只保留一些对外接口使之与外部发生联系。系统的其他部分只能通过包裹在数据外面的被授权的操作来与这个抽象数据类型交流与交互，也就是说，用户不用知道对象内部方法的实现细节，但可以根据对象提供的外部接口(对象名和参数)访问该对象。

4.8.1　包的概念

Java的类是通过包的概念来组织的。在Java语言提供的类库中，将一组相关的类或接口放在同一目录下，这个目录就称作“包”。在一个包中，可以定义代码，使它可以被同一个包中的其他代码访问，但不能被该包外的代码访问。这样就创建了一个相关类的独立的组，并且保证了其操作是私有的。

引入包的概念可以：

- 对类文件进行分类管理。

“包”(package)机制是 Java 中特有的，Java 允许将一组功能相关的类放在同一个包中，从而组成逻辑上的类单元，在包中定义的类必须通过它们的包名来访问。这样，包就提供了一种命名类的集合的途径。

- 给类文件提供多层名称空间。

当命名类的时候，是从名称空间(namespace)中分配一个名字。名称空间定义了一个声明性的区域。在 Java 中，同一名称空间中的两个类不能使用相同的名字。这样，在一个给定的名称空间中，每个类名必然是唯一的。在前面几章的例子中都使用了默认的或全局的名称空间。尽管这对于简短的示例程序很适合，但是随着程序的增大和默认的名称空间变得拥挤，就出现了问题。在大型程序中，为每一个类找到唯一的名字可能就困难了。更进一步，就是必须避免名字与在同一个项目下运行的由其他程序创建的代码以及与 Java 类库相互冲突。包就是解决这些问题的办法，因为它提供了一种为名称空间分区的方法。当在包中定义一个类时，该包的名字将会附加到每一个类上，这样就避免了与其他包中具有相同名字的类发生名字冲突。

同时，包还参与了 Java 的访问控制机制。包中定义的类可以声明为包所私有的，使包外的代码无法访问。这样，包就提供了一种能够封装类的方式。让处于同一个包中的类可以不需要任何说明而方便地互相访问和引用，而对于不同包中的类则不行。

4.8.2 包的定义

要创建一个包，需要在 Java 源文件的顶部使用 package 命令，这样在该文件中声明的类就会属于指定的包。由于一个包定义了一个名称空间，因此放入该文件中的类的名字就成为该包的名称空间的一部分。

下面是 package 语句的一般格式：

```
package pkg;
```

pkg 是包的名字。为了创建一个名为 imagepack 的包，可以使用如下语句：

```
package imagepack;
```

Java 使用文件系统来管理包，每一个包都保存在自己的目录中。例如，所声明的属于 imagepack 的任何类的.class 文件都必须保存在名为 imagepack 的目录中。

像 Java 的其他元素一样，包名也是区分大小写的。这就意味着存储包的目录的名字必须和包的名字完全一致。如果在尝试本章中的例子时遇到麻烦，记住要仔细地检查包名和目录名。包名通常使用小写字母。

package 语句通过使用“.”来创建不同层次的包，包的层次对应于文件系统的目录结构。下面是多层结构的包语句的一般格式：

```
package pack1.pack2.pack3...packN;
```

当然，必须创建目录来支持所创建的包层次结构。例如：

```
package java.awt.image;
```

必须存储在... /java/awt/image 目录中，其中的...指定通向特定目录的路径。

4.8.3　包的引入

使用关键字 import 语句来引入一个包，使得该包的某些或所有类都能被直接使用。使用 import 语句可以访问包中的一个或多个成员。

下面是 import 语句的一般形式：

```
import pkg.classname;
```

其中，pkg 是包的名字，可以包括它的完整路径，classname 是被导入的类的名字。如果要导入包的全部内容，可以使用星号(*)代替类名。下面是例子：

```
import mypack.MyClass;
import mypack.*;
```

在第一个例子中，MyClass 类从 mypack 中导入。在第二个例子中，mypack 中的全部类都被导入。在 Java 源文件中，import 语句紧跟 package 语句(如果存在的话)出现，并且位于任何类定义之前。

4.8.4　访问权限修饰符

类是数据及对数据操作的封装体，类具有封装性。允许或禁止访问类或类的成员，可通过访问权限修饰符 public、private、protected(也可以什么都不写)来修饰类或类的成员，Java 可以方便地实现封装。

对于类中的成员，Java 定义了 4 种访问权限，它们分别是 public(公共的)、protected(受保护的)、private(私有的)和无修饰符或 default(默认的)，关键字 public、protected、private 被称为 Java 的访问权限控制修饰符。如果在声明一个成员时，没有用任何访问控制修饰符进行修饰，访问权限为默认。

类中成员的每一种访问权限的访问级别，见表 4-1。

表 4-1　各修饰符所表示的访问权限

	private 成员	默认成员	protected 成员	public 成员
在同一个类中可见	是	是	是	是
在位于同一个包中的子类中可见	否	是	是	是
在位于同一个包中的非子类中可见	否	是	是	是
在位于不同包的子类中可见	否	否	是	是
在位于不同包的非子类中可见	否	否	否	是

除了常用的访问控制修饰符和非访问控制修饰符外，Java 语言中还定义了几个特殊的

修饰符，分别是 volatile、native、transient、strictfp、synchronized。它们中的大多数在特殊场合下使用，有特定意义。

- volatile(易失域修饰符)，用来修饰被不同线程访问和修改的变量。
- native(本地方法修饰符)，表示被修饰的方法由本地语言实现，利用 native 修饰符，也可以称为 JNI 实现，即由 Java 本地接口实现。
- transient(暂时性域修饰符)，用来表示一个域不是该对象串行化的一部分。简单来说，就是将某个类以文件形式存储在物理空间中，下次再从本地还原的时候，还可以将它转换回来，这种形式方便了网络上的一些操作。
- strictfp是很少使用的修饰符，用来声明一次浮点运算的精度，一般只在对数学运算精度要求很高的代码中使用。
- synchronized(同步方法修饰符)能够作为函数的修饰符，也可作为函数内语句的修饰符，也就是常说的同步方法和同步语句块。

访问修饰符只能用于类成员，而不是方法内部的局部变量。如果在一个方法体内使用访问修饰符，将会导致编译错误。

例 4-5 演示了访问修饰符的使用。

```
// 例 4-5 访问修饰符的使用。
package a;
public class B1 {
  private int c;
  protected int d;
  int e;
  public int f;

  void test(){
    c=1;
    d=1;
    e=1;
    f=1;
  }
}
```

从这个例子中可以看出，在同一个包的同一个类中可以访问任何权限的变量。

类的访问权限需要遵循以下限制：

- 一个对象所有的成员变量，如有可能，应当是私有的，至少应当是受保护类型的。
- 如果一个成员方法可能使对象失效或不被其他类使用，它应当是私有的。
- 一个成员方法只有在不会产生任何不希望的后果时，才可以被声明为公有的。
- 一个类至少有一个公有的、受保护的或友好的成员方法。

4.9　类的继承和多态

4.9.1　继承的基本概念

继承是面向对象程序设计的三条基本原则之一，它允许创建类层次结构。使用继承，可以创建一个定义了多个相关项共有特性的通用类。然后，其他较为具体的类可以继承该类，同时再添加自己的独有特性。

在 Java 语言中，被继承的类被称为超类，继承类被称为子类。因此，子类是超类的具体化版本。子类继承了超类定义的所有变量和方法，并添加了自己独有的元素。

继承是面对对象程序设计语言的一个重要特征。继承是一种由现有的类创建新类的机制。利用继承，可以先创建一个共有属性的一般类，再根据这个一般类创建具有特殊属性的新类，新类继承一般类的状态和行为，并根据需要增加自己的新的状态和行为。由继承得到的类称为子类，被继承的类称为父亲，也称为超类。子类一般要比父类大，同时更具有特殊性，代表一组更为具体的对象。

4.9.2　继承的声明格式

在类的声明语句中加入 extends 关键字和指定的类名即可实现类的继承。

```
class subclassname extends fatherclassname {
  ……
  }
```

例如：

```
class Student extends People {
  ……
  }
```

注意：如果一个类声明中没有使用 extends 关键字，这个类被系统默认为 Object 的直接子类，Java 中的每个类都是从 java.lang.Object 类继承而来的，Object 类是所有类的始祖。一个类可以有多个子类，也可以没有子类，但是任何子类有且只能有一个父亲(Object 类除外)。

Object 类是一种特殊的类，Object 类型的引用变量可以引用任何类的对象。

父类中除了 private 成员以外，其他所有成员都可以通过继承变成子类的成员。也就是说，子类继承的成员实际上是整个父类的所有成员。

4.9.3　变量的继承和隐藏

1. 成员变量的继承

子类可继承父类非私有的所有属性。子类继承父类的成员变量作为自己的一个成员变量，就好像它们是在子类中直接声明一样，可以被子类自己声明的任何实例方法操作。也就是说，一个子类继承的成员应当是这个类的完全意义上的成员。如果子类中声明的实例方法不能操作父类的某个成员的变量，该成员变量就没有被子类继承。

例 4-6 演示了成员变量的继承。

```
// 例 4-6 成员变量的继承。
class Animal{
  protected int height=1;
}
class Cock extends Animal{
  public void setHeight(int value){
  height=value;
}
public void setSuperHeight(int value){
  super.height=value;
}
public void printHeight(){
  System.out.println("子类的高度是"+height+"父类的高度是"+super.height);

  }
}
public class TestAnimal{
  public static void main(String[] args) {
  Cock cock=new Cock();
   System.out.println("修改前");
   cock.printHeight();
   System.out.println("修改子类的高度后");
   cock.setHeight(5);
   cock.printHeight();
   System.out.println("修改父类的高度后");
   cock.setHeight(10);
   cock.printHeight();
  }
}
```

输出结果如下：

```
修改前
子类的高度是 1 父类的高度是 1
修改子类的高度后
子类的高度是 5 父类的高度是 5
修改父类的高度后
子类的高度是 10 父类的高度是 10
```

此程序不管是修改了子类的高度还是修改了父类的高度，都会直接影响到另一方高度的计算，因为 height 在子类和父类中共享了同一份拷贝。

声明时如果在父类中声明了变量 height 为类变量，那么所有的子类将和父类一起共享 height，任意一个子类(或父类)修改 height 的值都会影响到其他子类(或父类)。

2. 成员变量的隐藏

成员变量的隐藏是指子类拥有名字相同的两个变量，一个继承自父类，另一个由自己定义。如果子类声明了与父类同名的成员变量，父类中同名的成员变量将被隐藏起来。

当在子类对象中直接通过成员变量名访问成员变量时，访问到的是子类的同名变量。如果需要访问同名的父类成员变量，就必须通过父类名或 super 关键字来访问。

例 4-7 演示了成员变量的隐藏示例。

```
// 例 4-7 成员变量的隐藏示例。
class A{
  int m=5;
  void printa()
 {
   System.out.println("m="+m);
 }
}
class B extends A{
   int m=10;
  void printb()
 {
   System.out.println("父类变量 m="+super.m+"子类变量 m="+m);
 }
}

public class yingchang{
  public static void main(String[] args) {
   A a=new A();
   B b=new B();
   a.printa(0);
   b.printa(0);
   b.printb(0);

  }
}
```

输出结果如下：

```
m=5
m=5
父类变量 m=25 子类变量 m=10
```

注意：

- 用父类对象做前缀，返回的是父类属性，用子类对象做前缀，返回的是子类属性。
- 调用父类的方法，返回的是父类属性；调用子类方法，返回的是子类属性。
- 子类对象调用继承自父类的方法，返回的是父类属性。

4.10 接　口

接口与抽象类相似，接口中的方法只做了声明，没有定义任何具体实现的操作方法。接口是若干完成某些特定功能的没有方法体的方法(抽象方法)和常量的集合，是一种引用数据类型。接口中指定类做什么，而不是去解决如何做。例如，计算机主板上的 USB 接口有严格的规范，U 盘、移动硬盘的内部结构不同，每种盘的容量也不同。但是 U 盘、移动硬盘都遵守 USB 接口的规范，所以在使用 U 盘或移动硬盘时不需要考虑具体的细节，只要插入到任意的 USB 接口就可以了。这是接口的最好应用。

Java 语言提供的接口都在相应的包中，通过引用包就可以使用 Java 提供的接口，也可以自定义接口。一个 Java 源程序就是由类和接口组成的。

4.10.1 接口的定义

创建自定义接口要使用声明接口的语句，格式如下：

```
[修饰符] interface name {
  ret-type method-name1(param-list);
  ret-type method-name2(param-list);
  type var1 = value;
  type var2 = value;
  // ...
  ret-type method-nameN(param-list);
  type varN = value;
}
```

- 修饰符：接口及接口中成员的默认访问权限修饰符都是 public，不能用其他修饰符来声明接口或接口中的成员，否则将会产生编译错误。
- interface：interface 是接口的关键字。
- 接口名：接口名只要是一个合法的标识符即可。
- 接口体：接口体与抽象类相似，就是常量和抽象方法的集合。

需要注意的是：

- 接口体中定义的常量必须是最终的(final)、静态的(static)和公共的(public)。也就是说，接口体中声明的常量实质上就是静态常量。不管使用了何种修饰符，静态常量都不能被修改。所以一开始声明静态常量时就必须初始化，否则会产生编译错误。

- 接口体中定义的方法必须是抽象的(abstract)和公共的(public)。如果这个方法使用 public 代表这个类，则可以被任何类实现。如果没有使用 public，则代表只有与接口在同一个包中的类才能实现这个接口。

接口中的所有抽象方法必须全部被实现接口的类覆盖。一个非抽象类如果声明实现一个接口，则该类必须覆盖接口中的所有抽象方法，即参数列表必须相同，不能仅重载而不覆盖，并且类中的成员方法必须声明为 public。即使该类不需要某方法，也必须覆盖接口中的抽象方法，可以用一个空方法或返回默认值的方法覆盖。

一个实现接口的抽象类，可以覆盖接口中的部分抽象方法。

接口中不包含构造函数。

如下程序就是一个典型的接口定义示例：

```
interface A
{
    final double pi=3.14159;
    void A(double param);
}
```

4.10.2　接口的实现

一个类在声明继承一个直接父类的同时，还可以用关键字 implements 声明一个类将实现指定的接口，语法格式如下；

```
[类修饰符]class 类名[extends 子句][implements 接口 1, 接口 2, ……]
{
  ……//类体
}
```

一旦接口被定义，任何类都可以实现它，而且一个类可以实现多个接口，实现多重继承的功能。声明只需要用逗号分隔每个接口名即可，见图 4-2 到图 4-4 所示。

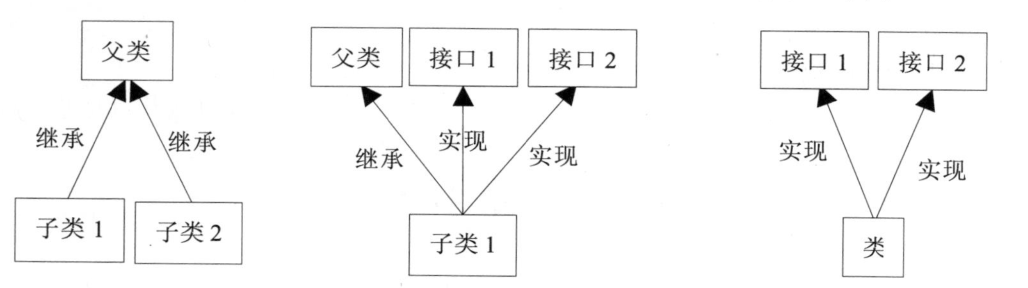

图 4-2　单重继承　　图 4-3　继承并实现接口的多重继承　　图 4-4　实现多个接口的多重继承

如果一个类实现了某个接口，那么这个类必须实现该接口的所有方法，即为这些方法提供怎样的方法体由实现接口的类自行决定。在类中实现接口的方法时，方法的名字、方法的类型、参数个数及类型必须与接口中的完全一致。

另外需要注意的是，如果接口方法的返回类型不是 void，那么在类中实现该接口方法时，方法体至少需要一条 return 语句；如果是 void 类型，方法体部分除了两个花括号外，也可以没有任何语句。

例 4-8 演示了用接口输入圆的半径并求出圆的面积。

```
// 例 4-8 用接口输入圆的半径并求出圆的面积。
import iava.util.*;
interface A
{
  final double pi=3.14159;
  void A(double param);
}

class Area implements A{
  public void A(double r)
 {
   System.out.println("半径为="+r+"圆的面积为"+pi*r*r);
 }
}



public class InterfaceDemo{
  public static void main(String[] args) {
    Scanner b=new Scanner(System.in);
    Area circle=new Area();
    System.out.println("请输入圆的半径");
    x=b.nextDouble();
    circle.A(x);
  }
}
```

输出结果如下：

```
请输入圆的半径 20.0
半径为 20 圆的面积为 1256.636
```

4.11　本章小结

本章主要介绍了 Java 中面向对象程序设计的基本思想，学习了类的定义、类的构造函数的作用、成员变量和成员方法的定义及使用、对象的创建和使用、包的创建和使用、接口的定义和实现。

继承是 OOP 语言代码复用的重要手段，合理的继承关系在减少工作量的同时也提高了系统的可扩展性。继承的目的是实现、扩展和重载。

4.12　思考和练习

一、选择题

1、给出下面的代码：

```
public class Person{
    static int arr[] = new int[10];
    public static void main(String a[])
    {
      System.out.println(arr[1]);
    }
}
```

下列说法中正确的是(　　)。

A、编译时将产生错误

B、编译时正确，运行时将产生错误

C、输出零

D、输出空

2、下面关于 Java 中类的说法中不正确的是(　　)。

A、类体中只能有变量定义和成员方法的定义，不能有其他语句

B、构造函数是类中的特殊方法

C、类一定要声明为 public 才可以执行

D、一个 Java 文件中可以有多个 class 定义

3、已知 i 为整型变量，关于一元运算++i 和 i++，下列说法中正确的是(　　)。

A、++i 运算将出错

B、在任何情况下程序运行结果都一样

C、在任何情况下程序运行结果都不一样

D、在任何情况下变量 i 的值都增 1

二、编程题

1、创建一个 Rectangle 类，添加 width 和 height 两个成员变量；在 Rectangle 中添加两种方法，分别计算矩形的周长和面积；编程利用 Rectangle 输出一个矩形的周长和面积。

2、编写 Animal 接口，在该接口中声明 run()方法；定义 Bird 类和 Fish 类以实现 Animal 接口；编写 Bird 类和 Fish 类的测试程序，并调用其中的 run()方法。

第5章 常 用 类 库

在 Java 的大型程序中，可以把各个类独立出来，使得程序代码简洁和易于维护。本章首先介绍 Java 文件的结构。区别于其他语言，Java 将字符串实现为 String 类型的对象。本章将详细分析字符串处理，另外，还对 Java 中常用的类库进行了分析。

本章学习目标：

- 理解文件分割与包的分层次组织机制
- 掌握 Java 常用类库
- 理解字符串及各种数据类型的使用方法

5.1 文件的结构

在 Java 的大型程序中，我们可以把各个类独立出来，分门别类地存放到文件里，再将这些文件一起执行，这样的程序代码更加简洁，易于维护。类文件分别存放、独立编译、联合应用的组织形式不断推动 Java 大型程序的发展。

5.1.1 文件的分割

在大型程序的开发过程中，系统往往被划分为若干模块，依据任务分配给若干团队及个人，同时开发。每个团队及个人独立负责某些类或接口，并将编写好的源程序存放在各自的文件及文件夹中。相关联的类及接口编写完成后，可以分别编译并调试运行，最终完成所有模块，联合构成大型程序。

这种方式，以类或接口为单位编写并存放文件，关联紧密的类放在同一文件夹中，关联松散的类放到不同的文件夹中。这种文件分割的方式，便于大型程序的开发与维护。如何实现文件的分割与编译？下面以例 5-1 中的代码片段来说明。

例 5-1 将文件 CCircle.java 存放在 E:\java\pack6 文件夹中。

```
// 例 5-1 文件分割示例。
public class CCircle{
  double pi=3.1415926;
  double r=0.0;
  public CCircle(double r)
  {
    this.r=r;
  }
```

```
  public area()
  {
    return pi*r*r;
  }

  public circum()
  {
    return pi*r*2;
  }
}
```

文件 App6-1.java 存放在 E:\java\pack6 文件夹中。

```
public class App6-1
{
  public static void main(String args[])
  {
      CCircle cir=new CCircle(5);
        System.out.println("圆的面积是"+cir.area());
        System.out.println("圆的周长是"+cir.circum());
  }
}
```

编译后，分别产生 CCircle.class 和 App6-1.class 这两个文件，如图 5-1 所示。

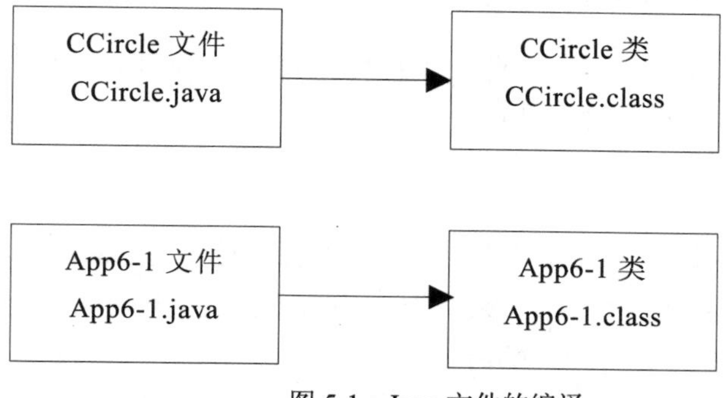

图 5-1　Java 文件的编译

编译完成后，执行本程序，命令为：

```
E:\java\pack6>java App6-1
```

程序的输出结果如下所示：

```
圆的面积是：78.539815
圆的周长是：31.415926
```

通过例 5-1，我们就可以理解如何编译和运行分割过的文件了。

5.1.2　使用包

一个大型的程序往往涉及多个模块、大量的类和接口。当软件交由多个不同的程序人员开发时，用到相同的类名是很有可能的。为了避免名称重复，Java 采用包的措施来提供类和接口的多重名称空间。具体的使用方法很简单，只需要在程序的第一行使用 package 关键字声明一个包即可。下面就利用示例来说明包的声明、编译及使用方法。

1. 包的声明

```
package 名称;
......
```

例如，将例 5-1 的两个文件 CCircle.java 和 App6-1.java 的第一行都定义为：

```
package pack6;
```

声明后，该文件必须保存到包名(pack6)指定的同名文件夹中。此时对应的文件名应该为 pack6\CCircle.java 和 pack6\App6-1.java。

2. 包中源文件的编译

编译使用包的源程序，应该从包外对包名文件夹下的文件进行编译，例如：

```
E:\java>javac pack6\CCircle.java
E:\java>javac pack6\App6-1.java
```

编译好的字节码的类文件自动保存到包名指定的文件夹(pack6)中，对应文件为 pack6\CCircle.class 和 pack6\App6-1.class。

3. 运行包中的类程序

声明了包的类或接口，由包名来限制，从包外访问时必须用带包名限定的类名来指定。包名与类名或接口名之间用“.”来分割。如上例中的类名对应为 pack6.CCircle 和 pack6.App6-1。因此，运行包中类的命令如下：

```
E:\java>java pack6.App6-1
```

访问不同包中的类，程序的运行结果不变。

4. 包的分层组织

在 Java 中应用包的机制，不仅解决了类和接口的命名重复问题，同时为大型程序的分层次组织提供了方便。运用包机制，Java 源程序的存放可以使用操作系统中文件夹的属性结构(“文件夹[\子文件夹]\文件”)保存，Java 类的使用则由“包名[.子包名].类名”的形式来分层次应用。例如，我们把类 App6-1 声明到包 pack6 中，将 CCircle 声明到 pack6 的子包 math 中，文件夹、包和类的分层次组织如图 5-2 所示。

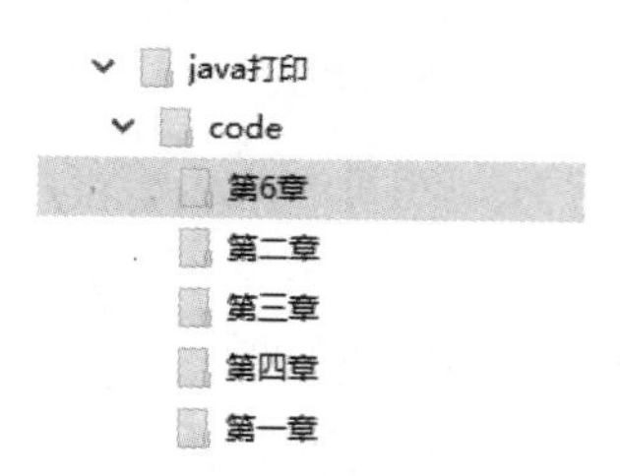

图5-2 Java中包的分层次组织

5. 包的应用

在类App6-1中要使用CCircle类的实例，就需要引用CCircle类，在Java中有3种方法可以引用另一个文件中的类。

- 包名限定类名。

可以在语句中直接使用包限定名的方式来引用。用法如下：

```
pack6.math.CCircle oCir=new pack6.math..CCircle(5);
```

- 类名引入。

如果被引用的类与当前使用的类不重名，可以在引用类(App6-1)的文件开头(package声明之后)，用import引入，例如：

```
import pack6.math.CCircle;
```

- 包引入。

如果需要引用一个包或子包中的多个类，可以使用“*”，例如：

```
import pack6.math.*;
```

可以引用pack6包中math子包中的所有类。

在src文件夹下编译程序，可以使用如下命令：

```
E:\java\src>javac pack6\*.java-d ..\classes
```

系统自动编译pack6文件夹中的所有Java源程序，在编译App6-1.java时，因为引用了pack6包中math子包的CCircle类，所以会自动寻找pack6\math文件夹下的CCircle.java程序进行编译。编译命令中使用了如下参数：

```
-d ..\classes
```

在父文件夹(E:\java)下的classes路径(E:\java\classes)中，自动根据包名创建对应的文件夹并存放，例如：

```
E:\java\classes\pack6\math\CCircle.class
E:\jave\classes\pack6\App6-1.class
```

运行时，需要在classes下执行带包的命令：

```
E:\java\classes>java pack6.App6-1
```

Java 采用文件分割和包的分层次组织机制为大型程序的合作开发奠定了基础，同时，Java 系统本身也是类和接口的分割，并进行包的分层次组织。进一步，把特定用途的字节码文件按包的层次结构存放到同样层次的文件夹中，然后压缩打包成一个文件(扩展名为.jar)，也就是我们常说的类库，可以方便我们引入和使用。类库就是我们下一节要学习的内容。

5.2　Java 常用类库

Java 类库就是 Java API(Application Programming Interface，应用编程接口)，是系统提供的已实现的标准类和接口的集合。在程序设计中，合理和充分利用类库提供的类和接口，不仅可以完成字符串处理、绘图、网络应用、数学计算等多方面的工作，而且可以大大提高编程效率，使程序简练、易懂。

5.2.1　Java 常用类库

Java 类库中的类和接口大多封装在特定的包里，每个包具有自己的功能。表 5-1 列出了 Java 中一些常用的包及其简要功能。其中，包名后面带“.*”的表示其中包括一些相关的包。Java 为有关类的使用方法提供了极其完善的技术文档，便于编程人员查阅和使用，如图 5-3 所示。

表 5-1　Java 提供的部分常用包

包名	主要功能
java.applet	提供了创建 applet 所需要的所有类
java.awt.*	提供了创建用户界面以及绘制和管理图形、图像的类
java.beans.*	提供了开发 Java bean 需要的所有类
java.io	提供了通过数据流、对象序列以及文件系统实现的系统输入及输出
java.lang.*	Java 编程语言的基本类库
java.math.*	提供了简明的整数算术以及十进制算术的基本函数
java.rmi	提供了与远程方法调用相关的所有类
java.net	提供了用于实现网络通信应用的所有类
java.security.*	提供了设计网络安全方案所需要的一些类
java.sql	提供了访问和处理来自于 Java 标准数据源数据的类
java.test	包括以一种独立于自然语言的方式处理文本、日期、数字和消息的类及接口
java.util.*	包括集合类、时间处理模式、日期时间工具等各类常用工具包
javax.accessibility	定义了用户界面组件之间相互访问的一种机制
javax.naming.*	为命名服务提供了一系列类和接口
javax.swing.*	提供了一系列轻量级的用户界面组件，是目前 Java 用户界面常用的包

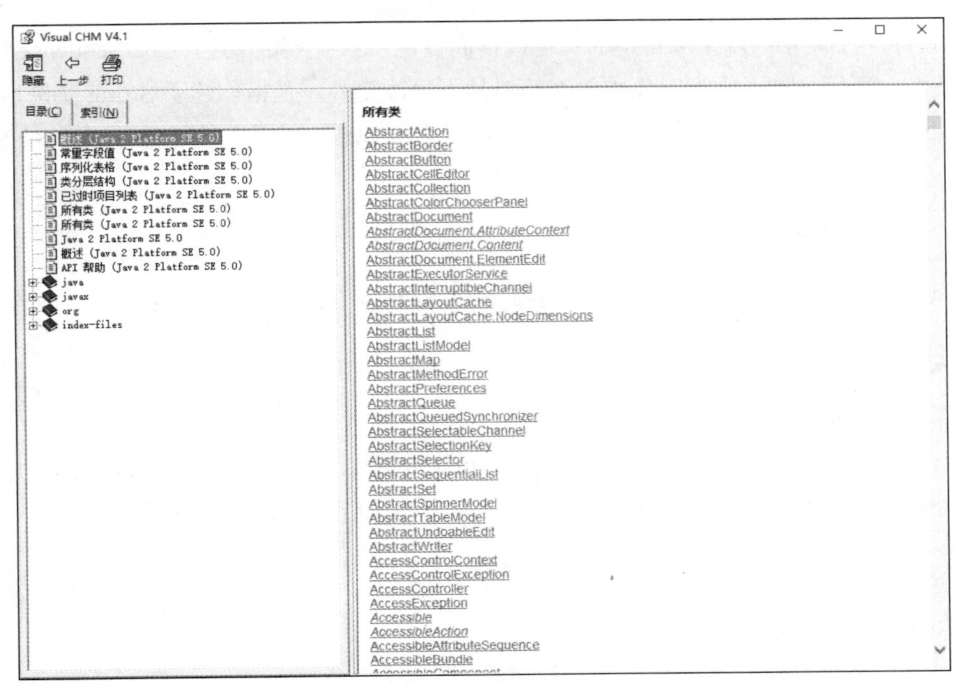

图 5-3　Java API

java.lang 是 Java 语言使用最广泛的包，它所包括的类是其他类的基础，由系统自动引入，程序中不必用 import 语句就可以使用其中的任何一个类，其他的包都需要 import 语句引入之后才能使用。java.lang 中包含的类和接口对大多数实际的 Java 程序都是必要的，下面我们将分别介绍几个常用的类。

5.2.2　字符串

在许多语言中，字符串是语言固有的基本数据类型，但在 Java 语言中字符串通过 String 类和 StringBuffer 类来处理。一个字符串就是一个 String 类的对象。

作为内置对象实现字符串，使得 Java 可以提供许多方便字符串处理的特性。例如，Java 提供了用于比较两个字符串、查找子串、连接两个字符串以及改变字符串中字母大小写的方法。此外，可以通过多种方式构造 String 对象，从而当需要时可以很容易地获取字符串。

有些出乎意料的是，当创建 String 对象时，创建的字符串不能修改。也就是说，一旦创建一个 String 对象，就不能改变这个字符串中包含的字符。乍一看，这好像是一个严重的限制。但是，情况并非如此。仍然可以执行各种字符串操作。区别是，当每次需要已存在字符串的修改版本时，会创建包含修改后内容的新的 String 对象。原始字符串保持不变。使用这种方式的原因是：实现固定的、不能修改的字符串与实现能够修改的字符串相比效率更好。对于那些需要能够修改的字符串的情况，Java 提供了两个选择：StringBuffer 和 StringBuilder。这两个类用来保存在创建之后可以进行修改的字符串。

String、StringBuffer 和 StringBuilder 类都是在 java.lang 中定义的。因此，所有程序自动都可以使用它们。所有这些类被声明为 final，这意味着这些类不能有子类。这使得对于通用的字符串操作，可以采取特定的优化以提高性能。这 3 个类实现了 CharSequence 接口。

其实，所谓 String 类型对象中的字符串是不可改变的，是指创建了 String 实例后不能修改 String 实例的内容。但是，在任何时候都可以修改 String 引用变量，使其指向其他 String 对象。

1. 创建字符串

String 类支持几个构造函数。为了创建空的 String，可以调用默认构造函数。例如：

```
String s = new String();
```

将创建内部没有任何字符的 String 实例。

经常会希望创建具有初始值的字符串。String 类提供了各种构造函数来解决这个问题。为了创建由字符数组初始化的 String 实例，可以使用如下所示的构造函数：

```
String(char chars[ ])
```

下面是一个例子：

```
char chars[] = { 'a', 'b', 'c' };
String s = new String(chars);
```

这个构造函数使用字符串“abc”初始化 s。

使用下面的构造函数，可以指定字符数组的子范围作为初始化部分：

```
String(char chars[ ], int startIndex, int numChars)
```

其中，startIndex 指定了子范围开始位置的索引，numChars 指定了使用的字符数量。下面是一个例子：

```
char chars[] = { 'a', 'b', 'c', 'd', 'e', 'f' };
String s = new String(chars, 2, 3);
```

这会使用字符 cde 初始化 s。

使用下面这个构造函数，可以构造与另一个 String 对象包含相同字符的 String 对象：

```
String(String strObj)
```

在此，strObj 是一个 String 对象。例 5-1 演示了 String 构造函数的使用：

```
// 例 5-1 String 构造函数的使用。
class MakeString {
  public static void main(String args[]) {
    char c[] = {'J', 'a', 'v', 'a'};
    String s1 = new String(c);
    String s2 = new String(s1);
```

```
    System.out.println(s1);
    System.out.println(s2);
  }
}
```

该程序的输出如下所示：

```
Java
Java
```

可以看出，s1 和 s2 包含相同的字符串。

在程序中，创建字符串的方法有多种方式，经常采用以下 6 种方式创建字符串：

```
String s1="Hello java!";
```

将字符串常量作为 String 对象对待。

```
String s2;
S2="Hello java!";
```

声明一个字符串，然后为其赋值。

```
String s3=new String();
S3="Hello java!";
```

使用 String 类的一个构造函数。创建一个空字符串，然后赋值给它。

```
String s4=new String("Hello java!");
```

将字符串直接传递给 String 类的构造函数来创建新的字符串。

```
char c1[]={'J','a','v','a'};
String s5=new String(c1);
```

通过创建字符数组并传递给 String 类的构造函数来创建新的字符串。

```
String s6=new String(c1,0,2);
```

用字符数组子集构造字符串。

2. 获取字符串的信息

字符串的长度是指字符串所包含字符的数量。为了获取这个值，调用 length()方法，如下所示：

```
int length( )
```

下面的例子演示了调用 length()方法以输出字符串的长度：

```
char chars[] = { 'a', 'b', 'c' };
```

```
String s = new String(chars);
System.out.println(s.length());
```

该程序的输出如下所示：

```
3
```

输出结果为“3”，因为在字符串 s 中有 3 个字符。

因为字符串在编程中十分常见，也很重要，所以 Java 语言在语法中为一些字符串操作提供了特殊支持。这些操作包括从字符串字面值自动创建新的 String 实例，使用“+”运算符连接多个字符串，以及将其他数据类型转换为字符串表示形式。尽管有显式的方法可以执行这些操作，但是 Java 可以自动完成这些操作，从而为程序员提供便利并增加代码的清晰度。例如：

```
String str="A String Object";    //定义字符串对象 str
int len=str.length();            //检测 str 对象的长度，结果为 15
boolean b1=str.startsWith("A"); //检测 str 对象是否以字符串"A"开始，结果为 true
boolean b2=str.endsWith("A");    //检测 str 对象是否以字符串"A"结束，结果为 false
str.equals("A");                 //比较相等，也可以用==，结果为 false
char ch=str.charAt(3);           //获取字符串对象 str 的第 2 个字符，结果为'S'
int i=str.indexOf("ing");        //返回 str 中的子串"ing"首次出现的位置，结果为 5
int j=str.lastIndexOf("t");      //返回子串"t"最后一次出现的位置，结果为 14
String str1=str.substring(9);    //获取第 9 个字符以后的子串，结果为"Object"
String str2=str.substring(2,8); /*获取第 2 个字符到第 8 个字符(但不包括第 8 个字符)
                                 的子串。结果为"String"*/
String str3=str.replace('A','a');    //把 str 中所有的字符'A'替换成'a'
String str4=str.concat("Example,"); /*把字符串"Example."连接到 str 的尾部。结
                                     果为"AString"Object Example."*/
String str5=str.toLowerCase();   //将 str 中的所有大写字母转换成小写字母
String str6=str.toUpperCase();   //将 str 中的所有小写字母转换成大写字母
String str7=str.trim();          //删除 s1 中的首尾空格，产生新串
```

具体操作将在后续章节中加以介绍。

5.2.3 字符串特殊操作

1. 字符串连接

一般而言，Java 不允许为 String 对象应用运算符。这条规则的一个例外是“+”运算符，“+”运算符可连接两个字符串，生成一个 String 对象作为结果。还可以将一系列“+”运算连接在一起。例如，下面的代码段连接 3 个字符串：

```
String birth = "2009.1.6";
String s = "His birthday is " + birth + "。";
System.out.println(s);
```

上面的代码会输出字符串“His birthday is 2009.1.6。”

当创建很长的字符串时，会发现字符串连接特别有用。不是让很长的字符串在源代码中换行，而是把它们分解成较小的部分，使用“+”连接起来。例5-2演示了长字符串的连接：

```
// 例5-2 长字符串的连接。
class ConChars {
  public static void main(String args[]) {
    String longStr = "This will be " +
      "a very long line that would have " +
      "wrapped around.  But string concatenation " +
      "prevents this.";

    System.out.println(longStr);
  }
}
```

该程序的输出如下所示：

```
This will be a very long line that would have wrapped around.  But string
concatenation    prevents this.
```

将长字符串在源代码中换行显示，可增强程序的可读性，利用连接操作显示完整的字符串。

2. 字符串和其他数据类型的连接

可以将字符串和其他数据类型连接起来。例如：

```
int age = 9;
String s = "He is " + age + " years old.";
System.out.println(s);
```

在此，age是int类型，而不是String类型，但是生成的输出和前面的例子相同。这是因为age中的int值会在String对象中被自动转换成相应的字符串表示形式。然后再像以前那样连接这个字符串。只要“+”运算符的其他操作数是String实例，编译器就会把操作数转换为相应的字符串等价形式。

再看下面的代码：

```
String s = "four: " + 2 + 2;
System.out.println(s);
```

该代码段的输出结果为：

```
four: 22
```

而不是所期望的：

```
four: 4
```

这是因为，当将其他类型的操作和字符串连接表达式混合到一起时，运算符优先级导致首先连接“four”和 2 的字符串等价形式，然后再将这个运算的结果和 2 的字符串等价形式连接起来。为了首先完成整数相加运算，必须使用圆括号：

```
String s = "four: " + (2 + 2);
```

这样，现在 s 包含字符串“four:4”。

3. 字符串转换和 toString()方法

当 Java 在连接操作执行期间，将数据转换成相应的字符串表示形式时，是通过调用 String 定义的字符串转换方法 valueOf()的某个重载版本来完成的。valueOf()方法对所有基本类型以及 Object 类型进行了重载。对于基本类型，valueOf()方法返回一个字符串，该字符串包含与调用值等价的人类可以阅读的形式。对于对象，valueOf()方法调用对象的 toString()方法。在本章后面将详细分析 valueOf()方法。在此，首先分析 toString()方法，因为该方法决定了所创建类对象的字符串表示形式。

每个类都实现了 toString()方法，因为该方法是由 Object 定义的。然而，toString()方法的默认实现很少能够满足需要。对于自己创建的大多数重要类，会希望重写 toString()方法，并提供自己的字符串表示形式。幸运的是，这很容易完成。toString()方法的一般形式如下：

```
String toString( )
```

为了实现 toString()方法，可简单地返回一个 String 对象，使其包含用来描述自定义类对象的人类可阅读的字符串。

为创建的类重写 toString()方法，可以将其完全集成到 Java 开发环境中。例如，可以把它们用于 print()和 println()语句，还可以用于字符串连接表达式中。例 5-3 演示了通过为 UM 类重写 toString()方法：

```
// 例 5-3 为 UM 类重写 toString()方法。
class UM {
  double width;
  double height;
  double depth;

  Box(double w, double h, double d) {
    width = w;
    height = h;
    depth = d;
  }
```

```
  public String toString() {
    return "长、宽、高分别为： " + width + " 、 " +
           depth + " 、 " + height + "。";
  }
}

class toStringDemo {
  public static void main(String args[]) {
    UM b = new UM (10, 12, 14);
    String s = "UM的长、宽、高分别为: : " + b;
    System.out.println(b); //
    System.out.println(s);
  }
}
```

该程序的输出如下所示：

```
长、宽、高分别为：10.0 、14.0 、12.0。
UM长、宽、高分别为：10.0 、14.0 、12.0。
```

可以看出，在连接表达式或println()调用中使用UM对象时，会自动调用UM的toString()方法。

5.2.4 提取字符

String 类提供了大量方法，用于从 String 对象中提取字符。在此介绍其中的几个。尽管不能像索引数组中的字符那样，索引构成 String 对象中字符串的字符，但是许多 String 方法为字符串使用索引(或偏移)来完成它们的操作。和数组一样，字符串索引也是从 0 开始的。

1. charAt()

为了从字符串中提取单个字符，可以通过 charAt()方法直接引用单个字符。该方法的一般形式如下：

```
char charAt(int where)
```

其中，where 是希望获取的字符的索引。where 的值必须是非负的，并且能够指定字符串中的一个位置。charAt()方法返回指定位置的字符。例如：

```
char ch;
ch = "hello".charAt(1);
```

将 e 赋给 ch。

2. getChars()

如果希望一次提取多个字符，可以使用 getChars()方法。它的一般形式为：

```
void getChars(int sourceStart, int sourceEnd, char target[], int targetStart)
```

其中，sourceStart 指定了子串的开始索引，sourceEnd 指定了子串末尾之后下一个字符的索引。因此，子串包含字符串中索引从 sourceStart 到 sourceEnd-1 之间的字符。target 指定了接收字符的数组。在 target 中开始复制子串的索引是由 targetStart 传递的。注意必须确保 target 数组足够大，以容纳指定子串的字符。例如：

```
class getCharsDemo {
 public static void main(String args[]) {
   String s = "what a wonderful day.";
   int start = 6;
   int end = 12;
   char buf[] = new char[end - start];

   s.getChars(start, end, buf, 0);
   System.out.println(buf);
 }
}
```

该程序的输出如下所示：

```
wonder
```

3. getBytes()

getChars()的一种替代选择是将字符保存在字节数组中。这个方法是 getBytes()，它使用平台提供的从字符到字节转换的默认方法。下面是 getBytes()方法的最简单形式：

```
byte[ ] getBytes( )
```

4. toCharArray()

如果希望将 String 对象中的所有字符转换为字符数组，最简单的方法是调用 toCharArray()。该方法为整个字符串返回字符数组，它的一般形式如下：

```
char[ ] toCharArray( )
```

这个方法是为了方便操作而提供的，因为可以使用 getChars()得到相同的结果。

5.2.5　比较字符串

String 类提供了大量用来比较字符串或字符串中子串的方法，在此将介绍其中的几个。

1. equals()和 equalsIgnoreCase()

equals()方法用于比较两个字符串是否相等，它的一般形式如下：

```
boolean equals(Object str)
```

其中，str 是将要与调用 String 对象进行比较的 String 对象。如果字符串以相同的顺序包含相同的字符，该方法返回 true，否则返回 false。比较是大小写敏感的。

为了执行忽略大小写区别的比较，可以调用 equalsIgnoreCase()。该方法在比较两个字符串时，认为 A~Z 和 a~z 是相同的，它的一般形式如下：

```
boolean equalsIgnoreCase(String str)
```

其中，str 是将要与调用 String 对象进行比较的 String 对象。如果字符串以相同的顺序包含相同的字符，该方法将返回 true，否则返回 false。

例 5-4 演示了 equals()和 equalsIgnoreCase()的用法：

```
// 例 5-4 equals()和 equalsIgnoreCase()的用法。
class equalDemo {
  public static void main(String args[]) {
    String s1 = "Hello";
    String s2 = "Hello";
    String s3 = "bye";
    String s4 = "HELLO";
    System.out.println(s1 + " equals " + s2 + " -> " +
                       s1.equals(s2));
    System.out.println(s1 + " equals " + s3 + " -> " +
                       s1.equals(s3));
    System.out.println(s1 + " equals " + s4 + " -> " +
                       s1.equals(s4));
    System.out.println(s1 + " equalsIgnoreCase " + s4 + " -> " +
                       s1.equalsIgnoreCase(s4));
  }
}
```

该程序的输出如下所示：

```
Hello equals Hello -> true
Hello equals bye -> false
Hello equals HELLO -> false
Hello equalsIgnoreCase HELLO -> true
```

2. regionMatches()

regionMatches()方法比较字符串中的某个特定部分与另一个字符串中的另一个特定部分。该方法还有一种重载形式，允许在这种比较中忽略大小写。这个方法的一般形式为：

```
boolean regionMatches(int startIndex, String str2,
                      int str2StartIndex, int numChars)
boolean regionMatches(boolean ignoreCase,
                      int startIndex, String str2,
                      int str2StartIndex, int numChars)
```

对于这两个版本，startIndex 指定了调用 String 对象中比较部分开始的索引位置。将与之进行比较的 String 对象是由 str2 指定的。str2 中开始进行比较的索引位置是由 str2StartIndex 指定的。将要进行比较的子串的长度是由 numChars 传递的。在第二个版本中，如果 ignoreCase 为 true，那么忽略字符的大小写；否则，大小写就是有意义的。

3. startsWith()和 endsWith()

String 定义了两个方法，它们大体上是 regionMatches()方法的特定形式。startsWith()方法确定给定的 String 对象是否以指定的字符串开始。与之相反，endsWith()方法确定 String 对象是否以指定的字符串结束。它们的一般形式如下：

```
boolean startsWith(String str)
boolean endsWith(String str)
```

其中，str 是将要进行测试的 String 对象。如果字符串匹配，就返回 true；否则返回 false。例如：

```
"hello".endsWith("llo");
```

和

```
"hello".startsWith("he");
```

结果返回的都是 true。

下面是 startsWith()方法的第二种形式，这种形式允许指定开始位置：

```
boolean startsWith(String str, int startIndex)
```

其中，startIndex 指定了在调用字符串中要开始查找位置的索引。例如：

```
"hello".startsWith("llo", 3)
```

返回值为 true。

4. equals()与==

equals()方法与“==”运算符执行不同的操作，前面已讲到，equals()方法比较 String 对象中的字符。而“==”运算符比较对两个对象的引用，查看它们是否指向相同的实例。下面的例 5-5 演示了两个不同的 String 对象包含相同的字符，但是如果对这些对象的引用进行比较，就会发现它们是不相等的：

```
// 例 5-5 比较 equals()和==。
class EqualsNotEqualTo {
  public static void main(String args[]) {
    String s1 = "Hello";
    String s2 = new String(s1);

    System.out.println(s1 + " equals " + s2 + " -> " +
                       s1.equals(s2));
    System.out.println(s1 + " == " + s2 + " -> " + (s1 == s2));
  }
}
```

变量 s1 引用由“Hello”创建的 String 实例，s2 引用的对象是使用 s1 作为初始化器创建的。因此，两个 String 对象的内容是相同的，但它们是不同的对象。这意味着 s1 和 s2 引用的是不同的对象，所以不是“==”的关系，正如前面程序的输出所展示的：

```
Hello equals Hello -> true
Hello == Hello -> false
```

5. compareTo()

通常，只知道两个字符串是否相同是不够的。对于排序应用，需要知道哪个字符串小于、等于或大于下一个字符串。根据字典顺序，如果一个字符串位于另一个字符串的前面，那么这个字符串小于另一个字符串；如果一个字符串位于另一个字符串的后面，那么这个字符串大于另一个字符串。方法 compareTo()就被用于这个目的，该方法是由 Comparable<T>接口定义的，String 实现了这个接口。compareTo()方法的一般形式如下：

```
int compareTo(String str)
```

其中，str 是将要与调用 String 对象进行比较的 String 对象。返回的比较结果及相应解释如表 5-2 所示。

表 5-2　compareTo()方法的返回结果

值	含　义
小于 0	调用字符串小于 str
大于 0	调用字符串大于 str
0	两个字符串相等

例 5-6 是对数组中的字符串进行排序的示例程序。该程序使用 compareTo()方法为冒泡排序法确定排序顺序：

```
// 例 5-6 compareTo()方法的应用。
class SortString {
  static String arr[] = {
```

```
    "Now", "is", "the", "time", "for", "all", "good", "men",
    "to", "come", "to", "the", "aid", "of", "their", "country"
  };
  public static void main(String args[]) {
    for(int j = 0; j < arr.length; j++) {
      for(int i = j + 1; i < arr.length; i++) {
        if(arr[i].compareTo(arr[j]) < 0) {
          String t = arr[j];
          arr[j] = arr[i];
          arr[i] = t;
        }
      }
      System.out.println(arr[j]);
    }
  }
}
```

该程序的输出是下面的单词列表：

```
Now
aid
all
come
country
for
good
is
men
of
the
the
their
time
to
to
```

从这个例子的输出可以看出，compareTo()考虑字母的大小写。单词“Now”出现在所有其他单词之前，因为它是以大写字母开头的，这意味着在 ASCII 字符集中它具有更小的值。

比较两个字符串时，如果希望忽略大小写区别，可以使用 compareToIgnoreCase()，如下所示：

```
int compareToIgnoreCase(String str)
```

除了忽略大小写外，这个方法的返回结果与 compareTo()相同。你可能希望在前面的程序中使用这个方法。如果使用这个方法的话，“Now”将不再是第一个单词。

5.2.6　查找字符串

String 类提供了两个用于在字符串中查找指定字符或子串的方法：

- indexOf()：查找字符或子串第一次出现时的索引。
- lastIndexOf()：查找字符和子串最后一次出现时的索引。

这两个方法都以不同的方式进行了重载。对于所有情况，这些方法都返回发现字符或子串时的索引位置，或返回-1 以表示查找失败。

为了查找字符第一次出现时的索引，使用：

```
int indexOf(int ch)
```

为了查找字符最后一次出现时的索引，使用：

```
int lastIndexOf(int ch)
```

其中，ch 是将要查找的字符。

为了查找子串第一次或最后一次出现时的索引，使用：

```
int indexOf(String str)
int lastIndexOf(String str)
```

其中，str 指定了将要查找的子串。

可以使用下面这些形式指定查找开始时的索引：

```
int indexOf(int ch, int startIndex)
int lastIndexOf(int ch, int startIndex)
int indexOf(String str, int startIndex)
int lastIndexOf(String str, int startIndex)
```

其中，startIndex 指定了开始查找时的位置索引。对于 indexOf()，查找操作从 startIndex 索引位置运行到字符串的末尾。对于 lastIndexOf()，查找操作从 startIndex 运行到索引位置 0。

例 5-7 展示了如何使用各种索引方法在 String 内部进行查找：

```
// 例 5-7 使用各种索引方法在 String 内部进行查找。
class indexOfDemo {
 public static void main(String args[]) {
   String s = "Now is the time for all good men " +
              "to come to the aid of their country.";

   System.out.println(s);
   System.out.println("indexOf(t) = " +
                      s.indexOf('t'));
   System.out.println("lastIndexOf(t) = " +
                      s.lastIndexOf('t'));
   System.out.println("indexOf(the) = " +
```

```
                            s.indexOf("the"));
        System.out.println("lastIndexOf(the) = " +
                            s.lastIndexOf("the"));
        System.out.println("indexOf(t, 10) = " +
                            s.indexOf('t', 10));
        System.out.println("lastIndexOf(t, 60) = " +
                            s.lastIndexOf('t', 60));
        System.out.println("indexOf(the, 10) = " +
                            s.indexOf("the", 10));
        System.out.println("lastIndexOf(the, 60) = " +
                            s.lastIndexOf("the", 60));
    }
}
```

下面是该程序的输出：

```
Now is the time for all good men to come to the aid of their country.
indexOf(t) = 7
lastIndexOf(t) = 65
indexOf(the) = 7
lastIndexOf(the) = 55
indexOf(t, 10) = 11
lastIndexOf(t, 60) = 55
indexOf(the, 10) = 44
lastIndexOf(the, 60) = 55
```

5.2.7 修改字符串

因为 String 对象是不可改变的，所以当希望修改 String 对象时，必须将之复制到 StringBuffer 或 StringBuilder 对象中，或者使用 String 类提供的方法来构造字符串修改后的新的副本。下面介绍这些方法中的几个。

1. substring()

使用 substring()方法可以提取子串。它有两种形式，第一种形式如下：

```
String substring(int startIndex)
```

其中，startIndex 指定子串开始时的位置索引。这种形式返回调用字符串中从 startIndex 索引位置开始到字符串末尾的子串副本。

substring()方法的第二种形式允许同时指定子串的开始索引和结束索引：

```
String substring(int startIndex, int endIndex)
```

其中，startIndex 指定开始索引，endIndex 指定结束索引。返回的字符串包含从开始索引到结束索引的字符，但是不包含结束索引位置的字符。

例 5-8 使用 substring()方法在一个字符串中使用一个子串替换另一个子串：

```
// 例 5-8 substring()方法的用法。
class StringReplace {
  public static void main(String args[]) {
    String org = "This is a test. This is, too.";
    String search = "is";
    String sub = "was";
    String result = "";
    int i;

    do { // replace all matching substrings
      System.out.println(org);
      i = org.indexOf(search);
      if(i != -1) {
        result = org.substring(0, i);
        result = result + sub;
        result = result + org.substring(i + search.length());
        org = result;
      }
    } while(i != -1);
  }
}
```

该程序的输出如下所示：

```
This is a test. This is, too.
Thwas is a test. This is, too.
Thwas was a test. This is, too.
Thwas was a test. Thwas is, too.
Thwas was a test. Thwas was, too.
```

2. concat()

可以使用 concat()方法连接两个字符串，如下所示：

```
String concat(String str)
```

该方法创建一个新对象，这个新对象包含调用字符串并将 str 的内容追加到结尾。concat()与“+”执行相同的功能。例如：

```
String s1 = "one";
String s2 = s1.concat("two");
```

将字符串“onetwo”存放到 s2 中。这与下面语句产生的结果相同：

```
String s1 = "one";
```

```
String s2 = s1 + "two";
```

3. replace()

replace()方法有两种形式。第一种形式在调用字符串中使用一个字符代替另一个字符的所有实例，一般形式如下：

```
String replace(char original, char replacement)
```

其中，original 指定将被替换的字符，replacement 指定替换字符，结果字符串将被返回。例如：

```
String s = "Hello".replace('l', 'w');
```

将字符串“Hewwo”存放到 s 中。

replace()方法的第二种形式使用一个字符序列代替另一个字符序列，一般形式如下：

```
String replace(CharSequence original, CharSequence replacement)
```

4. trim()

trim()方法返回调用字符串的副本，并移除开头和结尾的所有空白字符，一般形式如下：

```
String trim( )
```

下面是一个例子：

```
String s = "   Hello World    ".trim();
```

这条语句将字符串“Hello World”存放到 s 中。

5.2.8　使用 valueOf()转换数据

valueOf()方法将数据从内部格式转换成人类可以阅读的形式。valueOf()是静态方法，String 针对所有 Java 内置类型对该方法进行了重载，从而可以将每种类型正确地转换成字符串。Java 还针对 Object 类型对 valueOf()方法进行了重载，从而使创建的所有类类型的对象都可以作为 valueOf()方法的参数(请记住，Object 是所有类的超类)。下面是 valueOf()方法的几种形式：

```
static String valueOf(double num)
static String valueOf(long num)
static String valueOf(Object ob)
static String valueOf(char chars[ ])
```

前面讨论过，当需要其他某些类型数据的字符串表示形式时会调用 valueOf()方法，例如连接操作期间。可以使用任何数据类型直接调用 valueOf()方法，从而得到可读的字符串表示形式。所有简单类型都被转换成它们通用的字符串表示形式。传递给 valueOf()方法的所有对象都将返回调用对象的toString()方法的结果。实际上，可以直接调用toString()方法以得到相同的结果。

对于大部分数组，valueOf()方法会返回一个相当隐蔽的字符串，以表明这是某种类型的数组。然而，对于字符数组，会创建包含字符数组中字符的String对象。还有一个特殊版本的valueOf()方法，允许指定字符数组的子集，一般形式为：

```
static String valueOf(char chars[ ], int startIndex, int numChars)
```

其中，*chars*是包含字符的数组，*startIndex*是期望子串在字符数组中何处开始的位置索引，*numChars*指定了子串的长度。

5.2.9 改变字符串中字符的大小写

方法toLowerCase()将字符串中的所有字符从大写改为小写，方法toUpperCase()将字符串中的所有字符从小写改为大写。非字母字符(如数字)不受影响。下面是这些方法的最简单形式：

```
String toLowerCase( )
String toUpperCase( )
```

这些方法返回String对象，其中包含与调用字符串等价的大写或小写形式。对于这两种情况，都由默认区域设置控制转换。

例5-9演示了toLowerCase()和toUpperCase()方法的用法：

```
// 例5-9 toLowerCase()和toUpperCase()方法的用法。

class ChangeCase {
  public static void main(String args[])
  {
    String s = "This is a test.";

    System.out.println("Original: " + s);

    String upper = s.toUpperCase();
    String lower = s.toLowerCase();

    System.out.println("Uppercase: " + upper);
    System.out.println("Lowercase: " + lower);
  }
}
```

该程序生成的输出如下所示：

```
Original: This is a test.
Uppercase: THIS IS A TEST.
```

```
Lowercase: this is a test.
```

另外一点：toLowerCase()和 toUpperCase()方法的重载版本，还允许指定控制转换的 Locale 对象。对于某些情况，指定区域非常重要，这有助于国际化应用程序。

5.2.10　连接字符串

JDK 8 为 String 类添加了一个新方法 join()，用于连接两个或更多个字符串，并使用分隔符分隔各个字符串，如空格或逗号。join()方法有两种形式，第一种形式如下所示：

```
static String join(CharSequence delim, CharSequence . . . strs)
```

其中，*delim* 指定了分隔符，用于分隔 *strs* 指定的字符序列。因为 String 类实现了 CharSequence 接口，所以 strs 可以是一个字符串列表。例 5-10 演示了这个版本的 join()方法：

```
// 例 5-10 join()方法的用法。
class StringJoinDemo {
 public static void main(String args[]) {

   String result = String.join(" ", "Alpha", "Beta", "Gamma");
   System.out.println(result);

   result = String.join(", ", "John", "ID#: 569",
                        "E-mail: John@HerbSchildt.com");
   System.out.println(result);
 }
}
```

程序输出如下所示：

```
Alpha Beta Gamma
John, ID#: 569, E-mail: John@HerbSchildt.com
```

第一次调用 join()时，在每个字符串之间插入了空格。第二次调用时，指定分隔符为一个逗号加一个空格。这表明分隔符并非只能是一个字符。

join()方法的第二种形式允许连接从实现了 Iterable 接口的对象获取的一个字符串列表。

5.2.11　其他 String 方法

除了前面讨论的方法外，String 类还提供了许多其他方法，如表 5-3 所示。

表 5-3　String 类的其他方法

方　　法	描　　述
int codePointAt(int *i*)	返回由 *i* 指定的位置的 Unicode 代码点
int codePointBefore(int *i*)	返回由 *i* 指定的位置之前的 Unicode 代码点
int codePointCount(int *start*, int *end*)	返回调用字符串中处于 *start* 到 *end*–*1* 索引范围内的代码点数

(续表)

方　　法	描　　述
boolean contains(CharSequence *str*)	如果调用对象包含由 *str* 指定的字符串，就返回 true；否则返回 false
boolean contentEquals(CharSequence *str*)	如果调用字符串和 *str* 包含的字符串相同，就返回 true；否则返回 false
boolean contentEquals(StringBuffer *str*)	如果调用字符串和 *str* 包含的字符串相同，就返回 true；否则返回 false
boolean isEmpty( )	如果调用字符串没有包含任何字符并且长度为 0，就返回 true
boolean matches(string *regExp*)	如果调用字符串和 *regExp* 传递的正则表达式匹配，就返回 true；否则返回 false
int offsetByCodePoints(int *start*, int *num*)	返回调用字符串中超过 *start* 所指定开始索引 *num* 个代码点的索引
String replaceFirst(String *regExp*, String *newStr*)	返回一个字符串，在返回的这个字符串中，使用 *newStr* 替换与 *regExp* 所指定正则表达式匹配的第一个子串
String replaceAll(String *regExp*, String *newStr*)	返回一个字符串，在返回的这个字符串中，使用 *newStr* 替换与 *regExp* 所指定正则表达式匹配的所有子串
String[ ] split(String *regExp*)	将调用字符串分解成几个部分，并返回包含结果的数组。每一部分都由 *regExp* 传递的正则表达式进行界定
String[ ] split(String *regExp*, int *max*)	将调用字符串分解成几个部分，并返回包含结果的数组。每一部分都由 *regExp* 传递的正则表达式进行界定。*max* 指定分解的块数。如果 *max* 是负数，就完全分解调用字符串。否则，如果 *max* 包含非零值，那么结果数组中的最后一个元素是调用字符串的剩余部分。如果 *max* 是 0，就完全分解调用字符串，但是不会包含后跟的空字符串
CharSequence subSequence(int *startIndex*, int *stopIndex*)	返回调用字符串的子串，从 *startIndex* 索引位置开始，并在 *stopIndex* 索引位置结束。该方法是 CharSequence 接口所需要的，String 类实现了 CharSequence 接口

5.3　StringBuffer 类

因为 String 是字符串常量，所以对象创建后不可更改。如果想让字符串对象创建后可以扩充和修改，就需要使用缓冲字符串类 StringBuffer。

StringBuffer 类与 String 类相似，它具有 String 类的很多功能，甚至更丰富。它们主要的区别是 StringBuffer 对象可以方便地在缓冲区内被修改，如增加、替换字符或子串；StringBuffer 对象还可以根据需要自动增长存储空间，特别适合于处理可变字符串；当完成了缓冲字符串数据操作后，可以通过调用其方法 toString( )或 String 类的构造函数来把它们有效地转换回标准字符串格式。

5.3.1　创建 StringBuffer 对象

可以使用 StringBuffer 类的构造函数来创建 SringBuffer 对象，StringBuffer 类定义了以下 4 个构造函数，如表 5-4 所示：

表 5-4　StringBuffer 类的构造函数

构造函数	说明
StringBuffer()	构造一个空的缓冲字符串，其中没有字符，初始大小为 16 个字符的空间
StringBuffer(int *length*)	构造一个长度为 *length* 的空的缓冲字符串
StringBuffer(String *str*)	构造一个缓冲字符串，其内容初始化为给定的字符串 *str*，再加上 16 个字符的空间
StringBuffer(CharSequence *chars*)	构造一个包含字符序列的对象，并额外预留 16 个字符的空间，包含的字符序列是由 *chars* 指定的

默认构造函数 StringBuffer()预留 16 个字符的空间，不需要再分配。StringBuffer(int *length*)接收一个显式设置缓冲区大小的整型参数。StringBuffer(String *str*)接收一个设置 StringBuffer 对象初始化内容的 String 参数，并额外预留 16 个字符的空间，不需要再分配。如果没有要求特定的缓冲区长度，StringBuffer 会为 16 个附加字符分配空间，因为再次分配空间是很耗时的操作。此外，频繁分配空间会产生内存碎片。通过为一部分额外字符分配空间，StringBuffer 减少了再次分配空间的次数。StringBuffer(CharSequence *chars*)构造函数创建包含字符序列的对象，并额外预留 16 个字符的空间，包含的字符序列是由 *chars* 指定的。

5.3.2　StringBuffer 类的常用方法

字符串的添加和插入

StringBuffer 类是可变字符串，它的操作首先表现在对字符串的添加和插入上。例如：

```
StringBuffer strB=new StringBuffer();//创建 16 个字符的空间，strB 中没有字符。
String s1="Hi!";
strB.append(s1);/*将字符 s2 插入到 strB 对象的后边，strB 的值为 Hi!; 这里，s1 的类型
还可以是 boolaean、char、int、long、float、double 等 6 种类型*/
String s2="java";
strB.insert(2,s2);/*将字符串 s2 插入到 strB 对象的第 2 个位置（从 0 开始），strB 的值
为 Hi java!;这里 s2 的类型还可以是 boolean、char、int、long、float、double 等 6 种类型，
也可以是字符数组*/
```

字符串的读取、修改与删除

读取 StringBuffer 对象中字符的方法有 charAt 和 getChar，这与 String 对象的方法一样。在 StringBuffer 对象中，设置字符及子串的方法有 setCharAt、replace；删除字符及子串的方法有 delete 和 deleteCharAt。调用形式如下：

```
strB.setCharAt(0,'h');//用'h'替代strB中位置0上的字符。结果strB变为hi java!
strB.replace(3,6,"java";/*strB中从3(含)开始到6(不含)结束之间的字符串以"java"
代替。结果strB变为hi java!*/
strB.delete(0,2);//删除strB中从0开始到2（不含）结束之间的字符串。strB=java!
strB.deleteCharAt(4);//删除strB中位置4上的字符，删掉1个空格。strB=java!
```

将 StringBuffer 转换为 String

StringBuffer 可以获取长度、容量等信息，还可以将 StringBuffer 中的字符转换为 String 对象。例如：

```
int len=strB.length();       //返回strB中字符的个数，结果为9
int len 1=strB. Capacity(); //返回strB的容量，通常会大于length(),结果为16
String str=strB.toString(); //返回strB的字符串对象
```

1. length()

通过 length()方法可以获得 StringBuffer 对象的当前长度，而通过 capacity()方法可以获得已分配的容量。这两个方法的一般形式如下：

```
int length( )
int capacity( )
```

例 5-11 演示了这两个方法：

```
// 例5-11 StringBuffer的 length 和capacity方法的应用。
class StringBufferDemo {
  public static void main(String args[]) {
    StringBuffer sb = new StringBuffer("Hello");

    System.out.println("buffer = " + sb);
    System.out.println("length = " + sb.length());
    System.out.println("capacity = " + sb.capacity());
  }
}
```

下面是该程序的输出，输出显示了 StringBuffer 是如何为附加操作预留额外空间的：

```
buffer = Hello
length = 5
capacity = 21
```

因为 sb 在创建时是使用字符串“Hello”初始化的，所以它的长度是 5。因为自动添加了 16 个附加字符的空间，所以它的容量是 21。

2. ensureCapacity()

在创建了 StringBuffer 对象后，如果希望为特定数量的字符预先分配空间，可以使用

ensureCapacity()方法设置缓冲区的大小。如果事先知道将要向 StringBuffer 对象追加大量的小字符串，这个方法是有用的。ensureCapacity()方法的一般形式为：

```
void ensureCapacity(int minCapacity)
```

其中，*minCapacity* 指定了缓冲区的最小尺寸(出于效率方面的考虑，可能会分配比 *minCapacity* 更大的缓冲区)。

3. setLength()

可以使用 setLength()方法设置 StringBuffer 对象中字符串的长度，一般形式为：

```
void setLength(int len)
```

其中，*len* 指定字符串的长度，值必须非负。

当增加字符串的大小时，会向末尾添加 null 字符。如果调用 setLength()方法时，使用的值小于 length()方法返回的当前值，那么超出新长度的字符将丢失。下一节中的 setCharAtDemo 示例程序使用 setLength()方法缩短了一个 StringBuffer 对象。

4. charAt()与 setCharAt()

通过 charAt()方法可以从 StringBuffer 获取单个字符的值，使用 setCharAt()方法可以设置 StringBuffer 对象中某个字符的值。这两个方法的一般形式如下所示：

```
char charAt(int where)
void setCharAt(int where, char ch)
```

对于 charAt()方法，*where* 指定了将要获取字符的索引。对于 setCharAt()方法，*where* 指定了将要设置字符的索引，*ch* 指定了字符的新值。对于这两个方法，*where* 必须是非负的，并且不能超出字符串结尾的位置。

例 5-12 演示了 charAt()和 setCharAt()方法：

```
// 例 5-12 charAt()和 setCharAt()方法.
class setCharAtDemo {
  public static void main(String args[]) {
    StringBuffer sb = new StringBuffer("Hello");
    System.out.println("buffer before = " + sb);
    System.out.println("charAt(1) before = " + sb.charAt(1));

    sb.setCharAt(1, 'i');
    sb.setLength(2);
    System.out.println("buffer after = " + sb);
    System.out.println("charAt(1) after = " + sb.charAt(1));
  }
}
```

下面是该程序生成的输出：

```
buffer before = Hello
charAt(1) before = e
buffer after = Hi
charAt(1) after = i
```

5. getChars()

可以使用 getChars()方法将 StringBuffer 对象的子串复制到数组中，一般形式为：

```
void getChars(int sourceStart, int sourceEnd, char target[], int targetStart)
```

其中，*sourceStart* 指定子串开始位置的索引，*sourceEnd* 指定子串结束位置的后一个位置的索引。这意味着子串将包含索引位置从 *sourceStart* 到 *sourceEnd*–1 之间的字符。接收字符的数组是由 *target* 指定的。*targetStart* 指定了在 *target* 中开始复制子串的位置索引。使用 getChars()方法时一定要谨慎，确保 *target* 足以容纳指定子串中的字符。

6. append()

append()方法将各种其他类型数据的字符串表示形式连接到调用 StringBuffer 对象的末尾。该方法有一些重载版本，下面是其中的几个：

```
StringBuffer append(String str)
StringBuffer append(int num)
StringBuffer append(Object obj)
```

通常调用 String.valueOf()来获取每个参数的字符串表示形式，结果将被添加到当前 StringBuffer 对象的末尾。缓冲区本身被各个版本的 append()方法返回，从而可以将一系列调用连接起来，如下面的例子所示：

```
class appendDemo {
  public static void main(String args[]) {
    String s;
    int a = 42;
    StringBuffer sb = new StringBuffer(40);

    s = sb.append("a = ").append(a).append("!").toString();
    System.out.println(s);
  }
}
```

这个示例的输出如下所示：

```
a = 42!
```

7. insert()

insert()方法将一个字符串插入到另一个字符串中。Java 对该方法进行了重载，以接收所有基本类型以及 String、Object 和 CharSequence 类型的值。与 append()类似，该方法获取参数值的字符串表示形式，然后将字符串插入到调用 StringBuffer 对象中。下面是其中的几种重载形式：

```
StringBuffer insert(int index, String str)
StringBuffer insert(int index, char ch)
StringBuffer insert(int index, Object obj)
```

其中，*index* 指定了将字符串插入到调用 StringBuffer 对象中的位置索引。

例 5-13 将“like”插入到“I”和“Java”之间：

```
// 例 5-13 将“like”插入到“I”和“Java”之间。
class insertDemo {
  public static void main(String args[]) {
    StringBuffer sb = new StringBuffer("I Java!");

    sb.insert(2, "like ");
    System.out.println(sb);
  }
}
```

该程序的输出如下所示：

```
I like Java!
```

8. reverse()

可以使用 reverse()方法颠倒 StringBuffer 对象中的字符，如下所示：

```
StringBuffer reverse( )
```

该方法返回调用对象的反转形式。例 5-14 演示了 reverse()方法：

```
// 例 5-14 reverse()方法。
class ReverseDemo {
  public static void main(String args[]) {
    StringBuffer s = new StringBuffer("abcdef");

    System.out.println(s);
    s.reverse();
    System.out.println(s);
  }
}
```

该程序生成的输出如下所示：

```
abcdef
fedcba
```

9. delete()与 deleteCharAt()

使用 delete()和 deleteCharAt()方法可以删除 StringBuffer 对象中的字符。这些方法如下所示：

```
StringBuffer delete(int startIndex, int endIndex)
StringBuffer deleteCharAt(int loc)
```

delete()方法从调用对象删除一连串字符。其中，*startIndex* 指定第一个删除字符的位置索引，*endIndex* 指定要删除的最后一个字符之后的下一个字符的位置索引。因此，结果是删除索引位置从 *startIndex* 到 *endIndex*−1 之间的子串。删除字符后的 StringBuffer 对象作为结果返回。

deleteCharAt()方法删除由 *loc* 指定的索引位置的字符，返回删除字符后的 StringBuffer 对象。

例 5-15 演示了 delete()和 deleteCharAt()方法的应用：

```
// 例 5-15 delete()和 deleteCharAt()方法的应用。
class deleteDemo {
 public static void main(String args[]) {
   StringBuffer sb = new StringBuffer("This is a test.");

   sb.delete(4, 7);
   System.out.println("After delete: " + sb);

   sb.deleteCharAt(0);
   System.out.println("After deleteCharAt: " + sb);
 }
}
```

下面是该程序生成的输出：

```
After delete: This a test.
After deleteCharAt: his a test.
```

10. replace()

通过调用 replace()方法可以使用一个字符集替换 StringBuffer 对象中的另一个字符集。该方法的签名如下所示：

```
StringBuffer replace(int startIndex, int endIndex, String str)
```

索引 *startIndex* 和 *endIndex* 指定了将被替换的子串，因此将替换 *startIndex* 和 *endIndex*−1 索引位置之间的子串。替换字符串是由 *str* 传入的。替换后的 StringBuffer 对象作为结果返回。

例 5-16 演示了 replace()方法：

```
// 例 5-16 replace()方法的用法。
class replaceDemo {
  public static void main(String args[]) {
    StringBuffer sb = new StringBuffer("This is a test.");

    sb.replace(5, 7, "was");
    System.out.println("After replace: " + sb);
  }
}
```

下面是输出：

```
After replace: This was a test.
```

11. substring()

通过调用 substring()方法可以获得 StringBuffer 对象的一部分。该方法有以下两种重载形式：

```
String substring(int startIndex)
String substring(int startIndex, int endIndex)
```

第一种形式返回从索引位置 *startIndex* 开始到调用 StringBuffer 对象末尾之间的子串，第二种形式返回 *startIndex* 和 *endIndex*−1 索引位置之间的子串。这些方法的工作方式与前面介绍的 String 类的对应方法类似。

12. 其他 StringBuffer 方法

除了刚才介绍的方法外，StringBuffer 还提供了其他一些方法，如表 5-5 所示。

表 5-5　StringBuffer 的其他一些方法

方　法	描　述
StringBuffer appendCodePoint(int *ch*)	在调用对象的末尾添加一个 Unicode 代码点，返回对调用对象的引用
int codePointAt(int *i*)	返回由 *i* 指定的位置的 Unicode 代码点
int codePointBefore(int *i*)	返回由 *i* 指定的位置之前位置的 Unicode 代码点
int codePointCount(int *start*, int *end*)	返回调用对象在位置 *start* 和 *end*−1 之间代码点的数量
int indexOf(String *str*)	查找 str 在调用 StringBuffer 对象中第一次出现时的位置索引，并返回该索引。如果没有找到，就返回−1

(续表)

方　法	描　述
int indexOf(String *str*, int *startIndex*)	从 *startIndex* 位置索引开始查找 *str* 在 StringBuffer 对象中第一次出现时的位置索引，并返回该索引。如果没有找到，就返回−1
int lastIndexOf(String *str*)	查找 *str* 在调用 StringBuffer 对象中最后一次出现时的位置索引，并返回该索引。如果没有找到，就返回−1
int lastIndexOf(String *str*, int *startIndex*)	从位置索引 *startIndex* 开始查找 *str* 在 StringBuffer 对象中最后一次出现时的位置索引，并返回该索引。如果没有找到，就返回−1
int offsetByCodePoints(int *start*, int *num*)	返回调用字符串中超过 *start* 所指定索引位置 *num* 个代码点的索引
CharSequence subSequence(int startIndex, int stopIndex)	返回调用字符串的一个子串，从位置索引 *startIndex* 开始，到 *stopIndex* 位置索引结束。这个方法是 CharSequence 接口所需要的，StringBuffer 实现了该接口
void trimToSize( )	要求为调用对象减小字符缓冲区的大小，以更适合当前内容

例 5-17 演示了 indexOf()方法和 lastIndexOf()方法：

```
// 例 5-17 indexOf()方法和 lastIndexOf()方法
class IndexOfDemo {
  public static void main(String args[]) {
    StringBuffer sb = new StringBuffer("one two one");
    int i;

    i = sb.indexOf("one");
    System.out.println("First index: " + i);

    i = sb.lastIndexOf("one");
    System.out.println("Last index: " + i);
  }
}
```

输出如下所示：

```
First index: 0
Last index: 8
```

5.4　Math 类

Math 类包含用于几何和三角运算的所有浮点函数，以及一些用于通用目的的方法。Math 类定义了两个 double 常量：

```
double E  常量 E（2.718 281 828 459 045 235 4）
double PI  常量 PI（3.141 592 653 589 793 238 46）
```

Math 类定义的常用方法

Math 类定义的方法是静态的，可以通过类名直接调用。下面简要介绍几类常用的方法。

1. 三角函数

表 5-6 中的方法为角度接收 double 类型的参数(单位为弧度)，并返回各三角函数的运算结果。

表 5-6　用于三角函数的方法

方　法	描　述
static double sin(double *arg*)	返回由 *arg* 指定的角度(单位为弧度)的正弦值
static double cos(double *arg*)	返回由 *arg* 指定的角度(单位为弧度)的余弦值
static double tan(double *arg*)	返回由 *arg* 指定的角度(单位为弧度)的正切值

表 5-7 中的方法采用三角函数的结果作为参数，并返回能产生这种结果的角度，单位为弧度。它们是三角函数的反函数。

表 5-7　用于反三角函数的方法

方　法	描　述
static double asin(double *arg*)	返回正弦值由 *arg* 指定的角度
static double acos(double *arg*)	返回余弦值由 *arg* 指定的角度
static double atan(double *arg*)	返回正切值由 *arg* 指定的角度
static double atan2(double *x*, double *y*)	返回正切值由 *x*/*y* 指定的角度

表 5-8 中的方法用来计算角度的双曲正弦、双曲余弦和双曲正切。

表 5-8　计算双曲正弦、双曲余弦和双曲正切的方法

方　法	描　述
static double sinh(double arg)	返回由 *arg* 指定的角度的双曲正弦值
static double cosh(double arg)	返回由 *arg* 指定的角度的双曲余弦值
static double tanh(double arg)	返回由 *arg* 指定的角度的双曲正切值

2. 指数函数

Math 类定义了表 5-9 所示的方法用于指数函数。

表 5-9　用于指数函数的方法

方　法	描　述
static double cbrt(double *arg*)	返回 *arg* 的立方根
static double exp(double *arg*)	返回 e 的 *arg* 次方
static double expm1(double *arg*)	返回 e 的(*arg*−1)次方
static double log(double *arg*)	返回 *arg* 的自然对数

(续表)

方　法	描　述
static double log10(double *arg*)	返回 *arg* 的以 10 为底的对数
static double log1p(double *arg*)	返回(*arg*+1)的自然对数
static double pow(double *y*, double *x*)	返回 *y* 的 *x* 次方。例如，pow(2.0, 3.0)返回 8.0
static double scalb(double *arg*, int *factor*)	返回 $arg \times 2^{factor}$
static float scalb(float *arg*, int *factor*)	返回 $arg \times 2^{factor}$
static double sqrt(double *arg*)	返回 *arg* 的平方根

3. 舍入函数

Math 类定义了一些提供各种类型舍入操作的方法。表 5-10 列出了这些方法，注意表 5-10 末尾的两个 ulp()方法。在这个上下文中，ulp 代表最后位置中的单位(units in the last place)，表示一个值和下一个更高的值之间的距离，可用于评估结果的精度。

表 5-10　Math 类定义的舍入方法

方　法	描　述
static int abs(int *arg*)	返回 *arg* 的绝对值
static long abs(long *arg*)	返回 *arg* 的绝对值
static float abs(float *arg*)	返回 *arg* 的绝对值
static double abs(double *arg*)	返回 *arg* 的绝对值
static double ceil(double *arg*)	返回大于或等于 *arg* 的最小整数
static double floor(double *arg*)	返回小于或等于 *arg* 的最大整数
static int floorDiv(int *dividend*, int *divisor*)	返回不大于 *dividend/divisor* 的结果的最大整数(JDK 8 新增)
static long floorDiv(long *dividend*, long *divisor*)	返回不大于 *dividend/divisor* 的结果的最大整数(JDK 8 新增)
static int floorMod(int *dividend*, int *divisor*)	返回不大于 *dividend/divisor* 的余数的最大整数(JDK 8 新增)
static long floorMod(long *dividend*, long *divisor*)	返回不大于 *dividend/divisor* 的余数的最大整数(JDK 8 新增)
static int max(int *x*, int *y*)	返回 *x* 和 *y* 中的最大值
static long max(long *x*, long *y*)	返回 *x* 和 *y* 中的最大值
static float max(float *x*, float *y*)	返回 *x* 和 *y* 中的最大值
static double max(double *x*, double *y*)	返回 *x* 和 *y* 中的最大值
static int min(int *x*, int *y*)	返回 *x* 和 *y* 中的最小值
static long min(long *x*, long *y*)	返回 *x* 和 *y* 中的最小值
static float min(float *x*, float *y*)	返回 *x* 和 *y* 中的最小值
static double min(double *x*, double *y*)	返回 *x* 和 *y* 中的最小值
static double nextAfter(double *arg*, double *toward*)	从 *arg* 的值开始，返回 *toward* 方向的下一个值。如果 *arg*==*toward*，就返回 *toward*
static float nextAfter(float *arg*, double *toward*)	从 *arg* 的值开始，返回 *taward* 方向的下一个值。如果 *arg*==*toward*，就返回 *toward*

(续表)

方　法	描　述
static double nextDown(double *val*)	返回低于 *val* 的下一个值(JDK 8 新增)
static float nextDown(float *val*)	返回低于 *val* 的下一个值(JDK 8 新增)
static double nextUp(double *arg*)	返回正方向上 *arg* 的下一个值
static float nextUp(float *arg*)	返回正方向上 *arg* 的下一个值
static double rint(double *arg*)	返回最接近 *arg* 的整数值
static int round(float *arg*)	返回 *arg* 的只入不舍的最近整型值
static long round(double *arg*)	返回 *arg* 的只入不舍的最近长整型值
static float ulp(float *arg*)	返回 *arg* 的 ulp 值
static double ulp(double *arg*)	返回 *arg* 的 ulp 值

4. 其他数学方法

除了刚才介绍的方法之外，Math 类还定义了其他一些方法，如表 5-11 所示。注意，其中几个方法使用了后缀 Exact，这是 JDK 8 新增的方法。如果发生溢出，它们会抛出 ArithmeticException 异常。因此，这些方法方便了监视各种操作是否发生溢出。

表 5-11　Math 类定义的其他数学方法

方　法	描　述
static int addExact(int *arg1*, int *arg2*)	返回 *arg1* + *arg2*。如果发生溢出，抛出 ArithmeticException 异常(JDK 8 新增)
static long addExact(long *arg1*, long *arg2*)	返回 *arg1* + *arg2*。如果发生溢出，抛出 ArithmeticException 异常(JDK 8 新增)
static double copySign(double *arg*, double *signarg*)	返回 *arg*，符号与 *signarg* 相同
static float copySign(float *arg*, float *signarg*)	返回 *arg*，符号与 *signarg* 相同
static int decrementExact(int *arg*)	返回 *arg*–1。如果发生溢出，抛出 ArithmeticException 异常(JDK 8 新增)
static long decrementExact(long *arg*)	返回 *arg*–1。如果发生溢出，抛出 ArithmeticException 异常(JDK 8 新增)
static int getExponent(double *arg*)	返回由 *arg* 的二进制表示形式所使用的 2 的指数
static int getExponent(float *arg*)	返回由 *arg* 的二进制表示形式所使用的 2 的指数
static hypot(double *side1*, double *side2*)	给定直角三角形两条直角边的长度，返回斜边的长度
static double IEEEremainder(double *dividend*, double *divisor*)	返回 *dividend*/*divisor* 的余数
static int incrementExact(int *arg*)	返回 *arg*+1。如果发生溢出，抛出 ArithmeticException 异常(JDK 8 新增)
static long incrementExact(long *arg*)	返回 *arg*+1。如果发生溢出，抛出 ArithmeticException 异常(JDK 8 新增)

(续表)

方　　法	描　　述
static int multiplyExact(int *arg1*, int *arg2*)	返回 *arg1***arg2*。如果发生溢出，抛出 ArithmeticException 异常(JDK 8 新增)
static long multiplyExact(long *arg1*, long *arg2*)	返回 *arg1***arg2*。如果发生溢出，抛出 ArithmeticException 异常(JDK 8 新增)
static int negateExact(int *arg*)	返回-*arg*。如果发生溢出，抛出 ArithmeticException 异常(JDK 8 新增)
static long negateExact(long *arg*)	返回-*arg*。如果发生溢出，抛出 ArithmeticException 异常(JDK 8 新增)
static double random( )	返回 0 到 1 之间的伪随机数
static float signum(double *arg*)	判断值的符号。如果 *arg* 为 0，返回 0；如果 *arg* 大于 0，返回 1；如果 *arg* 小于 0，返回-1
static float signum(float *arg*)	判断值的符号。如果 *arg* 为 0，返回 0；如果 *arg* 大于 0，返回 1；如果 *arg* 小于 0，返回-1
static int subtractExact(int *arg1*, int *arg2*)	返回 *arg1*-*arg2*。如果发生溢出，抛出 ArithmeticException 异常(JDK 8 新增)
static long subtractExact(long *arg1*, long *arg2*)	返回 *arg1*-*arg2*。如果发生溢出，抛出 ArithmeticException 异常(JDK 8 新增)
static double toDegrees(double *angle*)	将弧度转换为度。传递给 *angle* 的角度必须使用弧度指定。返回度的结果
static int toIntExact(long *arg*)	作为 int 类型返回 *arg*。如果发生溢出，抛出 ArithmeticException 异常(JDK 8 新增)
static double toRadians(double *angle*)	将度转换为弧度。传递给 *angle* 的角度必须使用度指定。返回弧度的结果

下面的程序演示了 toRadians()和 toDegrees()方法：

```
// Demonstrate toDegrees() and toRadians().
class Angles {
  public static void main(String args[]) {
    double theta = 120.0;

    System.out.println(theta + " degrees is " +
                       Math.toRadians(theta) + " radians.");

    theta = 1.312;
    System.out.println(theta + " radians is " +
                       Math.toDegrees(theta) + " degrees.");
  }
}
```

输出如下所示：

```
120.0 degrees is 2.0943951023931953 radians.
1.312 radians is 75.17206272116401 degrees.
```

5.5 Object 类

在本书前面提到过，Object 是所有其他类的超类。Object 定义了表 5-12 中显示的方法，所有对象都可以使用这些方法。

表 5-12　Object 类定义的方法

方　法	描　述
Object clone( ) throws CloneNotSupportedException	创建一个新的与调用对象相同的对象
boolean equals(Object *object*)	如果调用对象与 *object* 等价，就返回 true
void finalize( ) throws Throwable	默认的 finalize()方法，在回收不再使用的对象之前调用该方法
final Class<?> getClass( )	获取描述调用对象的 Class 对象
int hashCode( )	返回与调用对象关联的散列值
final void notify( )	恢复执行一个正在等待调用对象的线程
final void notifyAll( )	恢复执行所有正在等待调用对象的线程
String toString( )	返回描述对象的字符串
final void wait( ) throws InterruptedException	等待另一个线程的执行
final void wait(long *milliseconds*) throws InterruptedException	在另一个线程执行时等待 *milliseconds* 指定的时间
final void wait(long *milliseconds*, int *nanoseconds*) throws InterruptedException	在另一个线程执行时等待 *milliseconds* 加上 *nanoseconds* 后得到的时间

5.6 本章小结

本章主要介绍了 Java 文件分割、包的分层次组织机制以及 Java 中常用的类库。区别于其他语言，Java 将字符串实现为 String 类型的对象，在本章后半部分介绍了字符串及各种数据类型的使用方法。

5.7 思考和练习

一、选择题

1、在 Java 中，字符串由 java.lang.String 和(　　)定义。

A、java.lang.StringChar

B、java.lang.StringBuffer

C、java.io.StringChar

D、java.io.StringBuffer

2、要想定义一个不能被实例化的抽象类，在类定义中必须加上修饰符(　　)。

A、 final　　B、 public　　C、 private　　D、abstract

3、欲构造 ArrayList 类的一个实例，此类继承了 List 接口，下列哪个方法是正确的(　　)?

A、`ArrayList myList=new Object();`

B、`List myList=new ArrayList();`

C、`ArrayList myList=new List();`

D、`List myList=new List();`

4、System 类在哪个包中(　　)?

A、 java.util

B、 java.io

C、 java.awt

D、 java.lang

二、编程题

1、定义一个名为 Card 的扑克牌类，该类有两个 private 访问权限的字符串变量 face 和 suit：分别描述一张牌的牌面值(如：A、K、Q、J、10、9、…、3、2 等)和花色(如：“黑桃”、“红桃”、“梅花”和“方块”)。定义 Card 类中的 public 访问权限的构造函数，为类中的变量赋值；定义 protected 访问权限的方法 getFace( )，得到扑克牌的牌面值；定义 protected 访问权限的方法 getSuit( )，得到扑克牌的花色；定义方法 toString( )，返回表示扑克牌花色和牌面值的字符串(如“红桃 A”、“梅花 10”等)。

2、编写学生类，用学生类的方法显示学生个人信息。学生类的属性包括学号、姓名、家庭住址及联系电话。

第6章　异 常 处 理

编译通过的程序，在运行时往往会出现意想不到的错误，使程序无法正常运行。异常是在运行时发生的错误。那么在Java程序设计中，如何处理错误，把错误交给谁去处理？程序如何从错误中恢复？Java提供了完备的异常处理子系统，可以用一种结构化的可控方式来处理运行时错误。本章将对异常的概念、类型、处理方法等进行详尽阐述。

本章学习目标：

- 了解异常的层次结构
- 掌握抛出异常、自定义异常
- 理解异常处理机制、异常处理方式
- 了解异常的定义、异常处理的特点

6.1　异常处理的基础知识

异常是运行时在代码序列中引起的非正常状况，如用户输入数据出错、除0溢出、数组下标越界、文件找不到等，这些事件的发生将阻止程序的正常运行。换句话说，异常是运行时错误。在不支持异常处理的计算机语言中，必须手动检查和处理错误——通常是通过使用错误代码，等等。这种方式既笨拙又麻烦。Java的异常处理机制避免了这些问题，并且在处理过程中采用面向对象的方式管理运行时错误。

6.1.1　异常的产生

异常(Exception)也称为例外，是程序在运行过程中由于硬件设备问题、软件设计错误或缺陷等导致的程序错误。在软件系统的开发过程中，很多情况都会导致异常的产生。例如：

(1) 想打开的文件不存在；

(2) 网络连接中断；

(3) 操作数超出了预定范围；

(4) 正在装载的类文件丢失；

(5) 访问的数据库打不开等。

在编程过程中，首先应当尽可能去避免错误和异常发生，对于不可避免、不可预测的情况就要考虑异常发生时如何处理。Java中的异常用对象来表示，对异常的处理是按分类进行的。每种异常都对应一种类型(Class)，每个异常都对应一个异常(类的)对象。

异常有两个来源：一是 Java 运行时环境自动抛出系统生成的异常，而不管是否愿意捕获和处理，总要被抛出！比如除数为 0 的异常。二是程序员自己抛出的异常，这个异常可以是程序员自己定义的，也可以是 Java 语言中定义的，用 throw 关键字抛出异常，这种异常常用来向调用者汇报异常的一些信息。

Java 异常是用来描述在一段代码中发生的异常情况(也就是错误)的对象。当出现引起异常的情况时，就会创建用来表示异常的对象，并在引起错误的方法中抛出异常对象。方法可以选择自己处理异常，也可以继续传递异常。无论采用哪种方式，在某一点都会捕获并处理异常。异常可以由 Java 运行时系统生成，也可以通过代码手动生成。由 Java 抛出的异常与那些违反 Java 语言规则或 Java 执行环境约束的基础性错误有关。手动生成的异常通常用于向方法的调用者报告某些错误条件。

6.1.2　异常类型

所有异常类型都是内置类 Throwable 的子类，该类是异常类的顶级类。Throwable 类有两个直接子类：Error 类和 Exception 类。Java 的异常和错误分别由这两个子类来处理，Error 类处理错误，Exception 类处理异常。

Java 中的错误和异常分两类，一类是系统级的错误，比如程序运行过程中内存溢出、堆栈溢出等，这些错误是不可修复的；另一类是用户级的错误，比如程序运行过程中找不到要处理的文件或变量被 0 除等，这些错误是可修复的。Exception 类用于处理用户级的错误及异常，它既可以用于用户程序应当捕获的异常情况，也可以用于创建自定义异常类型的子类。Exception 有一个重要子类，名为 RuntimeException。这种类型的异常是自动定义的，包括除零和无效数组索引这类情况。

Error 类则定义了在常规环境下不希望由程序捕获的异常，用于指示系统级错误。Error 类型的异常由 Java 运行时系统使用，以指示运行时环境本身出现了某些错误。堆栈溢出是这类错误的一个例子。图 6-1 给出了异常类的层次关系，功能如表 6-1 和表 6-2 所示。

顶级的异常层次如图 6-1 所示。

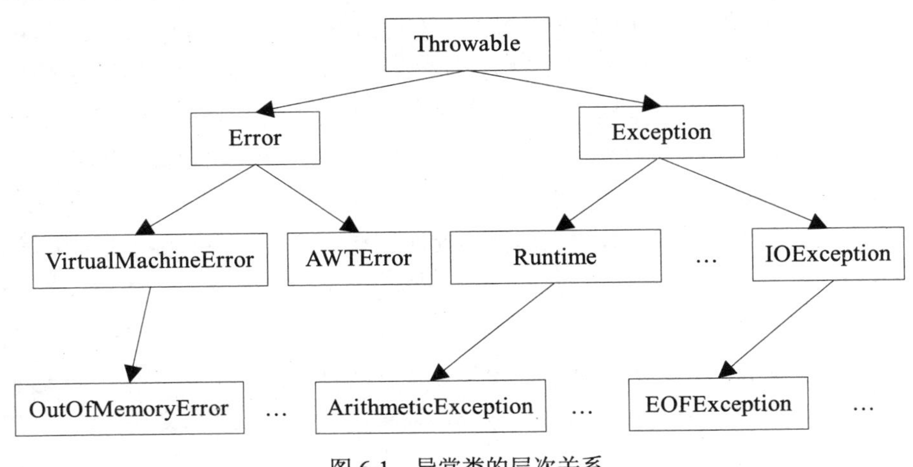

图 6-1　异常类的层次关系

表 6-1　RuntimeException 子类

异　常	含　义
ArithmeticException	算术错误，例如除零
ArrayIndexOutOfBoundsException	数组索引越界
ClassCastException	无效转换
IllegalArgumentException	使用非法参数调用方法
IndexOutOfBoundsException	某些类型的索引越界
NegativeArraySizeException	使用负数长度创建数组
NullPointerException	非法使用空引用
NumberFormatException	字符串到数值格式的无效转换
SecurityException	试图违反安全性
StringIndexOutOfBounds	试图在字符串边界之外进行索引

表 6-2　其他异常子类

异　常	含　义
AWTException	AWT 中的异常
IOException	I/O 异常的根类
FileNotFoundException	不能找到文件
EOFException	文件结束
IllegalAcessException	对类的访问被拒绝
NoSuchMethodException	请求的方法不存在
InterruptedException	线程中断
NullPointerException	非法使用空引用
SQLException	数据库访问错误

6.1.3　异常处理机制

对程序中产生的异常进行正确的处理，可以提高程序的安全性和稳定性。

Java 异常处理通过 5 个关键字进行管理：try、catch、throw、throws 以及 finally。

Java 在方法中用 try-catch 语句捕获并处理异常，catch 语句可以有多个，用来匹配多个异常。Java 通过在 try 代码块中封装可能发生异常的程序语句，对这些语句进行监视。如果在 try 代码块中发生异常，就会将异常抛出。代码可以(使用 catch)捕获异常，并以某些理性方式对其进行处理。系统生成的异常由 Java 运行时系统自动抛出。为了手动抛出异常，需要使用 throw 关键字。从方法抛出的任何异常都必须通过一条 throws 子句进行指定。在 try 代码块结束之后必须执行的所有代码都需要放入 finally 代码块中。

与传统的处理方法相比，Java 语言的异常处理机制有许多优点，它将错误处理代码从常规代码中分离出来，自动地在方法调用堆栈中进行传播，避免了众多的 if-else 结构。当错误类型较多时，可以极大地改善程序流程的清晰程度，并能够克服传统方法的错误信息有限的问题。

Java 异常处理的目的是提高程序的健壮性，可以在 catch 和 finally 代码块中给程序一个修正机会，使得程序不因异常而终止或者流程发生意外改变。同时，通过获取 Java 异常信息，也为程序的开发维护提供了方便，一般通过异常信息能很快地找到出现异常的问题(代码)所在。

下面是异常处理代码块的一般形式：

```
try {
        // block of code to monitor for errors
    }

    catch (ExceptionType1 exOb) {
        // exception handler for ExceptionType1
    }

    catch (ExceptionType2 exOb) {
        // exception handler for ExceptionType2
    }
    // ...
    finally {
        // block of code to be executed after try block ends
    }
```

其中，ExceptionType 是已发生异常的类型。异常处理执行流程如图 6-2 所示。

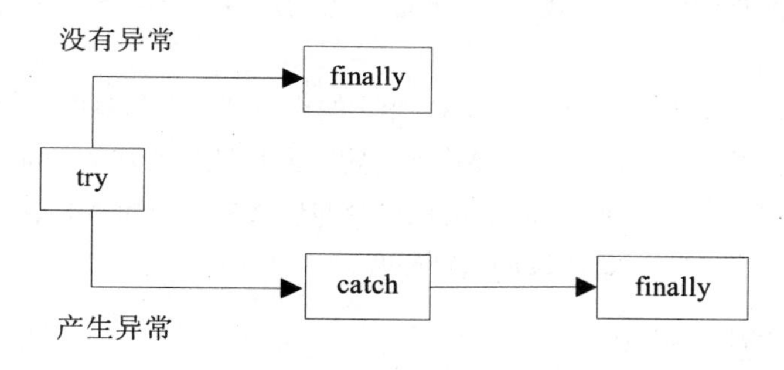

图 6-2　异常处理执行流程

下面是一个简单的示例，用以说明如何监视和捕获异常。在程序中索引数组时，如果超出数组边界就会出错，JVM 会抛出 ArrayIndexOutOfBoundsException 异常。例 6-1 演示了数组越界异常，然后捕获它：

```
// 例 6-1 数组越界异常的捕获。
class ExcDemo1 {
 public static void main(String args[]) {
   int args[] = new int[10];

   try { ◄──────────────────── 创建 try 代码块
     System.out.println("异常捕获前。");
```

```
      // Generate an index out-of-bounds exception.
      args[17] = 10;  ◄———— 尝试越过 nums 界限来索引数组
      System.out.println("输出异常");
    }
    catch (ArrayIndexOutOfBoundsException exc) {  ◄———— 捕获数组越界错误
      // catch the exception
      System.out.println("发生越界错误!");
    }
    System.out.println("异常捕获。");
  }
}
```

程序的输出如下所示：

```
异常捕获前。
发生越界错误!
异常捕获。
```

异常处理中，要监视的代码包含在 try 代码块中；当发生异常时，从 try 代码块抛出异常，并被 catch 语句捕获。

应该注意异常处理的以下语法规则：

(1) try 语句不能单独存在，可以和 catch、finally 组成 try-catch-finally、try-catch、try-finally 3 种结构，catch 语句可以有一个或多个，finally 语句最多一个，try、catch、finally 这 3 个关键字均不能单独使用。

(2) try、catch、finally 这 3 个代码块中变量的作用域分别独立而不能相互访问。如果要在 3 个代码块中都可以访问，则需要将变量定义到这些代码块的外面。

(3) 使用多个 catch 代码块时，Java 虚拟机会匹配其中一个异常类或其子类，执行这个 catch 代码块，而不会再执行其他 catch 代码块。

6.1.4　异常的捕获和抛出

1. 异常抛出机制

在 Java 程序设计中，对于当前方法中处理不了的异常或者要转型的异常，在方法的声明处通过 throws 语句抛出异常，由此可以交给上层调用者去捕获并处理。例如：

```
public void test1()throws MyException,RuntimeException{
 ……
 if(……){
   throw new MyException();
   }
}
```

如果每个方法都是简单地抛出异常，那么在方法调用方法的多层嵌套调用中，Java 虚拟机会从出现异常的方法中往回找，直到找到处理该异常的代码块，然后将异常交给相应的 catch 语句处理。当 Java 虚拟机追溯到方法调用栈最底部 main()方法时，仍然没有找到处理异常的代码块，将按照下面的步骤处理：

(1) 调用异常的对象的 printStackTrace()方法，打印方法调用栈的异常信息。

(2) 如果出现异常的线程为主线程，则整个程序运行终止；如果是非主线程，则终止该线程，其他线程继续运行。

通过分析可以看出，越早处理异常，消耗的资源和时间越少，产生影响的范围也就越小。因此，尽量不要把自己能处理的异常抛给调用者。

2. 异常抛出的规则

在异常抛出时，还应该注意以下语法规则：

(1) throw 语句后不允许紧跟其他语句，因为这些语句没有机会执行。

(2) 如果一个方法调用了另一个声明抛出异常的方法，那么这个方法既可以处理异常，也可以声明抛出异常。

如何判断一个方法可能会出现异常呢？一般来说，方法声明时用了 throws 语句，方法中有 throw 语句。方法调用可以用 throws 关键字声明继续抛出异常，也可以用 try-catch 捕获并处理异常。

throw 用来在方法体内抛出一个异常，throws 在方法定义时声明可能会抛出多个异常，在方法名后，语法格式：throws 异常类型 1，异常类型 2，…，异常类型 n。

6.1.5　多重 catch 语句

try 代码块可能产生多种异常，处理这种情况时，用户可以定义两个或更多个 catch 语句，每个语句处理一种类型的异常。当产生异常时，Java 运行时系统从上到下分别对每个 catch 语句处理的异常类型进行检测，直到找到类型相匹配的 catch 语句为止。第一个匹配异常类型的语句执行。当一个 catch 语句执行以后，其他的语句被旁路，执行 try/catch 代码块以后的代码。例 6-2 既能捕获除 0 异常，又能捕获数组下标越界异常。

```
// 例 6-2 多重 catch 语句。
class ExcDemodul {
  public static void main(String args[]) {
    // 定义数组长度
    int num[] = { 10, 20, 30, 40, 50, 60, 70, 80 };
    int a[] = {10, 0, 30, 0, 50, 0};

    for(int i=0; i<num.length; i++) {
      try {
        System.out.println(num[i] + " / " +
                           a[i] + " is " +
                           num[i]/a[i]);
      }
```

```
      catch(ArithmeticException exc) {   ← 多个 catch 语句

        System.out.println("除 0 异常!");
      }
      catch(ArrayIndexOutOfBoundsException exc) {

        System.out.println("数组越界! ");
      }
    }
  }
}
```

程序的输出如下所示：

```
10 / 10 is 1
除 0 异常!
30 / 30 is 1
除 0 异常!
50 / 50 is 1
除 0 异常!
数组越界!
```

由程序运行结果可看出，每一个 catch 语句只对自己类型的异常做出响应。

一般来说，catch 表达式按照在程序中出现的顺序被检查。只执行匹配的语句，忽略其他所有的 catch 代码块。

6.1.6　try 语句的嵌套

一个 try 代码块可以嵌套在另一个 try 代码块中。由内部 try 代码块产生的异常如果没有被与该 try 代码块相关的 catch 捕获，就会被传送到外部 try 代码块。这个过程将持续下去，直到一个 catch 语句匹配成功，或是直到所有的嵌套 try 语句被检查耗尽。如果没有 catch 语句匹配，Java 运行时系统将处理这个异常。

例 6-3 是嵌套的 try 语句，捕获 ArrayIndexOutOfBoundsException 异常的不是内部 try 代码块，而是外部 try 代码块：

```
// 例 6-3 嵌套的 try 语句。
class DemoTrys {
  public static void main(String args[]) {
      // 定义数组长度
    int num[] = { 10, 20, 30, 40, 50, 60, 70, 80 };
    int a[] = {10, 0, 30, 0, 50, 0};

    try {   ← 嵌套的 try 语句
      for(int i=0; i<num.length; i++) {
        try {
```

```
          System.out.println(num[i] + " / " +
                             a[i] + " is " +
                             num[i]/a[i]);
        }
        catch(ArithmeticException exc) {
          // 捕获异常
          System.out.println("除 0 异常!");
        }
      }
    }
    catch(ArrayIndexOutOfBoundsException exc) {
      // 捕获异常
      System.out.println("数组越界! ");
      System.out.println("程序终止。");
    }
  }
}
```

程序的输出如下所示：

```
10 / 10 is 1
除 0 异常!
30 / 30 is 1
除 0 异常!
50 / 50 is 1
除 0 异常!
数组越界!
程序终止。
```

本例中，内部 try 语句可以处理的异常(这里是除 0 错误)允许程序继续执行，而由外部 try 语句捕获的数组越界错误则使程序终止。

前面的程序总结了嵌套的 try 语句的重要作用之一。通常，嵌套的 try 语句用于以不同方式处理不同类型的错误。某些类型的错误是致命的，无法纠正。某些错误则较轻，可以马上处理。许多程序员使用外部 try 语句捕获最严重的错误，让内部 try 语句处理不太严重的错误。

6.1.7　finally 语句

无论在 try 语句中是否产生了异常，也无论 catch 语句的异常类型是否与所抛出的异常类型一致，finally 代码块中的语句都会被执行。例如，异常或许引起一个终止当前方法的错误，造成其提前返回。然而方法已经打开了一个需要关闭的文件或网络连接。这种情况在程序设计中很常见，所以 Java 提供了一种方便的方式来处理这种情况，这种方式就是使用 finally 代码块。

finally 语句为异常处理提供了一个统一的出口，使得在控制权流转到程序的其他部分以前，能够对程序的状态进行统一管理。

为了指定一个要在退出 try/catch 代码块时执行的代码块，我们在 try/catch 代码块的末尾引入了 finally 代码块。包含 finally 的 try/catch 的基本形式如下所示：

```
try {
  // block of code to monitor for errors
}
catch(ExcepType1 exOb) {
  // handler for ExcepType1
}
catch(ExcepType2 exOb) {
  // handler for ExcepType2
}
//...
finally {
  // finally code
}
```

无论出于何种原因，一旦执行流离开 try/catch 代码块，就会执行 finally 代码块。即无论 try 语句是正常结束，还是由于异常结束，最后都会执行 finally 定义的代码。如果 try 代码块中的任何代码或其任何 catch 语句从方法返回，也会执行 finally 代码块。

例 6-4 是 finally 代码块的一个示例，捕获 ArrayIndexOutOfBoundsException 异常的不是内部 try 代码块，而是外部 try 代码块：

```
// 例 6-4 finally 语句。
class UseFinally {
  public static void genException(int a) {
    int result;
    int num[] = new int[2];

    System.out.println("接收到： " + a);
    try {
      switch(a) {
        case 0:
          result = 10 / a; // 除 0 异常
          break;
        case 1:
          num[4] = 4; // 越界异常
          break;
        case 2:
          return; // 从 try 模块返回
      }
    }
    catch(ArithmeticException exc) {
```

```
      // 捕获异常
      System.out.println("除 0 异常!");
      return; // 从 catch 返回
    }
    catch(ArrayIndexOutOfBoundsException exc) {
      // 捕获异常
      System.out.println("越界异常。");
    }
    finally {  ←———— 在 try/catch 代码块之外执行
      System.out.println("跳出程序。");
    }
  }
}

class FinallyDemo {
  public static void main(String args[]) {

    for(int i=0; i < 3; i++) {
      UseFinally.genException(i);
      System.out.println();
    }
  }
}
```

程序的输出如下所示：

```
接收到： 0
除 0 异常!
跳出程序。

接收到： 1
越界异常。
跳出程序。

接收到： 2
跳出程序。
```

由程序输出可看出，无论 try 代码块如何退出，都会执行 finally 代码块。

6.2 Java 的内置异常

在 java.lang 标准包内，Java 定义了几个异常类。Java 中所有的异常类都是从 Throwable 类派生出来的，只有当对象是此类(或其子类之一)的实例时，才能通过 Java 虚拟机或 java throw 语句抛出。类似的，只有此类或其子类之一才可以是 catch 子句中的参数类型。Throwable 类有两个直接子类，即 Error 类和 Exception 类，通常用于只是发生了异常的情况。通常，这些实例是在异常情况的上下文中新创建的，因此包含了相关的信息(如堆栈跟踪数据)。

1. Error

Error 是 Throwable 的子类，主要用于描述一些 Java 运行时系统内部的错误或资源枯竭导致的错误，仅靠程序本身无法恢复，应用程序不能抛出这种类型的错误，也不应该试图捕获。

2. Exception

Exception 类及其子类是 Throwable 的一种形式，它指出了应用程序想要捕获的条件，表示程序本身可以处理的异常。

3. RuntimeException

RuntimeException 是 Exception 类的子类，用于指示那些可能在 Java 虚拟机正常运行期间抛出的异常，通常是由程序编写不正确导致的异常，这种异常可以通过改进代码来避免。该异常又包括错误的强制类型转换(Class Cast Exception)、数组越界访问(Index Out of Bound Exception)、空指针操作(Null Pointer Exception)等。

4. 其他异常

其他异常则是由一些特殊的情况造成的，不是程序本身的错误，比如输入/输出异常(In/OutException)、试图为一个不存在的类找一个代表它的对象(Class Not Found Exception)等。

这些异常中最常用的是标准类型 RuntimeException 的子类。因为所有的 Java 程序都隐式地引入了 java.lang，所以从 RuntimeException 派生的多数异常都自动有效，而且它们不需要被引入到任何方法的 throws 列表中。

在 Java 语言中，因为编译器不检查方法是否处理或抛出这些异常，所以它们被称为未检查异常(unchecked exception)。java.lang 中定义的非检查异常如表 6-3 所示。表 6-4 列出的是由 java.lang 定义的另外一些异常。如果方法可以产生这些异常却无法对其进行处理，就必须在该方法的 throws 列表中列出。这种异常称为检查异常。除了 java.lang 中定义的异常外，Java 还定义了几种与其他包相关的异常类型，如前面提到的 IOException 异常。

表 6-3　java.lang 中定义的未检查异常

异　常	含　义
ArithmeticException	运算错误，如整数除 0
ArrayIndexOutOfBoundsException	数组索引越界
ArrayStoreException	向类型不兼容的数组元素赋值
ClassCastException	无效的强制转换
EnumConstantNotPresentException	试图使用未定义的枚举值

(续表)

异　　常	含　　义
IllegalArgumentException	使用非法实参调用方法
IllegalMonitorStateException	非法的监视器操作，如等待未锁的线程
IllegalStateException	环境或应用程序处于不正确的状态
IllegalThreadStateException	被请求的操作与当前线程状态不兼容
IndexOutOfBoundsException	某种类型的索引越界
NegativeArraySizeException	在负数范围内创建的数组
NullPointerException	对 null 引用的无效使用
NumberFormatException	字符串到数字格式的无效转换
SecurityException	试图违反安全性
StringIndexOutOfBoundsException	试图在字符串界外索引
TypeNotPresentException	类型未找到
UnsupportedOperationException	遇到不支持的操作

表 6-4　java.lang 中定义的检查异常

异　　常	含　　义
ClassNotFoundException	没有找到类
CloneNotSupportedException	试图复制没有实现 Cloneable 接口的对象
IllegalAccessException	访问类被拒绝
InstantiationException	试图创建抽象类或接口的对象
InterruptedException	线程已经被另一个线程中断
NoSuchFieldException	请求的域不存在
NoSuchMethodException	请求的方法不存在
ReflectiveOperationException	与反射有关的异常的超类

6.3　自定义异常类

尽管 Java 的内置异常处理了多数常见错误，但 Java 的异常处理机制并不局限于处理这些错误。事实上，Java 的异常处理机制还能够处理你创建的异常类型。通过使用自定义异常，可以处理与应用程序相关的错误。创建异常很容易，只需定义一个 Exception(它是 Throwable 的子类)的子类即可。

Exception 类不定义任何自己的方法，而是继承 Throwable 提供的那些方法。因此，Throwable 定义的方法适用于所有的异常，表 6-5 列出了 Throwable 定义的方法，在创建的异常类中可以重写这些方法中的一个或多个。

表 6-5　Throwable 定义的方法

方　法	描　述
final void addSuppressed(Throwable *exc*)	将 *exc* 添加到与调用异常关联的被抑制的异常列表中，主要用于新的带资源的 try 语句
Throwable fillInStackTrace( )	返回一个包含完整堆栈踪迹的 Throwable 对象，可以重新抛出该对象
Throwable getCause( )	返回引起当前异常的异常。如果不存在引起当前异常的异常，就返回 null
String getLocalizedMessage( )	返回异常的本地化描述
String getMessage( )	返回异常的描述
StackTraceElement[ ] getStackTrace( )	返回一个包含堆栈踪迹的数组，数组元素的类型为 StackTraceElement，每次一个元素。堆栈顶部的方法是抛出异常之前调用的最后一个方法，在数组的第一个元素中可以找到该方法。通过 StackTraceElement 类，程序可以访问与踪迹中每个元素相关的信息，例如方法名
final Throwable[ ] getSuppressed( )	获取与调用异常关联的被抑制的异常，并返回一个包含结果的数组。被抑制的异常主要由新的带资源的 try 语句生成
Throwable initCause(Throwable *causeExc*)	将 *causeExc* 与调用异常关联到一起，作为调用异常的原因。返回对异常的引用
void printStackTrace( )	显示堆栈踪迹
void printStackTrace(PrintStream *stream*)	将堆栈踪迹发送到指定的流中
void printStackTrace(PrintWriter *stream*)	将堆栈踪迹发送到指定的流中
void setStackTrace(StackTraceElement *elements*[ ])	将 *elements* 中传递的元素设置为堆栈踪迹。该方法用于特殊的应用程序，在常规情况下不使用
String toString( )	返回包含异常描述的 String 对象，当通过 println()输出 Throwable 对象时会调用该方法

下面是自定义异常子类代码块的一般形式：

```
class classname  extends Exception
{
        exception
}
```

1. 常见自定义异常类

创建 Exception 或 RuntimeException 的子类即可得到一个自定义的异常类。例如：

```
public class MyException extends Exception{
public MyException(){}
public MyException(String smg){
        Super(smg);
  }
}
```

2. 使用自定义的异常

用 throws 声明方法可能抛出自定义的异常，并用 throw 语句在适当的地方抛出自定义的异常。

例如：

```
public void test1() throws MyException{
……
if(……){
   throw new MyException();
  }
}
```

3. 捕获并处理自定义异常

例如，以下代码捕获并处理可能发生的异常：

```
public void HandleException(){
  try{
  test1();
  }catch(MyExcepton e)
    {…}
  finally{…}
}
```

在下面的示例中创建了一个名为NonIntResultException的异常，该异常在两个整数相除的结果出现小数时产生。NonIntResultException包含保存整数值的两个域、一个构造函数和一个重写的toString( )方法，该方法允许使用println( )来显示对异常的描述。

```
// 例 6-5 自定义异常。
class NonIntResultException extends Exception {
  int n;
  int d;

  NonIntResultException(int i, int j) {
    n = i;
    d = j;
  }

  public String toString() {
    return "Result of " + n + " / " + d +
          " is non-integer.";
  }
}
```

```
class CustomExceptDemo {
  public static void main(String args[]) {

    // Here, numer contains some odd values.
    int numer[] = { 4, 8, 15, 32, 64, 127, 256, 512 };
    int denom[] = { 2, 0, 4, 4, 0, 8 };

    for(int i=0; i<numer.length; i++) {
      try {
        if((numer[i]%2) != 0)
          throw new
            NonIntResultException(numer[i], denom[i]);

        System.out.println(numer[i] + " / " +
                           denom[i] + " is " +
                           numer[i]/denom[i]);
      }
      catch (ArithmeticException exc) {
        // catch the exception
        System.out.println("Can't divide by Zero!");
      }
      catch (ArrayIndexOutOfBoundsException exc) {
        // catch the exception
        System.out.println("No matching element found.");
      }
      catch (NonIntResultException exc) {
        System.out.println(exc);
      }
    }
  }
}
```

程序的输出如下所示：

```
4 / 2 is 2
Can't divide by Zero!
Result of 15 / 4 is non-integer.
32 / 4 is 8
Can't divide by Zero!
Result of 127 / 8 is non-integer.
No matching element found.
No matching element found.
```

6.4　本章小结

本章主要介绍了异常处理的基本概念和过程，讨论异常处理机制、抛出异常、捕获异常及用户自定义异常，对各种错误和异常进行了举例说明。

6.5　思考和练习

一、选择题

1、下列哪个关键字可以抛出异常(　　)?

A、transient　　B、finally　　C、throw　　D、static

2、在 Java 的异常处理中，哪个语句块可以有多个(　　)?

A、catch　　B、finally　　C、try　　D、throws

3、下列说法中不正确的是(　　)。

A、IOException 必须被捕获或抛出

B、Java 语言会自动初始化变量的值

C、Java 语言不允许同时继承一个类并实现一个接口

D、Java 语言会自动回收内存中的垃圾

4、Java 编程所必需的默认引用包为(　　)。

A、java.sys　　B、java.lang

C、java.new　　D、以上都不是

5、关于以下程序的说明，正确的是(　　)。

```
1.  class  StaticStuff
2.  {
3.              static  int  x=10;
4.              static  { x+=5; }
5.              public  static  void  main(String  args[ ])
6.              {
7.                  System.out.println( "x=" + x);
8.              }
9.              static  { x/=3;}
10.  }
```

A、第 4 行与第 9 行不能通过编译，因为缺少方法名和返回类型

B、第 9 行不能通过编译，因为只能有一个静态初始化器

C、编译通过，执行结果为：x=5

D、编译通过，执行结果为：x=3

6. 关于以下程序的说明，正确的是(　　)。

```
1. class  HasStatic{
2.    private  static  int  x=100;
3.    public  static  void  main(String  args[  ]){
4.        HasStatic  hs1=new  HasStatic(  );
5.        hs1.x++;
6.        HasStatic  hs2=new  HasStatic(  );
7.        hs2.x++;
8.        hs1=new  HasStatic( );
9.        hs1.x++;
10.       HasStatic.x- -;
11.       System.out.println( “x=” +x);
12.   }
13. }
```

A、第 5 行不能通过编译，因为引用了私有静态变量

B、第 10 行不能通过编译，因为 x 是私有静态变量

C、程序通过编译，输出结果为：x=103

D、程序通过编译，输出结果为：x=102

二、编程题

1、下面的代码段有什么错误？

```
// ...
vals[18] = 10;
catch (ArrayIndexOutOfBoundsException exc) {
  // handle error
}
```

2、下面的代码段有什么错误？

```
class A extends Exception { ...

class B extends A { ...

// ...

try {
  // ...
}
catch (A exc) { ... }
catch (B exc) { ... }
```

第7章　图形用户界面

图形用户界面(Graphics User Interface，GUI)是为应用程序提供的一个图形化界面，在页面上借助于菜单、按钮、标签等组件和鼠标，使得用户和计算机之间可以方便地进行交互。目前，图形用户界面已经成为一种趋势，几乎所有的程序设计语言都提供了 GUI 设计功能。Java 中针对 GUI 设计提供了丰富的类库，这些类分别位于 java.awt 和 javax.swing 包中，简称为 AWT 和 Swing。

本章学习目标：

- 掌握图形用户界面实现的基本原理和方法
- 掌握常用的 ATW 组件和布局管理器
- 创建、编译和运行一个简单的 Swing 应用程序
- 了解 Swing 组件和容器

7.1　图形界面开发工具

常用的 Java 图形界面开发工具分为以下两种：

AWT(Abstract Window ToolKit，抽象窗口工具包)，这个工具包提供了一套与本地图形界面进行交互的接口。AWT 中的图形函数与操作系统所提供的图形函数之间有着一一对应的关系。也就是说，当利用 AWT 来构建图形用户界面的时候，实际上是在利用操作系统提供的图形库。不同操作系统的图形库所提供的功能是不一样的，因此在一个平台上存在的功能在另外一个平台上则可能不存在。为了实现 Java 语言所宣称的“一次编译，到处运行”的概念，AWT 不得不通过牺牲功能来实现其平台无关性。也就是说，AWT 所提供的图形功能是各种通用型操作系统所提供的图形功能的交集。由于 AWT 是依靠本地方法来实现其功能的，我们通常把 AWT 控件称为重量级控件。

Swing 是在 AWT 的基础上构建的一套新的图形界面系统，它提供了 AWT 所能够提供的所有功能，并且用纯粹的 Java 代码对 AWT 的功能进行了大幅度扩充。例如，并不是所有的操作系统都提供对树型控件的支持，Swing 利用 AWT 中所提供的基本作图方法对树型控件进行模拟。由于 Swing 控件是用 100%的 Java 代码来实现的，因此在一个平台上设计的树型控件可以在其他平台上使用。在 Swing 中没有使用本地方法来实现图形功能，因此，通常把 Swing 控件称为轻量级控件。

AWT 和 Swing 的基本区别：AWT 是基于本地方法的程序，其运行速度比较快；Swing 是基于 AWT 的 Java 程序，其运行速度比较慢。对于一个嵌入式应用来说，目标平台的硬

件资源往往非常有限，而应用程序的运行速度又是项目中至关重要的因素，在这种矛盾情况下，简单而高效的 AWT 成为嵌入式 Java 开发的第一选择。而在普通的基于 PC 或是工作站的 Java 应用中，硬件资源对应用程序所造成的限制往往不是项目中的关键因素，所以在标准版的 Java 中提倡使用 Swing，通过牺牲速度来实现应用程序的功能。

7.2　AWT 概述

AWT 的主要功能包括用户界面组件、事件处理模型、图形和图像工具、布局管理器等。在 JDK 中针对每一个组件都提供了对应的 Java 类，这些类都位于 java.awt 包中，这些类的继承关系如图 7-1 所示。

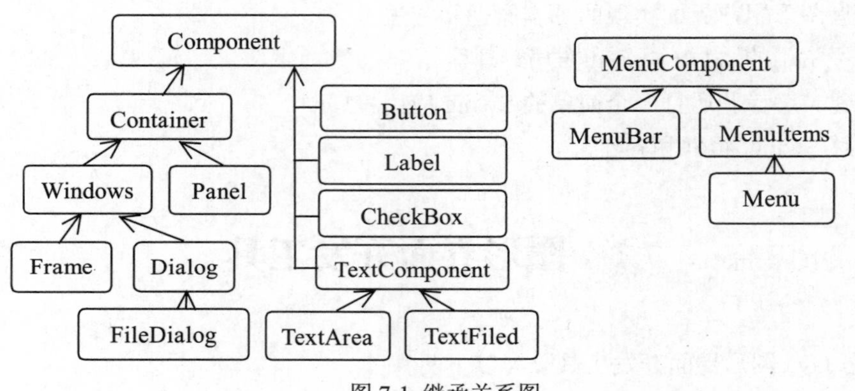

图 7-1　继承关系图

从图 7-1 所示的继承关系可以看出，在 AWT 中组件分为两大类，这两大类的基类分别是 Component 和 MenuComponent。其中，MenuComponent 是所有与菜单相关组件的父类，Component 则是除菜单外其他 AWT 组件的父类，表示一个能以图形化方式显示出来，并可与用户交互的对象。

Component 类通常被称为组件，根据 Component 的不同作用，可将其分为基本组件类和容器类。基本组件类是诸如按钮、文本框之类的图形界面元素，而容器类则是通过 Component 的子类 Container 实例化的对象。Container 类表示容器，它是一种特殊的组件，可以用来容纳其他组件。

java.awt 包中提供了 GUI 设计所使用的类和接口，主要包括三个概念：组件、容器、布局管理器。下面从这三个方面展开介绍。

7.3　AWT 容器

容器组件是用来包含其他组件的，故称为容器(container)。Container 类是 Component 类的子类。容器本身也是一个组件，具有组件的所有性质，但它的主要功能是容纳其他组件和容器。用户可以把各种组件放入容器中，也可以把容器放入另一个容器中，从而形成具有层次的组件结构。

AWT 提供了三种类型的容器：Window、Panel、ScrollPane。Window 类产生一个顶级窗口(Window)。顶级窗口不包括在任何别的对象中，它直接显示在桌面上。通常，它不会直接产生 Window 对象，而是使用 Window 类的子类 Frame 类。

7.3.1　Frame(框架)

AWT 的 Window 类是能独立存在的容器，它有一个子类 Frame。Frame 包含了 Window 的边界、标题栏、一个可选的菜单栏和能够调整大小的图标等属性。Frame 类使用户可以创建带有菜单栏的全功能窗口。

常用的构造方法是：

- Frame() 构造一个最初不可见的 Frame 新实例。
- Frame(GraphicsConfiguration *gc*) 使用指定的 GraphicsConfiguration 构造一个最初不可见的新 Frame。
- Frame(String *title*) 构造一个新的、最初不可见的、具有指定标题的 Frame 对象。
- Frame(String *title*, GraphicsConfiguration *gc*) 构造一个新的、最初不可见的、具有指定标题和 GraphicsConfiguration 的 Frame 对象。

下面通过一个案例来演示。

```
例 7-1  Example01。
import java.awt.Color;
import java.awt.Frame;
public class Example01 extends Frame {
    private static final long serialVersionUID = 1L;
    public Example01(String string) {
        super(string);
    }
    public static void main(String[] args) {
        Example01 fr=new Example01("Hello Frame");//构造函数
        fr.setSize(400, 300);              //设置 Frame 的大小
        fr.setBackground(Color.cyan);      //设置 Frame 的背景，默认为青蓝色
        fr.setVisible(true);               //设置 Frame 可见
    }
}
```

程序运行结果如图 7-2 所示。尽管可以通过简单地创建 Frame 实例来创建窗口，但是很少会这么做，因为不能对这种窗口进行多少操作。例如，不能接收和处理在窗口内部发生的事件，不能比较容易地向这种窗口输出信息。但可以创建 Frame 的子类，这样的话，就可以重写 Frame 的方法并提供事件处理。

图 7-2　Frame 容器举例

一旦定义一个 Frame 子类，就可以创建这个 Frame 子类的对象。这会导致出现一个框架窗口，但是最初这个框架窗口不可见。调用 setVisible()方法使之可见。创建框架窗口时，会为窗口提供默认的高度和宽度。可以调用 setSize()方法以显式地设置窗口的尺寸。

另外，AWT 在实际的运行过程中是调用所在平台的图形系统，因此同样一段 AWT 程序在不同的操作系统平台上运行所看到的图形系统是不一样的。例如在 Windows 系统下运行时，显示的窗口是 Windows 风格的窗口；而在 UNIX 系统下运行时，显示的是 UNIX 风格的窗口。

7.3.2　Panel(面板)

Panel 类是 Container 类的具体子类，可以将 Panel 对象想象成递归嵌套的、具体的屏幕组件。Panel 类是 Applet 类的超类。当将屏幕输出定向到 applet 时，实际上是在 Panel 对象的表面进行绘制。本质上，Panel 是不包含标题栏、菜单栏以及边框的窗口。这就是为什么在浏览器中运行 applet 时看不到这些元素的原因。当使用 Applet Viewer 运行 applet 时，Applet Viewer 提供了标题和边框。面板对象由类 Panel 创建，其构造函数如下：

- Panel( ) 创建一个面板对象。
- Panel(LayoutManager *layout*) 创建一个面板对象，并指定布局管理器为 *layout*。

其他组件可以通过调用其 add( )方法(该方法继承自 Container 类)添加到 Panel 对象中。一旦添加这些组件，就可以使用由 Component 类定义的 setLocation( )、setSize( )、setPreferredSize( )或 setBounds( )方法手动布局它们和调整它们的大小。

下面通过一个案例来演示 Panel 的基本使用方式，程序运行结果如图 7-2 所示。

```
例 7-2  Example02.java。
import java.awt.Color;
```

```
import java.awt.Frame;
import java.awt.Panel;
public class Example02 extends Frame {
    public Example02(String str){
        super(str);
    }
    public static void main(String[] args) {
        // TODO Auto-generated method stub
         Example02 fr= new  Example02("Frame with Panel");
         Panel pan=new Panel();
         fr.setSize(400,300);
         fr.setBackground(Color.RED);      //框架 fr 的背景颜色为红色
         fr.setLayout(null);               //取消布局管理器
         pan.setSize(150,150);
         pan.setBackground(Color.blue);   //设置面板 pan 的背景颜色为蓝色
         fr.add(pan);//用 add 方法把面板 pan 添加到框架 fr 中
         fr.setVisible(true);
    }
}
```

图 7-3　Panel 容器举例

7.4　AWT 基本组件

Java 的图形用户界面的最基本组成部分是组件(component)，组件是一个能够以图形化的方式显示在屏幕上并能与用户进行交互的对象，例如按钮、标签、文本框等。接下来就对 AWT 常组件逐一进行介绍。

7.4.1　标签(Label)

标签是用户不能修改而只能查看其内容的文本显示区域，它起到信息说明的作用，每个标签用一个 Label 类的对象表示。

Label 类定义了以下构造函数：

- Label( ) 构造一个空的标签。
- Label(String *str*, int *how*) 构造一个以变量 *str* 为内容的标签。
- Lablel(String *text*, int *alignment*) 构造一个以变量 *str* 为内容的标签，并指定对齐方式。对齐方式可以是靠左、靠右和居中，对应的 *alignment* 参数常量为：Lablel.LEFT、Lablel.CENTER 和 Lablel.RIGHT。

通过 setText()方法，可以设置或修改标签上显示的文本。通过 getText()方法可以获取当前标签包含的文本。这两个方法如下所示：

```
void setText(String str)
String getText( )
```

对于 setText()方法，*str* 指定了新的标签文本。对于 getText()方法，则是返回当前标签上的文本。

通过 setAlignment()方法可以设置标签上文本的对齐方式。为了获取当前对齐方式，可以调用 getAlignment()方法。这两个方法如下所示：

```
void setAlignment(int how)
int getAlignment( )
```

其中，*how* 必须是 Lablel.LEFT、Lablel.CENTER 和 Lablel.RIGHT 三个常量之一。

例如，下面的程序段将修改标签上的文本：

```
if(prompt.getTest()=="hello"){
     prompt.setTest("ok");
   }else if(prompt.getTest()=="ok"){
     prompt.setTest("hello");
   }
```

7.4.2 按钮(Button)

按钮是图形用户界面中非常重要的一个组件，它一般对应一个事先定义好的功能操作并对应一段程序。当用户单击按钮时，系统自动执行与该按钮相关联的程序，从而完成预先指定的功能。Button 类定义了下面两个构造函数：

- Button( ) 创建空按钮。
- Button(String *str*) 创建包含 *str* 作为标签的按钮。

创建完按钮之后，可以调用 setLabel()方法来设置按钮上的标签，调用 getLabel()方法来获取按钮的标签。这两个方法如下所示：

```
void setLabel(String str)
String getLabel( )
```

其中，*str* 将成为按钮新的标签。但此时生成的按钮对用户的操作没有任何响应，当用户单击一个按钮后希望引发一个动作事件时，则需要先对这个按钮注册一个监听器。具体如何实现，在后面的事件处理部分再详细介绍。

7.4.3　文本框(TextField)

TextField 类用于编辑单行文本。TextField 类提供了多种构造函数，用于创建文本框组件的对象。常见的构造函数如下：

- TextField( ) 构造一个新的单行文本输入框。
- TextField(int *columns*) 构造一个指定长度、初始内容为空的单行文本输入框。
- TextField(String *text*) 构造一个指定初始内容的单行文本输入框。
- TextField(String *text*,int *columns*) 构造一个指定长度和初始内容的单行文本输入框。

其中 *text* 为文本框中的初始字符串，*columns* 为文本框容纳字符的个数。

例如：

```
TextField tf=new TextField("学号：",10);
//创建一个 TextField 对象 tf,初始内容为"学号", tf 的长度是 10。
```

在某些情况下，用户可能希望自己的输入不被别人看到，如密码，这时可以用 TextField 类的 setEchoCharacter()方法设置回显字符，使用户的输入全部以某个特殊字符显示在屏幕上。

7.4.4　文本输入区域(TextArea)

TextArea 类提供可以编辑或显示多行文本的区域，并且在编辑器内可以见到水平与垂直滚动条。TextArea 类提供了多个构造函数，用于创建文本区域组件的对象，常见的构造函数如下：

- TextArea( ) 构造一个新的多行文本输入框。
- TextArea(int *rows*, int *columns*) 构造一个指定长度和宽度的多行文本输入框。
- TextArea(String *text*) 构造一个显示指定文字的多行文本输入框。
- TextArea(String *text*, int *rows*, int *columns*) 构造一个指定长度和宽度，并显示指定文字的多行文本输入框。

其中，*rows* 和 *coulmns* 分别表示新建文本区域的行数和列数，*text* 为文本区域内的初始字符串。

例如：

```
TextArea ta=new TextArea("我喜欢的水果：",3,60);
//构造了一个 3 行 60 列的文本输入框，框内初始内容是“我喜欢的水果”。
```

7.4.5 下拉列表(Choice)

下拉列表是实现多选一的输入界面，与单选按钮不同的是，它将所有选项折叠收藏起来，只显示最前面的或被用户被选中的那个。如果希望看到其他选项，只需单击下拉列表右边的“▼”按钮，就可以看到一个罗列了所有选项的长方形区域。创建包含条目的下拉列表需要使用 Choice 类。因此，Choice 控件是某种形式的菜单。未激活时，Choice 控件只占用足以显示当前选择条目的空间。当用户单击时，会弹出整个下拉列表，并且可以从中选择新的选项。列表中的每个条目是以左对齐标签显示的字符串，它们以添加到 Choice 对象中的顺序进行显示。Choice 类只定义了一个默认构造函数，用于创建空的列表。

要产生一个下拉列表，可采用如下方式：

```
Choice color=new choice();
Color.add("红色")
Color.add("绿色")
Color.add("蓝色")
```

Choice 类的常用方法包括：

- add(string *item*)：加入一个列表项到下拉列表中
- getSelectedIndex()：获得目前所选项的索引
- getSelectedItem()：获得选项中的标签文本字符串。
- insert(Sering *item*，int *index*)：加入一个列表项到指定的位置
- remove(int *index*)：删除指定序号的列表项
- remove(String *item*)：删除指定文本的列表项
- removeAll()：将下拉列表中的所有选项删除
- select(int *index*)：选中指定序号的列表项
- select(String *item*)：选中指定文本内容的选项

例如，为了向下拉列表中添加选项，可以调用 add()方法，它的一般形式如下所示：

```
void add(String name)
```

其中，*name* 是将要添加的条目的名称。条目以调用 add()方法的顺序被添加到列表中。

为了确定当前选择的是哪个条目，可以调用 getSelectedItem()或 getSelectedIndex()方法。这两个方法如下所示：

```
String getSelectedItem( )
int getSelectedIndex( )
```

getSelectedItem()方法返回包含条目名称的字符串。getSelectedIndex()方法返回条目的索引，第一个条目的索引是 0。默认情况下，选择的是添加到列表中的第一个条目。

为了获取列表中条目的数量，可以调用 getItemCount()方法。可以使用 select()方法设置当前选择的选项，使用基于 0 的整数索引或与列表中某个名称相匹配的字符串作为参数。

这些方法如下所示：

```
int getItemCount( )
void select(int index)
void select(String name)
```

给定一个索引，可以通过 getItem()方法获取与位于该索引位置的条目相关联的名称，该方法的一般形式如下所示：

```
String getItem(int index)
```

其中，*index* 指定了期望条目的索引。

每次选择一个选项时，就会产生一个条目事件。这个事件被发送到之前注册的、对接收来自下拉列表控件的条目事件通知感兴趣的所有监听器。每个监听器都实现了 ItemListener 接口，该接口定义了 itemStateChanged()方法。作为参数，向该方法传递一个 ItemEvent 对象。

7.4.6　列表(List)

列表也是列出一系列的选项供用户选择，但列表可以实现多选，即允许复选。在创建列表时，同样应该将它的各选择项加入列表中。List 类提供了一个紧凑的、多选项的、可滚动的列表框。List 类的构造函数有三个：

- List() 构造一个空的列表框。
- List(int *rows*) 构造一个指定行数的列表框。
- List(int *rows*, boolean *multipleMode*) 构造一个指定行数、指定多选或单选的列表框。

int 类型参数为指定的行数，boolean 类型参数确定这个列表是多选还是单选。true 表示多选，false 表示单选。与 Choice 类相同，在构造一个 List 类后，也需要用 addItem()方法向列表中添加条目。在添加条目的同时，也会建立一个整数索引。让我们看一个例子：

```
List list=new List(5,true);
list.add("河南");
list.add("北京");
list.add("上海");
list.add("重庆");
list.add("四川");
```

List(5,true)中的 5 表明该列表只显示 5 个选项，true 表示可做多重选择，若为 false，则只能做单一选择。

列表常用的方法如下：

- add(String *item*)：将标签为 *item* 的选项加入列表中。
- add(String *item*,int *index*)：将标签为 *item* 的选项加入列表中指定序号处。
- getSelectedItem()：获得已选中的文本。

- getSelectedItems()：获得由所有已选择的选项组成的字符数组。
- getSelectedIndex()：获得已选中选项的序号。
- getSelectedIndexs()：获得由所有已选择的选项组成的整型数组。
- select(int *index*)：选中指定序号的选项。
- deselect(int *index*)：不选指定序号的选项。
- remove(String *item*)：将指定标签的选项删除。
- remove(int *index*)：将指定序号的选项删除。

7.4.7　复选框(Checkbox)

Checkbox 组件提供一种简单的“开/关”输入设备，它旁边有一个文本标签。每个复选框只有两种状态：true 表示选中，false 表示未选中。

创建复选框对象时可以同时指明其文本标签，这个文本标签简要说明了复选框的意义和作用。复选框的构造函数如下：

```
Checkbox()
Checkbox(String str, boolean tf)
```

其中，*str* 指明对应的文本标签，*tf* 是一个布尔值，或为 true，或为 false。

如果想要知道复选框的状态，可以调用方法 getState()来获得；若复选框被选中，则返回 true，否则返回 false。调用方法 setState()可以在程序中设置是否选中复选框。例如，下面的语句将使复选框处于选中的状态：

```
cx1.setState(true);
```

当用户单击复选框使其状态发生变化时，就会引发 ItemEvent 类代表的选择事件。

7.4.8　单选按钮组(CheckboxGroup)

单选按钮组将多个复选框构成一组，该组内的所有复选框是互斥的，即在任何时刻，这个单选按钮组中只有一个复选框的值是 true，其他均为 false。当前被选中复选框的值为 true。在程序中可以使用单选按钮组的构造函数创建一个单选按钮组，再在这组中增加复选框就可以完成单选按钮组的创建。注意，这时创建的复选框的外观它发生改变，而且所有和单选按钮组相关联的复选框将表现出“单选”行为。

单选按钮组用 CheckboxGroup 类的对象表示。在声明单选按钮组时，可以使用如下方法：

```
CheckboxGroup radio=new CheckboxGroup();
Add(new checkbox("YES",radio,true));
Add (new checkbox("NO",radio.false));
Add (new checkbox("CANCEL",radio.false));
```

其中 Add(new checkbox("YES",radio,true))中的“YES”代表选择单选按钮的标签名称，

radio 代表单选按钮组，如果没有加入 radio，则代表复选框。此处 true 代表按钮被选中，false 则代表未选中。

单选按钮组中的选项是互斥的。调用 getSelectedCheckbox()方法可以获知用户选中了那个按钮，再调用该对象的 getLabel()方法就可以知道用户选择了什么信息。同样，调用 getSelectedCheckbox()方法可以在程序中指定选择的按钮。

7.4.9　滚动条

滚动条是用来选取某个介于最大值与最小值之间的值的组件。滚动条可以分成水平滚动条和垂直滚动条两种。水平滚动条包括向左和向右的箭头及指针；垂直滚动条包括向上和向下的箭头及指针。创建水平或垂直滚动条的构造函数如下：

- Scrollbar( ) 构造一个新的垂直的滚动条。
- Scrollbar(int orientation) 构造一个指定方向的滚动条。
- Scrollbar(int orientation, int *value*, int *visible*, int *minimum*, int *maximum*) 根据给定参数构造一个滚动条。其中，*orientation* 代表滚动条的方向，有 Scrollbar.HORIZONTAL 和 Scrollbar.VERTICAL 两种；*value* 为滚动条的初值；*visible* 为滚动条指针大小；*minimum* 为滚动条的最小值；maximum 为滚动条的最大值。

Scrollbar 组件的常用方法有：

- getBlockInerement( )：获得滚动条按钮的增量。
- getmaximum( )：获得滚动条的最大值。
- getminimum( )：获得滚动条的最小值。
- getUnitIncrement( )：获得滚动条每次的增量。
- getValue( )：获得滚动条目前的值。
- setBlockIncrenment( )：获得滚动条按钮的增量。
- setmaximum(int)：设置滚动条的最大值。
- setminimum(int)：设置滚动条的最小值。
- setOrientation(int)：设置滚动条的方向。
- setUnitIncrement(int)：设置滚动条每次的增量。
- setValue(int)：设置滚动条目前的值。
- setValues(int，int，int，int)：设置滚动条的 4 个属性(value、visible、maximum、minimum)的值。

滚动条可以引发 AdjuetmentEvent 类代表的调整事件，当用户通过各种方式改变滑块位置，从而改变其代表的数值时，会引发调整事件。

7.4.10　AWT 组件综合案例

现在我们可以尝试把上面介绍的这些内容组合在一起，实现一个较为复杂的例子。具体见例 7-3。

例 7-3　Example03.java。

```
import java.applet.Applet;
import java.awt.*;
public class Example03 extends Applet {
    public void init() {
        setBackground(Color.WHITE);
        add(new Label("你的名字"));
        add(new TextField(30));
        add(new Label("性别"));
        CheckboxGroup cbg=new CheckboxGroup();
        add(new Checkbox("男",cbg,true));
        add(new Checkbox("女",cbg,false));
        add(new Label("你喜欢的水果："));
        add(new Checkbox("苹果"));
        add(new Checkbox("桔子"));
        add(new Checkbox("香蕉"));
        add(new Checkbox("桃子"));
        add(new Label("你每一次吃几个水果："));
        Choice c=new Choice();
        c.addItem("少于 1 个");
        c.addItem("1 个到 3 个");
        c.addItem("3 个以上");
        add(c);
        add(new Label("你认为吃水果有什么好处："));
        add(new TextArea("我认为：",3,60));
        add(new Button("确定"));
        add(new Button("重写"));
    }
}
```

运行结果如图 7-4 所示。

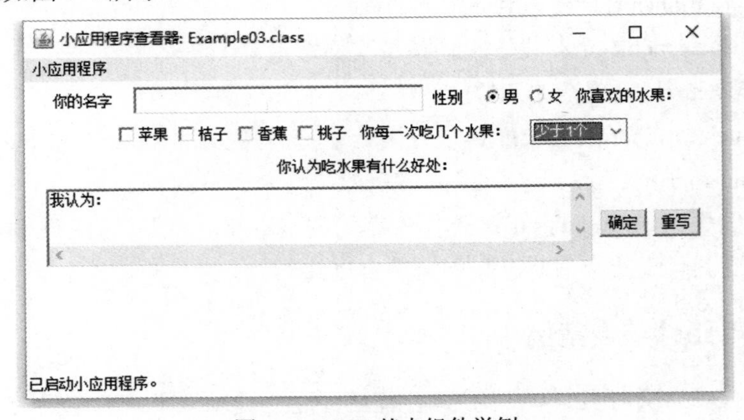

图 7-4　AWT 基本组件举例

7.5　布局管理器

为了实现跨平台的特性并且获得动态的布局效果，Java 将窗口内的所有组件安排给“布局管理器”负责管理，比如将组件的排列顺序，组件的大小、位置，当窗口移动或调整大小后组件如何变化等功能授权给对应容器的布局管理器来管理。不同的布局管理器使用不同的算法和策略，容器可以通过选择不同的布局管理器来决定布局。java.awt 包中提供了几个布局管理器类如 FlowLayout 类、BorderLayout 类、GrdLayout 类、GardLayout 类等。每个容器在创建时都会使用一种默认的布局管理器，在程序中可以通过调用容器对象的 setLayout()方法来设置布局管理器，通过布局管理器来自动进行组件的布局管理。例如把一个 Frame 窗体的布局管理器设置为 FlowLayout，代码如下所示：

```
Frame frame=new Frame();
frame.setLayout(new FlowLayout());
```

接下来，分别对五种布局管理器进行详细讲解。

7.5.1　FlowLayout

FlowLayout 是 Panel、Applet 的默认布局管理器，其组件的放置规律是从上到下、从左到右进行放置。如果容器足够宽，第一个组件先添加到容器中第一行最左边，后续的组件一次添加到上一个组件的右边。如果当前行已满，就放置到下一行最左边。

FlowLayout 实现了简单的布局风格，与文本编辑器中的单词流类似。布局的方向由容器的控件方向属性控制，默认是从左到右、从上到下。所以默认情况下，控件是从左上角逐行布局的。对于所有情况，当填满一行时，布局推进到下一行。为每个控件的上边和下边、左边和右边都保留一定的空间。下面是 FlowLayout 类的构造函数：

```
FlowLayout( )
FlowLayout(int how)
FlowLayout(int how, int horz, int vert)
```

第 1 种形式创建默认布局，居中控件并在每个控件之间保留 5 个像素的空间。第 2 种形式允许指定如何对齐每条边线。*how* 的有效值如下所示：

```
FlowLayout.LEFT
FlowLayout.CENTER
FlowLayout.RIGHT
FlowLayout.LEADING
FlowLayout.TRAILING
```

这些值分别指定左对齐、居中对齐、右对齐、上边沿对齐以及下边沿对齐。第 3 种形式允许使用 *horz* 和 *vert* 指定组件之间保留的水平和垂直空间。接下来通过一个添加按钮的案例来学习一下 FlowLayout 布局管理器的用法，如例 7-4 所示。

```
例 7-4 Example04.java。
import java.awt.*;
import java.awt.event.*;
public class Example04{
    public static void main(String[] args) {
        final Frame f = new Frame("流式布局");// 创建一个名为流式布局的窗体
        // 设置窗体的布局管理器为 FlowLayout，所有组件左对齐，水平间距为 25，
        // 垂直间距为 25
        f.setLayout(new FlowLayout(FlowLayout.LEFT, 25, 25));
        f.setSize(200, 300);                        // 设置窗体大小
        f.setLocation(300, 200);                    // 设置窗体显示的位置
        Button but1 = new Button("1");              // 创建第 1 个按钮
        f.add(but1);            // 把"第 1 个按钮"添加到 f 窗口中
        // 下面的代码功能是每单击一次“1”，就向窗体中添加一个按钮
        but1.addActionListener(new ActionListener() { // 为第1个按钮添加单击事件
            private int num = 1;    // 定义变量 num，记录按钮的个数
            public void actionPerformed(ActionEvent e) {
                f.add(new Button(++num));// 向窗体中添加新按钮
                // f.setVisible(true);     // 刷新窗体，显示新按钮
            }
        });
        f.setVisible(true); // 设置窗体可见
    }
}
```

运行结果如图 7-5 所示。

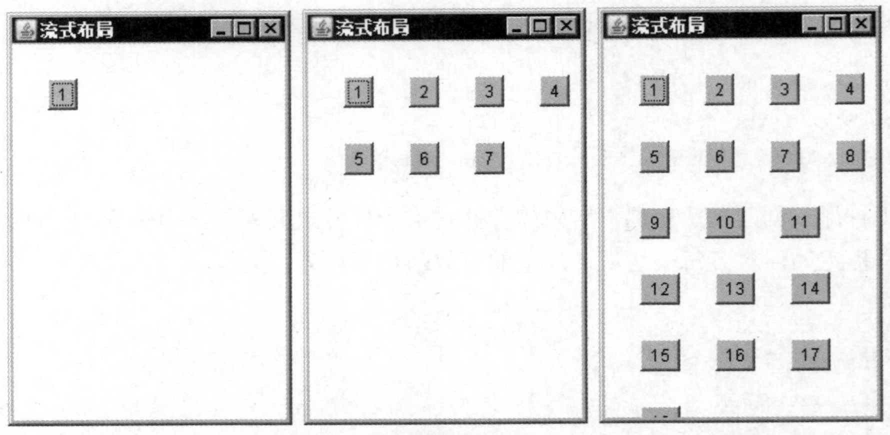

图 7-5　运行结果

7.5.2　BorderLayout

BorderLayout 是 Window、Frame 和 Dialog 的默认布局管理器。BorderLayout(边界布

局管理器)将容器划分为五个区域，分别是东(EAST)、南(SOUTH)、西(WEST)、北(NORTH)、中(CENTER)。BorderLayout 布局的效果如图 7-6 所示。

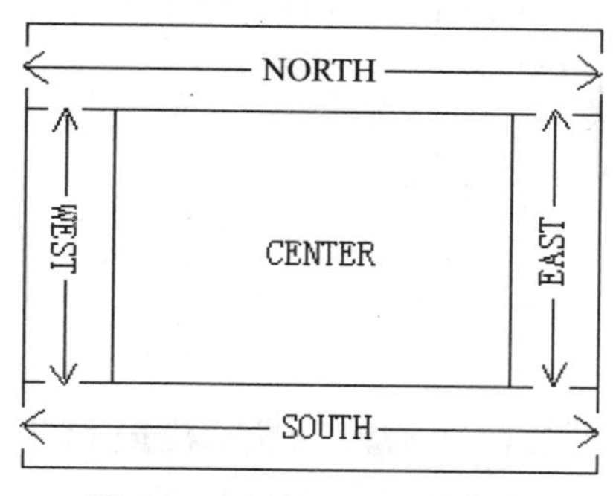

图 7-6　BorderLayout 的布局

下面是 BorderLayout 类定义的构造函数：

```
BorderLayout( )
BorderLayout(int horz, int vert)
```

第 1 种形式创建默认边框布局。第 2 种形式允许使用 horz 和 vert 分别指定在控件之间保留的水平和垂直空间。

BorderLayout 类定义了以下用于标识这些区域的常量：

```
BorderLayout.CENTER        BorderLayout.SOUTH
BorderLayout.EAST          BorderLayout.WEST
BorderLayout.NORTH
```

当添加控件时，需要使用 add(Component *compRef*, Object *region*)方法，其中，*compRef* 是将要添加的控件的引用，*region* 是 Object 类型，在传入参数时可以使用 BorderLayout 类提供的五个常量。

下面通过一个案例来演示一下 BorderLayout 布局管理器对组件的布局效果，如例 7-5 所示。

```
例 7-5 Example05.java。
import java.awt.*;
public class Example05 {
    public static void main(String[] args) {
        final Frame f = new Frame("边界布局");
        f.setLayout(new BorderLayout());       // 设置窗体的布局管理器
        f.setSize(300,300);
        f.setLocation(300, 200);
        f.setVisible(true);
        Button but1 = new Button("东");        // 创建新按钮
        Button but2 = new Button("西");
        Button but3 = new Button("南");
        Button but4 = new Button("北");
```

```
        Button but5 = new Button("中");
        f.add(but1,BorderLayout.EAST);          // 设置按钮所在区域
        f.add(but2,BorderLayout.WEST);
        f.add(but3,BorderLayout.SOUTH);
        f.add(but4,BorderLayout.NORTH);
        f.add(but5,BorderLayout.CENTER);
    }
}
```

运行结果如图 7-7 所示。

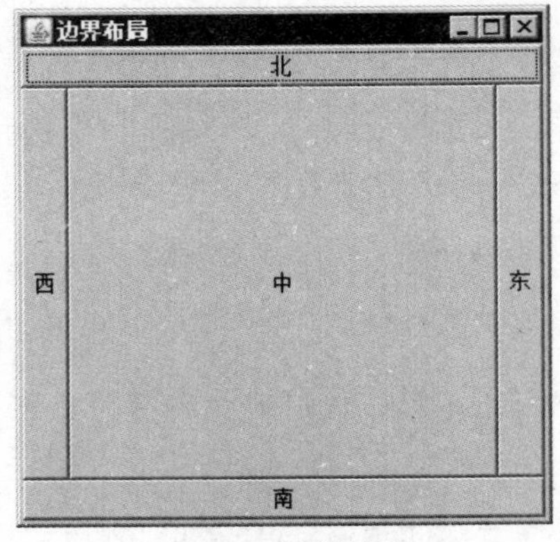

图 7-7　运行结果

7.5.3　GridLayout

GridLayout 用于在二维网格中布局控件。它使容器中的各个组件呈网格状布局，即把容器根据行数和列数分成同样大小的网格单元，每个网格单元可以容纳一个组件，并且此组件会完全填满网格单元。GridLayout 从左到右、从上到下将组件填充到容器网格中。

当实例化 GridLayout 对象时，就定义了行和列的数量。GridLayout 类支持的构造函数如下所示：

```
GridLayout( )
GridLayout(int numRows, int numColumns)
GridLayout(int numRows, int numColumns, int horz, int vert)
```

第 1 种形式创建单列网格布局。第 2 种形式创建具有指定行数和列数的网格布局。第 3 种形式允许分别使用 *horz* 和 *vert* 指定为控件之间保留的水平和垂直空间。*numRows* 和 *numColumns* 可以为 0。将 *numRows* 指定为 0，可以创建长度不受限制的列。将 *numColumns* 指定为 0，可以创建长度不受限制的行。

下面通过一个案例来演示一下 GridLayout 布局管理器对组件的布局效果，如例 7-6 所示。

```
例 7-6 Example06.java。
import java.awt.*;
public class Example06 {
```

```
    public static void main(String[] args) {
        Frame f = new Frame("网格布局");
        f.setLayout(new GridLayout(4, 3));    // 设置该窗体为 4*3 的网格
        f.setSize(300, 300);                  // 设置窗体大小
        f.setLocation(400, 300);
        // 下面的代码循环添加 12 个按钮到 GridLayout 中
        for (int i = 1; i <= 12; i++) {
            Button btn = new Button("btn" + i);
            f.add(btn); // 向窗体中添加按钮
        }
        f.setVisible(true);
    }
}
```

运行结果如图 7-8 所示。

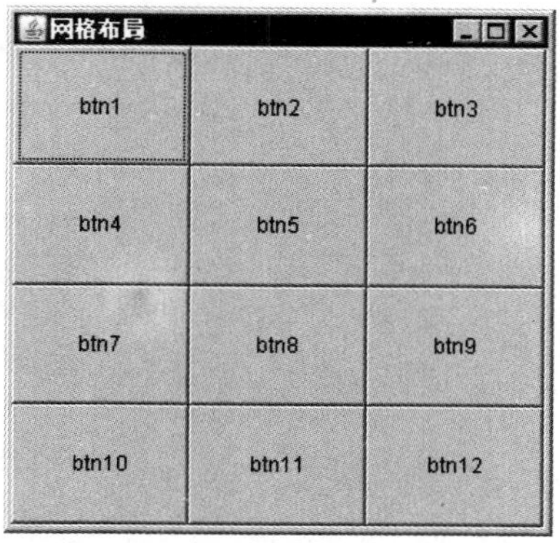

图 7-8 运行结果

7.5.4 CardLayout

与其他布局管理器相比，CardLayout 类很独特，可以保存一些不同的布局。CardLayout 布局管理器能够帮助用户实现两个甚至更多个成员共享同一块显示空间，即多个容器重叠在一起共享同一块显示空间，形成一组，但任何时候只有一个容器可见。它把容器分成许多层，每层的显示空间占据整个容器的大小，但是每层只允许放置一个组件，当然每层都可以利用 Panel 来实现复杂的用户界面。CardLayout 就像一副叠得整整齐齐的扑克牌一样，但是用户只能看到最上面那张牌，每一张牌相当于 CardLayout 布局管理器中的一层。

CareLayout 类提供了下面两个构造函数：

```
CardLayout( )
CardLayout(int horz, int vert)
```

第 1 种形式创建默认的卡片布局。第 2 种形式允许使用 *horz* 和 *vert* 分别指定控件之间保留的水平和垂直空间。

在 CardLayout 布局管理器中，经常使用下面几种方法：

```
void first(Container deck)
void last(Container deck)
void next(Container deck)
void previous(Container deck)
void show(Container deck, String cardName)
```

其中，*deck*是对容纳卡片的容器(通常是面板)的引用，*cardName*是卡片的名称。调用first( )方法会显示卡片叠中的第一张卡片。为了显示最后一张卡片，可以调用last( )方法。为了显示下一张卡片，可以调用next( )方法。为了显示前一张卡片，可以调用previous( )方法。next( )和previous( )方法会分别自动循环到卡片叠的顶部或底部。show( )方法显示*deck*容器中名为*cardName*的组件，如果不存在，则不会发生任何操作。

下面通过一个案例来演示，如例 7-7 所示。

```
例 7-7  Cardlayout.java。
import java.awt.*;
import javax.swing.*;
import java.awt.event.*;
//定义 Cardlayout 继承 Frame 类，实现 ActionListener 接口
class Cardlayout extends Frame implements ActionListener {
    Panel cardPanel = new Panel();              // 定义 Panel 面板放置卡片
    Panel controlpaPanel = new Panel();         // 定义 Panel 面板放置按钮
     Button nextbutton, preButton;
    CardLayout cardLayout = new CardLayout();// 定义卡片布局对象
    public Cardlayout() {            // 定义构造函数，设置卡片布局管理器的属性
        setSize(300, 200);
        setVisible(true);
        // 为窗口添加关闭事件监听器
        this.addWindowListener(new WindowAdapter() {
            public void windowClosing(WindowEvent e) {
                Cardlayout.this.dispose();
            }
        });
        cardPanel.setLayout(cardLayout);  // 设置 cardPanel 面板对象为卡片布局
        // 在 cardPanel 面板对象中添加两个文本标签
        cardPanel.add(new Label("工商管理系", Label.CENTER));
        cardPanel.add(new Label("信息工程系", Label.CENTER));
        // 创建两个按钮对象
        nextbutton = new Button("下一张卡片");
        preButton = new Button("上一张卡片");
        // 为按钮对象注册监听器
        nextbutton.addActionListener(this);
        preButton.addActionListener(this);
```

```
        // 将按钮添加到 controlpaPanel 中
        controlpaPanel.add(preButton);
        controlpaPanel.add(nextbutton);
        // 将 cardPanel 面板放置在窗口边界布局的中间，窗口默认为边界布局
        this.add(cardPanel, BorderLayout.CENTER);
        // 将 controlpaPanel 面板放置在窗口边界布局的南区
        this.add(controlpaPanel, BorderLayout.SOUTH);
    }
    // 下面的代码实现了按钮的监听触发，并对触发事件做出相应处理
    public void actionPerformed(ActionEvent e) {
        // 如果用户单击 nextbutton，执行的语句
        if (e.getSource() == nextbutton) {
        // 切换 cardPanel 面板中当前组件之后的一个组件，若当前组件为最后一个组件，
        // 则显示第一个组件
            cardLayout.next(cardPanel);
        }
        if (e.getSource() == preButton) {
        // 切换 cardPanel 面板中当前组件之前的一个组件，若当前组件为第一个组件，
        // 则显示最后一个组件
            cardLayout.previous(cardPanel);
        }
    }
}
public class Example07{
    public static void main(String[] args) {
        Cardlayout cardlayout = new Cardlayout();
    }
}
```

运行结果如图 7-9 所示。

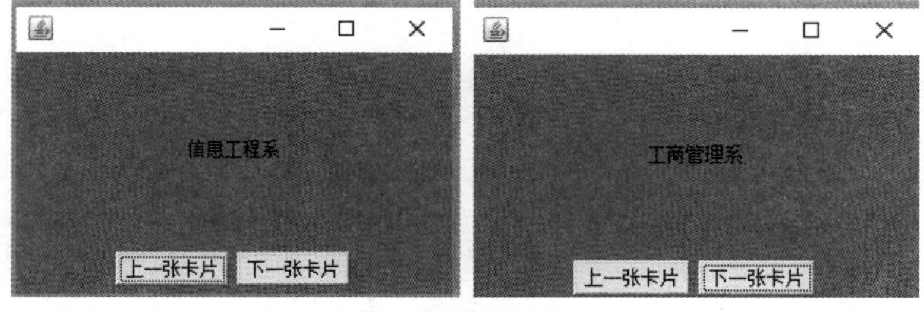

图 7-9　运行结果

7.5.5　CardBagLayout

尽管对于许多应用来说，前面的布局完全可以接受，但是有些情况仍然需要进一步控制控件的布局方式。完成这一工作的一种好方法是使用网格结构布局，这种布局是由 GridBagLayout 类指定的。在这种布局中，可以通过指定控件在网格单元格中的位置，从

而指定控件的相对位置，这使得网格结构布局很有用。网格结构的关键在于每个控件可以拥有不同的尺寸，并且网格中的每一行可以拥有不同的列数。这就是将这种布局称为网格结构的原因。

在网格结构中，每个控件的位置和大小是由一组与之链接的约束决定的。约束包含在 GridBagConstraints 类型的对象中。约束包括单元格的高度和宽度，以及控件的位置、对齐方式及其在单元格中的锚点。

使用网格结构的一般过程是：首先创建一个新的 GridBagLayout 对象，并使之成为当前的布局管理器；然后，为将要添加到网格结构中的每个控件设置约束；最后，将控件添加到布局管理器中。尽管 GridBagLayout 相比其他布局管理器更复杂一些，但是一旦理解工作原理，使用起来就会很容易。

GridBagLayout 类只定义了一个构造函数，如下所示：

```
GridBagLayout( )
```

GridBagLayout 类定义了一些方法，其中许多方法是受保护的，并且一般不使用。但是有一个方法必须使用——setContraints()，如下所示：

```
void setConstraints(Component comp, GridBagConstraints cons)
```

其中，*comp* 是要应用约束的控件，约束由 *cons* 指定。这个方法用来设置应用于网格结构中每个控件的约束。

成功使用 GridBagLayout 的关键在于正确地设置约束，约束保存在 GridBagConstraints 对象中。GridBagConstraints 类定义了一些可以提供控件大小、位置和空间的域变量，表 7-1 显示了这些域变量。接下来将进一步详细地描述其中的几个域变量。

表 7-1　GridBagConstraints 类定义的约束域变量

域　变　量	目　　的
int anchor	指定控件在单元格中的位置，默认值为 GridBagConstraints.CENTER
int fill	如果控件比单元格小，指定如何调整控件的大小，有效值包括 GridBagConstraints. NONE(默认值)、GridBagConstraints.HORIZONTAL、GridBagConstraints.VERTICAL 和 GridBagConstrants.BOTH
int gridheight	根据单元格指定控件的高度，默认值是 1
int gridwidth	根据单元格指定控件的宽度，默认值是 1
int gridx	指定控件的 X 坐标，将在此坐标位置添加控件。默认值是 GridBagConstraints. RELATIVE
int gridy	指定控件的 Y 坐标，将在此坐标位置添加控件。默认值是 GridBagConstraints. RELATIVE
Insets insets	指定嵌入值，默认的嵌入值全部为 0
int ipadx	指定单元格中包围控件的额外水平空间，默认值是 0
int ipady	指定单元格中包围控件的额外垂直空间，默认值是 0

(续表)

域　变　量	目　　的
double weightx	指定权重值，用于决定单元格与容纳它们的容器边缘之间的水平空间，默认值为0.0。权重值越大，分配的空间就越多。如果所有值都是 0.0，那么附加空间将在窗口的边缘之间平均分配
double weighty	指定权重值，用于决定单元格与容纳它们的容器边缘之间的垂直空间，默认值为0.0。权重值越大，分配的空间就越多。如果所有值都是 0.0，那么附加空间将在窗口的边缘之间平均分配

表 7-1 列出了 GridBagConstraints 的常用属性，其中，gridx 和 gridy 用于设置组件左上角所在网格的横向和纵向索引，gridwidth 和 gridheight 用于设置组件横向、纵向跨越几个网格，fill 用于设置是否以及如何改变组件大小，weightx 和 weighty 用于设置组件在容器中水平方向和垂直方向上的权重。

需要注意的是，如是希望组件的大小随着容器的增大而增大，必须同时设置 GridBagConstraints 对象的 fill 和 weightx、weighty 属性。

接下来通过一个案例来演示 GridBagLayout 的用法，如例 7-8 所示。

```
例 7-8  Layout.java。
import java.awt.*;
class Layout extends Frame {
   public Layout(String title) {
      GridBagLayout layout = new GridBagLayout();
      GridBagConstraints c = new GridBagConstraints();
      this.setLayout(layout);
      c.fill = GridBagConstraints.BOTH; // 设置组件横向、纵向可以拉伸
      c.weightx = 1; // 设置横向权重为 1
      c.weighty = 1; // 设置纵向权重为 1
      this.addComponent("btn1", layout, c);
      this.addComponent("btn2", layout, c);
      this.addComponent("btn3", layout, c);
      c.gridwidth = GridBagConstraints.REMAINDER;  // 添加的组件是本行最后
                                                   // 一个组件
      this.addComponent("btn4", layout, c);

      c.weightx = 0; // 设置横向权重为 0
      c.weighty = 0; // 设置纵向权重为 0
      addComponent("btn5", layout, c);
      c.gridwidth = 1; // 设置组件跨一个网格(默认值)
      this.addComponent("btn6", layout, c);
      c.gridwidth = GridBagConstraints.REMAINDER;  // 添加的组件是本行最
                                                   // 后一个组件
      this.addComponent("btn7", layout, c);
      c.gridheight = 2; // 设置组件纵向跨两个网格
      c.gridwidth = 1;  // 设置组件横向跨一个网格
```

```
        c.weightx = 2;    // 设置横向权重为 2
        c.weighty = 2;    // 设置纵向权重为 2
        this.addComponent("btn8", layout, c);
        c.gridwidth = GridBagConstraints.REMAINDER;
        c.gridheight = 1;
        this.addComponent("btn9", layout, c);
        this.addComponent("btn10", layout, c);
        this.pack();
        this.setVisible(true);
    }
    // 增加组件的方法
    private void addComponent(String name, GridBagLayout layout,
            GridBagConstraints c) {
        Button bt = new Button(name);      // 创建一个名为 name 的按钮
        layout.setConstraints(bt, c);      // 设置 GridBagConstraints 对象和按
                                           // 钮关联
        this.add(bt); // 增加按钮
    }
}
public class Example09 {
    public static void main(String[] args) {
        new Layout("GridBagLayout");
    }
}
```

运行结果如图 7-10 所示。

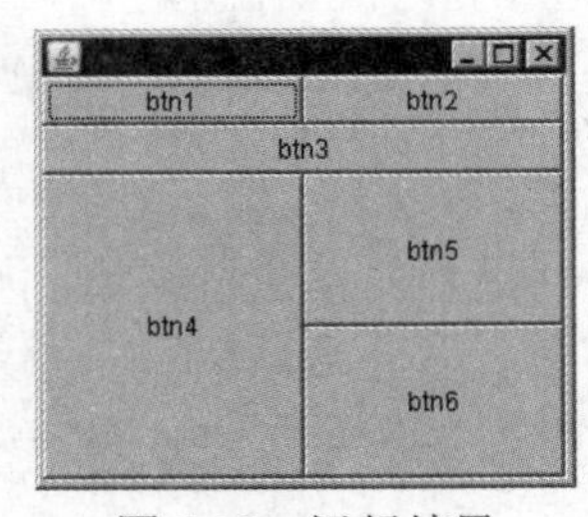

图 7-10　运行结果

GridBagLayout 是一种功能强大的布局管理器，值得花费一些时间进行分析和研究。一旦理解各种设置的工作方式，就可以使用 GridBagLayout 高度精确地定位控件。

7.6　AWT 事件处理

7.6.1　事件处理机制

事件处理机制专门用于响应用户的操作，比如，想要响应用户的单击鼠标、按下键盘

等操作，就需要使用 AWT 的事件处理机制。在学习如何使用 AWT 事件处理机制之前，首先介绍几个比较重要的概念，具体如下所示：

- 事件对象(Event)：封装了 GUI 组件上发生的特定事件。
- 事件源(组件)：事件发生的场所，通常就是产生事件的组件。
- 监听器(Listener)：负责监听事件源上发生的事件，并对各种事件做出响应处理的对象(对象中包含事件处理器)。
- 事件处理器：监听器对象对接收的事件对象进行相应处理的方法。

上面提到的事件对象、事件源、监听器、事件处理器在整个事件处理机制中都起着非常重要的作用，它们彼此之间有着非常紧密的联系，接下来用一幅图来描述事件处理的工作流程，如图 7-11 所示。

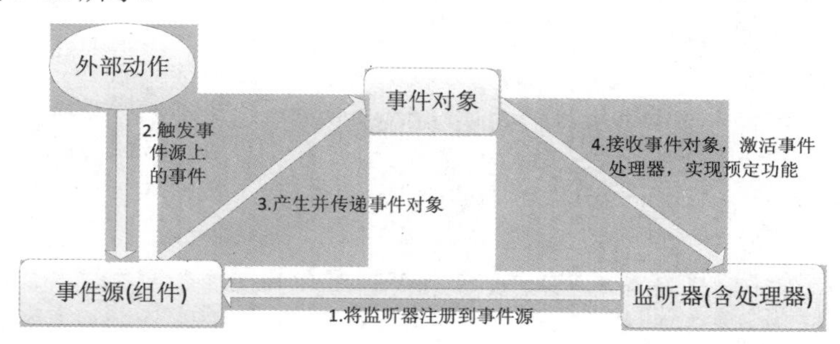

图 7-11　事件处理流程图

图 7-11 中，事件源是一个组件，当用户进行一些操作时，如按下鼠标或释放键盘等，这些动作会触发相应的事件。如果事件源注册了事件监听器，触发的相应事件将会被处理。

在程序中，如果想实现事件的监听机制，首先需要定义一个类以实现事件监听器的接口，例如 Window 类型的窗口需要实现 WindowListener。接着通过 addWindowListener( ) 方法为事件源注册事件监听器对象，当事件源上发生事件时，便会触发事件监听器对象，由事件监听器调用相应的方法来处理相应的事件。接下来，通过一个案例来实现关闭窗口的功能，如例 7-9 所示。

```
例 7-9 Example09.java。
import java.awt.*;
import java.awt.event.*;
public class Example09 {
    public static void main(String[] args) {
        // 建立新窗体
        Frame f = new Frame("第一个窗体！");
        // 设置窗体的宽和高
        f.setSize(300, 300);
        // 设置窗体出现的位置
        f.setLocation(300, 200);
        // 设置窗体可见
        f.setVisible(true);
```

```
        // 为窗口组件注册监听器
        MyWindowListener mw=new MyWindowListener();
        f.addWindowListener(mw);
    }
}
// 创建 MyWindowListener 类来实现 WindowListener 接口
class MyWindowListener implements WindowListener {
    // 监听器监听事件对象并作出处理
    public void windowClosing(WindowEvent e) {
        Window window = e.getWindow();
        window.setVisible(false);
        // 释放窗口
        window.dispose();
    }
    public void windowActivated(WindowEvent e) {
    }
    public void windowClosed(WindowEvent e) {
    }
    public void windowDeactivated(WindowEvent e) {
    }
    public void windowDeiconified(WindowEvent e) {
    }
    public void windowIconified(WindowEvent e) {
    }
    public void windowOpened(WindowEvent e) {
    }
}
```

运行结果如图 7-12 所示。

图 7-12　运行结果

7.6.2　事件适配器

JDK 提供了一些适配器类，它们是监听器接口的默认实现类，在这些实现类中实现了接口的所有方法。程序可以通过继承适配器类来达到实现监听器接口的目的。例如，定义一个继承适配器类 WindowAdapter 的类 MyWindowAdapter，如果要实现关闭窗口的功能，需要对 windowClosing()方法进行重写。因此，程序可以通过继承适配器类来达到实现监听器接口的目的，接下来通过继承适配器类来实现与例 7-9 相同的功能，如例 7-10 所示。

```
例 7-10 Example10.java。
import java.awt.*;
import java.awt.event.*;
public class Example10 {
    public static void main(String[] args) {
        // 建立新窗体
        Frame f = new Frame("第一个窗体！");
        // 设置窗体的宽和高
        f.setSize(300, 300);
        // 设置窗体出现的位置
        f.setLocation(300, 200);
        // 设置窗体可见
        f.setVisible(true);
        // 为窗口组件注册监听器
        f.addWindowListener(new MyWindowListener());
    }
}
// 继承 WindowAdapter 类，重写 windowClosing()方法
class MyWindowListener extends WindowAdapter {
    public void windowClosing(WindowEvent e) {
        Window window = (Window) e.getComponent();
        window.dispose();
    }
}
```

运行结果如图 7-13 所示。

图 7-13　运行结果

例 7-10 实现了和例 7-9 相同的功能。定义的 MyWindowListener 类继承了适配器类

WindowAdapter，由于实现的功能是关闭窗口，因此只需对 windowClosing()方法重写即可。需要注意的是，几乎所有的监听器接口都有对应的适配器类，通过继承适配器类来实现监听接口时，需要处理哪种事件，直接重写该事件对应的方法即可。

7.6.3　常用事件的分类

在讲解 AWT 事件的处理机制时，用到了窗体事件和鼠标事件。在 AWT 中提供了丰富的事件，大致可以分为窗口事件、鼠标事件和键盘事件等，接下来就对这些事件逐一进行讲解。

1. 窗口事件

Window 类及其子类都能发生如下 7 个窗口事件：打开窗口、正在关闭窗口、关闭窗口、激活窗口、非激活窗口、窗口图标化和窗口还原事件。要处理窗口事件，需要实现 WindowListener 接口并为窗口对象注册事件监听器。下面的程序创建一个框架窗口，然后监听窗口事件，并在控制台打印出相应的信息。注意，这里编写了窗口关闭的程序。

```
例 7-11 Example11.java。
import java.awt.*;
import java.awt.event.*;
public class Example11 {
    public static void main(String[] args) {
        final Frame f = new Frame("窗口事件");
        f.setSize(400,300);
        f.setLocation(300,200);
        f.setVisible(true);
          // 使用内部类创建 WindowListener 实例对象，监听窗口事件
        f.addWindowListener(new WindowListener() {
            public void windowOpened(WindowEvent e) {
                System.out.println("窗体打开");
            }
            public void windowActivated(WindowEvent e) {
                System.out.println("窗体激活");
            }
            public void windowIconified(WindowEvent e) {
                System.out.println("窗体图标化");
            }
            public void windowDeiconified(WindowEvent e) {
                System.out.println("窗体取消图标化");
            }
            public void windowDeactivated(WindowEvent e) {
                System.out.println("窗体停用");
            }
            public void windowClosing(WindowEvent e) {
```

```
                System.out.println("窗体正在关闭");
                ((Window) e.getComponent()).dispose();
            }
            public void windowClosed(WindowEvent e) {
                System.out.println("窗体关闭");
            }
        });
    }
}
```

运行结果如图 7-14 所示。

```
管理员: 命令提示符
D:\samplePackage\chapter09>java Example03
窗体图标化
窗体停用
窗体取消图标化
窗体激活
窗体正在关闭
窗体停用
窗体关闭
```

图 7-14　运行结果

从图 7-14 可以看出，当对窗口进行操作时，程序监听到了这些窗口事件。在本例中，通过 WindowListener 对操作窗口的动作事件进行监听，当接收到特定的动作后，就将所触发事件的名称打印出来。了解了窗口事件，在以后的编程中，可以根据实际需求，在监听器中自定义窗体的处理事件器。

2. 鼠标事件

在图形用户界面中，用户经常通过鼠标来进行选择、切换界面等操作，这些操作被定义为鼠标事件，JDK 提供了一个 MouseEvent 类用于表示鼠标事件。在一个组件上单击、松开、移动和拖动鼠标时，就会产生鼠标事件，共有下面七个鼠标事件：

- MOUSE_CLICKED 表示鼠标单击事件
- MOUSE_PRESSED 表示鼠标按钮按下事件
- MOUSE_RELEASED 表示鼠标按钮释放事件
- MOUSE_ENTERED 表示鼠标进入组件事件
- MOUSE_EXITED 表示鼠标离开组件事件
- MOUSE_MOVED 表示鼠标移动事件
- MOUSE_DRAGGED 表示鼠标拖动事件

要处理鼠标事件，必须实现相应的接口。对应上面七个事件，有两个接口，一个是对应前五个事件的 MouseListener 接口，其中定义了五个方法；另一个是对应后两个事件的 MouseMotionListener 接口，其中定义了两个方法。根据处理的鼠标事件的不同决定实现哪个接口。

若要判断发生了哪个鼠标事件，可以使用 MouseEvent 类的 getID( )方法，然后与其常量比较，也可以使用 MouseEvent 类的有关方法：

- public int getX( )返回鼠标事件发生时鼠标的 x 坐标。
- public int getY( )返回鼠标事件发生时鼠标的 x 坐标。
- public int getClickCount( )返回与事件相关的鼠标单击次数。
- public Point getPoint( )返回 Point 类对象。

Point 类对象用来表示一个点，它的构造函数是：

```
Point(int x, int y)
```

从构造函数可以看到，Point 类的对象具有两个成员变量 *x* 和 *y*，它们分别表示一个点的 *x* 和 *y* 坐标。

```
例 7-12 Example12.java。
import java.awt.*;
import java.awt.event.*;
public class Example12 {
    public static void main(String[] args) {
        final Frame f = new Frame("鼠标事件");
        // 为窗口设置布局
        f.setLayout(new FlowLayout());
        f.setSize(300, 200);
        f.setLocation(300, 200);
        f.setVisible(true);
        Button but = new Button("按钮"); // 创建按钮对象
        f.add(but); // 在窗口中添加按钮组件
        // 为按钮添加鼠标事件监听器
        but.addMouseListener(new MouseListener() {
            public void mouseReleased(MouseEvent e) {
                System.out.println("鼠标放开");
            }
            public void mousePressed(MouseEvent e) {
                System.out.println("鼠标按下");
            }
            public void mouseExited(MouseEvent e) {
                System.out.println("鼠标移出按钮区域");
            }
            public void mouseEntered(MouseEvent e) {
                System.out.println("鼠标进入按钮区域");
            }
            public void mouseClicked(MouseEvent e) {
                System.out.println("鼠标完成单击");
            }
        });
    }
}
```

运行程序后，生成的窗体如图 7-15 所示。

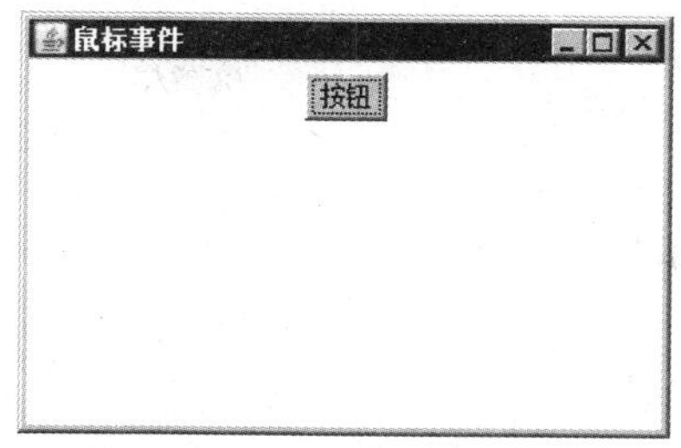

图 7-15　鼠标事件窗体

用鼠标单击按钮，运行结果如图 7-16 所示。

```
管理员: 命令提示符 - java  Example04
D:\samplePackage\chapter09>java Example04
鼠标进入按钮区域
鼠标按下
鼠标放开
鼠标完成点击
鼠标移出按钮区域
```

图 7-16　运行结果

除了本例中演示的鼠标事件，MouseEvent 类中还定义了很多常量来标识鼠标动作，具体代码如下：

```
public void mouseClicked(MouseEvent e) {
    if(e.getButton()==e.BUTTON1){
        System.out.println("鼠标左击事件");
    }
    if(e.getButton()==e.BUTTON3){
        System.out.println("鼠标右击事件");
    }
    if(e.getButton()==e.BUTTON2){
        System.out.println("鼠标中键单击事件");
    }
}
```

在 MouseEvent 类中针对鼠标的按键都定义了对应的常量，可以通过 MouseEvent 对象的 getButton( )方法获取被操作按键的常量键值，从而判断是哪个按键的操作。另外，鼠标的单击次数也可以通过 MouseEvent 对象的 getClickCount( )方法获得。

3. 键盘事件

键盘事件是 KeyEvent 类的对象。通过键盘事件，可以利用按键来控制和执行一些操作，或从键盘上进行输入。

键盘事件包括三个事件：键按下、键松开、键按下又松开。要处理键盘事件，必须实现 KeyListener 接口，该接口中定义了下面三个方法：

- public void keyPressed(KeyEvent *e*)　当键被按下时调用该方法。

- public void keyReleased(KeyEvent *e*) 当键被松开时调用该方法。
- public void keyTyped(KeyEvent *e*) 当键被按下又松开时调用该方法。

每个键盘事件都有一个相关的键字符和键编码，它们可以通过 KeyEvent 类的 getKeyChar( )和 getKeyCode( )方法获得。

```
例 7-13 Example13.java。
import java.awt.*;
import java.awt.event.*;
public class Example13 {
    public static void main(String[] args) {
        Frame f = new Frame("键盘事件");
        f.setLayout(new FlowLayout());
        f.setSize(400, 300);
        f.setLocation(300, 200);
        TextField tf = new TextField(30); // 创建文本框对象
        f.add(tf); // 在窗口中添加文本框组件
        f.setVisible(true);
         // 为文本框添加键盘事件监听器
        tf.addKeyListener(new KeyAdapter() {
            public void keyPressed(KeyEvent e) {
               int KeyCode = e.getKeyCode(); // 返回与按键对应的整数值
               String s = KeyEvent.getKeyText(KeyCode); // 返回按键的字符串描述
               System.out.print("输入内容为: " + s + ",");
               System.out.println("KeyCode 为: " + KeyCode);
            }
        });
    }
}
```

运行结果如图 7-17 所示。

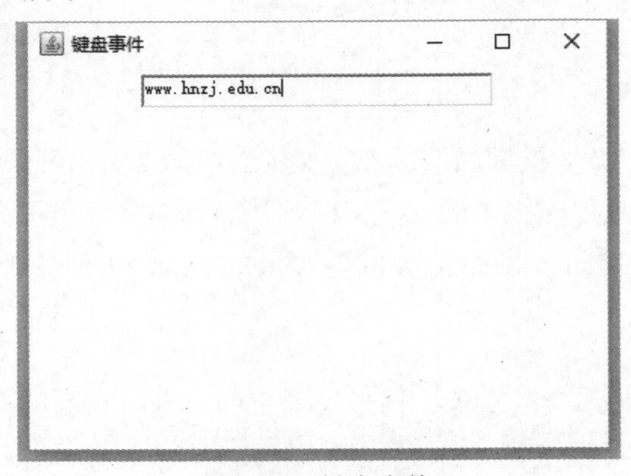

图 7-17　键盘事件

在文本框中输入“www.hnzj.edu.cn”，控制台输出如图 7-18 所示。

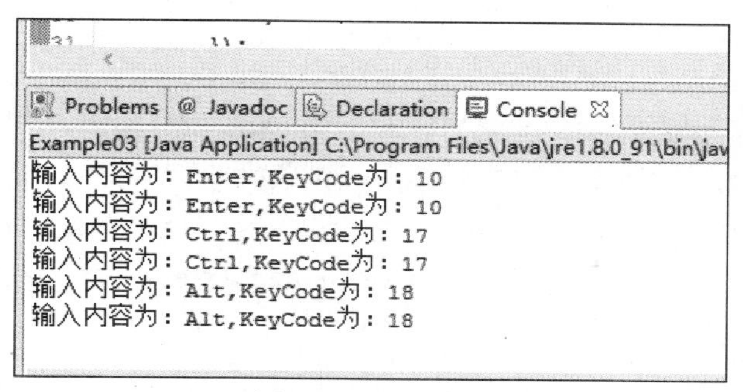

图 7-18　运行结果

本例中，当在图 7-17 的文件框中键入字符时，便触发了键盘事件。这时，KeyEvent 类通过调用 getKeyCode( )方法将输入内容对应的整数值返回，即 keyCode。在 KeyEvent 类中还有一个静态方法 getKeyText(int *keyCode*)，它可以将按键内容以 String 形式返回。

7.7　Swing

在 Java 的早期版本中，不存在 Swing。Swing 的出现是为了弥补 Java 原始 GUI 子系统(即 AWT)存在的不足。AWT 定义了一套基本的控件、窗口以及对话框，支持可用但有限的图形界面。AWT 功能有限的其中一个原因是：AWT 将各种可视化组件转换成与它们对应的、特定于平台的等价物，即对等物(peer)。这意味着组件的外观是由平台定义的，而不是由 Java 定义的。因为 AWT 组件使用本地代码资源，所以它们被认为是重量级组件。

使用本地对等物会导致几个问题。首先，因为操作系统之间的差别，在不同的平台上，组件的外观甚至行为可能会不同。这种潜在的变化会威胁 Java 的基本原则：一次编写，到处运行。其次，每个组件的外观是固定的(因为是由平台定义的)，并且不能(容易地)进行修改。最后，使用重量级组件会导致某些令人沮丧的限制。例如，重量级组件总是不透明的。

在 Java 首次发布后不久，就发现 AWT 中存在的限制和约束十分严重，以至于需要有一种更好的方法，解决方案是提供 Swing。当 1997 年推出时，Swing 就是 JFC(Java Foundation Class)的一部分。在 Java 1.1 中，Swing 最初是作为独立的库使用。但是从 Java 1.2 开始，Swing(以及 JFC 的其他部分)已经被完全集成到 Java 中了。

7.7.1　组件

Swing GUI 包含两个主要条目：组件和容器。但是这种区分只是概念上的，因为所有的容器也都是组件。二者之间的区别在于各自的用途：组件这个术语很通用，是指独立的可视化控件，例如按钮或文本域。容器可以包含一组组件，因此，容器是一种用来容纳其他组件的特殊组件。而且，为了显示组件，组件必须包含在容器中。因此，所有的 Swing GUI 都必须至少包含一个容器。由于容器也是组件，因此容器也可以包含其他容器。这使得 Swing 能够定义所谓的容器层次结构(containment hierarchy)，在其顶部必须是顶级容器(top-level container)。

1. 组件

通常，Swing 组件派生自 JComponent 类。JComponent 类提供了所有组件的通用功能。例如，JComponent 支持可插式外观。JComponent 继承了 AWT 类 Container 和 Component，因此，Swing 组件建立在 AWT 组件的基础之上，并且与后者兼容。

所有的 Swing 组件都由定义在包 javax.swing 中的类表示，表 7-2 列出了 Swing 组件的类名(包括用作容器的组件)。

表 7-2　Swing 组件

JApplet	JButton	JCheckBox	JCheckBoxMenuItem
JColorChooser	JComboBox	JComponent	JDesktopPane
JDialog	JEditorPane	JFileChooser	JFormattedTextField
JFrame	JInternalFrame	JLabel	JLayer
JLayeredPane	JList	JMenu	JMenuBar
JMenuItem	JOptionPane	JPanel	JPasswordField
JPopupMenu	JProgressBar	JRadioButton	JRadioButtonMenuItem
JRootPane	JScrollBar	JScrollPane	JSeparator
JSlider	JSpinner	JSplitPane	JTabbedPane
JTable	JTextArea	JTextField	JTextPane
JTogglebutton	JtoolBar	JToolTip	JTree
JViewport	JWindow		

注意，所有的组件类都以字母“J”开头。例如，代表标签的类是 JLabel，代表按钮的类是 JButton，代表复选框的类是 JCheckBox。

7.7.2　容器

Swing 定义了两种类型的容器，第一种是顶级容器 JFrame、JApplet、JWindow 和 JDialog。这 4 个容器不是继承自 JComponent，而是继承自 AWT 类 Component 和 Container。与 Swing 的其他组件是轻量级组件不同，顶级容器是重量级组件，它们是 Swing 组件库中的特殊情况。

顾名思义，顶级容器必须位于容器层次结构的顶层。顶级容器不能由其他任何容器包含。而且，每一个容器层次结构都必须由顶级容器开始。通常用于应用程序的顶级容器是 JFrame，用于 applet 的顶级容器是 JApplet。

Swing 支持的第二种容器是轻量级容器。轻量级容器继承自 JComponent。轻量级容器的示例包括 JPanel、JScrollPane 和 JRootPane 等。轻量级容器通常用来组织和管理一组相关的组件，因为轻量级容器可以包含在另一个容器中。因此，可以使用轻量级容器来创建相关控件的子组，让它们包含在一个外部容器中。

7.7.3 顶级容器窗格

每一个顶级容器都定义了一个窗格集，在层次结构的顶部是 JRootPane 实例。JRootPane 是用来管理其他窗格的轻量级容器，它还能够用来管理可选的菜单栏。组成根窗格的窗格称为玻璃窗格、内容窗格和分层窗格。

玻璃窗格是顶层窗格，它完全包含了其他窗格。玻璃窗格允许程序员去管理影响整个容器而不是单个控件的鼠标事件，或者在任何其他组件之上进行绘制。在大多数情况下，不必直接使用玻璃窗格。分层窗格允许为组件提供一个深度值。该值决定组件之间的覆盖关系(因此，分层窗格允许指定组件的 Z 次序，尽管这不是程序员经常需要做的)。分层窗格包含内容窗格和可选的菜单栏。尽管玻璃窗格和分层窗格被集成到了顶级容器的操作中，并且起到重要的作用，但是它们提供的大多数功能都在幕后起作用。

通常与应用程序进行交互的窗格是内容窗格，它是程序员用来添加可视化组件的窗格。换句话说，当把诸如按钮等组件添加到顶级容器中时，实际上是把它们添加到了内容窗格中。因此，内容窗格中包含了与用户进行交互的组件。

7.8 本章小结

本章主要介绍了 GUI 的一些基本原理、开发技巧及思想，主要包括使用 AWT 创建 GUI 的基本方法、AWT 的事件处理机制、事件的原理、常用事件的监听和处理方法、五种布局管理器，又介绍了一些常用的 Swing 组件，其中包括 JFrame、JDialog、JField 等。

7.9 思考和练习

一、填空题

1、在 Java 中，图形用户界面简称______，它的组件包含在______和______这两个包中。

2、为了避免实现监听器中定义的所有方法，造成代码臃肿，在 JDK 中提供了一些______类，这些类实现了接口的所有方法，但是在方法中没有任何代码，属于一种空实现。

3、在 Java 中，______类相当于一个抽象的画笔对象，使用它可以在组件上绘制图形。

4、______负责监听事件源上发生的事件，并对各种事件做出响应处理。

5、大部分的 Swing 组件都是______类的直接或间接子类，其名称都是在原来 AWT 组件名称前加上字母 J。

6、AWT 事件有多种，大致可以分为______、______、______、______等。

7、如果单击 Frame 窗口右上角的“关闭”按钮能将其关闭，那么说明为这个 Frame 窗口添加了______监听器，并实现了监听器的______方法。

8、对话框可以分为______和______两种。

9、每一个容器都有一个默认的布局管理器，如果不希望通过布局管理器对容器进行布局，可以调用容器的______方法将其取消。

10、创建下拉式菜单需要使用三个组件，分别是______、______和______。

二、选择题

1、下面四个组件中的哪一个不是 Component 的子类(　　)?

A、Button　　B、Dialog　　C、Label　　D、MenuBar

2、每一个 GUI 程序中必须包含一个什么组件(　　)?

A、按钮　　B、标签　　C、菜单　　D、容器

3、下面四个选项中，哪些是事件处理机制中的角色(　　)? (多选)

A、事件　　B、事件源　　C、事件接口　　D、事件监听器

4、当鼠标按键被释放时，会调用以下哪个事件处理器方法(　　)?

A、mouseReleased()　　B、mouseUp()

C、mouseOff()　　D、mouseLetGo()

5、ActionEvent 对象会被传递给以下哪个事件处理器方法(　)?

A、addChangeListener()　　B、addActionListener()

C、stateChanged()　　D、actionPerformed()

6、在 AWT 中，常用的布局管理器包括哪些(　　)? (多选)

A、FlowLayout 布局管理器　　B、BorderLayout 布局管理器

C、CardLayout 布局管理器　　D、GridLayout 布局管理器

7、下面哪些是 FlowLayout 类中表示对齐方式的常量(　　)? (多选)

A、FlowLayout.LEFT　　B、FlowLayout.CENTER

C、FlowLayout.VERTICAL　　D、FlowLayout.RIGHT

8、下面对 Swing 的描述中，正确的有哪些(　　)? (多选)

A、Swing 是在 AWT 基础上构建的一套新的图形界面系统

B、Swing 提供了 AWT 所能够提供的所有功能

C、Swing 组件是用 Java 代码实现的

D、Swing 组件都是重量级组件

9、下面四对 AWT 和 Swing 对应组件中，错误的是(　　)?

A、Button 和 JButton

B、Dialog 和 JDialog

C、MenuBar 和 JMenuBar

D、ComboBox 和 JComboBox

10、使用下面哪个组件可以接收用户输入的信息(　　)?

A、Button　　B、Label　　C、TextField　　D、以上都可以

三、程序分析题

阅读下面的程序以及注释要求，在空格处填上相应的代码。

代码一：

```
import java.awt.*;
import javax.swing.*;
public class MyLayout _______/*此处填空*/ JFrame{
    JLabel labelNo,labelName,labelGender;
    JTextField stdno,name,gender;
    int x=0,y=0,w,h;
    Container cp=getContentPane();
    public MyLayout() {
        setLayout(null);
        学号=new JLabel("labelNo、",JLabel.CENTER);
        姓名=new JLabel("labelName、",JLabel.CENTER);
        性别=new JLabel("labelGender、",JLabel.CENTER);
        _______________________    // 此处填空
        _______________________    // 此处填空
        gender=new JTextField();
        x=80;y=30;
        w=100;h=30;
        cp.add(labelNo); cp.add(labelName);cp.add(labelGender);
        cp.add(stdno);cp.add(name);cp.add(gender);
        labelNo.setBounds(0,y,w,h); stdno.setBounds(x,y,w,h);
        labelName.setBounds(0,2*y,w,h);name.setBounds(x,2*y,w,h);
        labelGender.setBounds(0,3*y,w,h);gender.setBounds(x,3*y,w,h);
        setDefaultCloseOperation(JFrame.EXIT_ON_CLOSE);
        setSize(280,200);
        setVisible(true);
    }
    public static void main(String args[]){
        MyLayout obj=new MyLayout();
    }
}
```

代码二：

```
import java.awt.CardLayout;
import java.awt.Container;
import java.awt.event.ActionEvent;
import java.awt.event.ActionListener;
import javax.swing.JButton;
import javax.swing.JFrame;
public class MyCardLayout {
```

```
    public static void main(String args[]) {
        final JFrame jframe = new JFrame("一个滚动列表的例子");
        final Container panelcp = jframe.getContentPane();
         final JPanel panel = new JPanel();
        final CardLayout card = new CardLayout (20, 20);
        panelcp.setLayout(card);
         jframe.add(panel);
        for (int i = 0; i < 5; i++) {
            JButton jbt = new JButton("jbt" + i);
            jbt.addActionListener(new ActionListener() {
                public void actionPerformed(ActionEvent e) {
                        // 单击的时候显示下一个按钮
                    ____________________________ // 此处填空
                }
            });
            ____________________________ // 此处填空
        }
        jframe.setDefaultCloseOperation(JFrame.EXIT_ON_CLOSE);
        jframe.setSize(150, 200);
        jframe.setVisible(true);
    }
}
```

四、编程题

1、编写一个 Frame 窗口，要求如下：

1) 在窗口的最上方放置一个 Label 标签，标签上默认显示的文本是“此处显示鼠标右键单击的坐标”。

2) 为 Frame 窗口添加一个鼠标事件，当鼠标右键单击窗口时，在 Label 标签上显示鼠标的坐标。

2、编写一个 Frame 窗口，要求如下：

1) 在窗口的 NORTH 区域放置一个 Panel 面板

2) 在 Panel 面板中从左到右依次放置如下组件：

- Label 标签，标签上的文本为“兴趣”
- 三个 CheckBox 多选按钮，文本分别为“羽毛球”、“乒乓球”、“唱歌”
- Label 标签，标签上的文本为“性别”
- 两个 RadioButton 按钮，文本分别为“男”、“女”

3) 在窗口的 CENTER 区域放置一个 ScrollPane 容器，在容器中放置一个 TextArea 文本域。

4) 当单击多选按钮和单选按钮时，把选中按钮的文本显示在 TextArea 文本域中。

第8章　多线程程序设计

尽管 Java 包含许多革新功能，但是最精彩的部分是对多线程程序设计(multi-threaded programming)的内置支持。多线程程序可以包含两个或多个可并发运行的部分，这种程序的每一部分称为一个线程，每个线程定义了不同的执行路径。因此，多线程是多任务的特殊形式。

本章学习目标：

- 理解多线程基础知识
- 了解 Thread 类和 Runnable 接口
- 掌握创建单个线程的方法
- 理解线程的生命周期
- 理解线程的优先级
- 理解线程的同步
- 掌握线程的挂起、继续执行和停止

8.1　多线程基础

多任务有两种不同类型：基于进程的多任务和基于线程的多任务。理解两者的不同是十分重要的。进程本质上是正在执行的程序，因此，基于进程的多任务是允许计算机同时运行两个或多个程序的功能。例如，允许在运行 Java 编译器的同时使用文本编辑器或浏览 Internet 就是基于进程的多任务处理。在基于进程的多任务中，程序是调度程序(scheduler)可以分派的最小代码单元。

多线程的主要优势就是可以编写出非常高效的程序，因为它会让你利用大多数程序中出现的空闲时间。计算机中的多数 I/O 设备，无论是网络端口、磁盘驱动器还是键盘，速度都比 CPU 慢很多，因此，程序经常要花费大部分执行时间用于等待向设备发送或从设备接收信息。如果恰当使用多线程，程序可以利用这些空闲时间执行其他任务。例如，当程序的一个线程正向网络发送文件时，另一个线程可以读取键盘输入，其他线程可以实现将下一个要发送的数据块存入缓冲区的任务。

线程有多种状态，包括运行状态(running)、就绪状态(ready to run)、阻塞状态(blocked)等。就绪状态的线程一旦得到 CPU 时间，就可以执行。正在执行的线程可以被挂起(suspended)，即暂停执行。稍后，如有需要，可以继续执行(resumed)。线程在等待资源时可以处于阻塞状态。线程在执行结束且不能继续执行时可以终止(terminated)。

基于线程的多任务的出现产生了对同步(synchronization)这一特殊类型功能的需求。同步允许线程以某种定义良好的方式协调执行。Java 有专用于同步的完整的子系统，也将在本章进行介绍和学习。

如果为 Windows 等操作系统编写过程序，那么肯定经熟悉多线程程序设计了。然而 Java 通过语言元素来管理线程这一事实使得编写多线程程序特别方便。

8.2　Thread 类和 Runnable 接口

Java 的多线程系统建立在 Thread 类及其对应接口 Runnable 的基础之上，它们都包含在 java.lang 包中。Thread 封装了执行的线程，为创建新线程，程序可以扩展 Thread 或实现 Runnable 接口。

Thread 类定义了几个方法来帮助管理线程。表 8-1 中是几个比较常用的方法(后续将在使用这些方法时对它们进行更详细的介绍)。

表 8-1　Thread 类的几个常用方法

方　　法	含　　义
final String getName( )	获取线程名
final int getPriority( )	获取线程优先级
final boolean isAlive( )	确定线程是否仍在运行
final void join( )	等待线程终止
void run( )	线程的进入点
static void sleep(long *milliseconds)*	按照指定的时间挂起线程，以毫秒为单位
void start( )	通过调用线程的 run( )方法启动线程

所有的进程最少有一个被称为主线程(main thread)的执行线程，而且它是程序开始时执行的线程。因此，主线程是本书前面所有示例程序已经使用到的线程，从主线程可以创建其他线程。

8.3　创建一个线程

Thread 类封装可运行的对象，通过实例化一个 Thread 类型的对象可以创建一个线程。如上所述，Java 定义了两种创建可运行对象的方法：

- 实现 Runnable 接口
- 扩展 Thread 类

本章的多数示例使用的是 Runnable 接口的实现方法，而例 8-1 演示的是如何扩展 Thread 来实现线程。切记：两种方法都要用到 Thread 类来实例化、访问及控制线程，唯一的不同就在于线程的类是如何创建的。

Runnable 接口抽象了一个可执行代码单元，可以在实现 Runnable 接口的任何对象上构造线程。Runnable 只定义了一个名为 run( )的方法，其声明如下所示：

```
public void run( )
```

在 run( )方法内，可以定义组成新线程的代码，run( )可以调用其他方法，使用其他类，可以像主线程那样声明变量。唯一的区别在于 run( )是为程序中的另一个并发执行的线程建立进入点，这个线程在 run( )返回时结束。

在创建一个实现 Runnable 接口的类后，会在这个类的对象上实例化一个 Thread 类型的对象。Thread 定义了几个构造函数，其中首先用到的构造函数如下所示：

```
Thread(Runnable threadOb)
```

在这个构造函数中，*threadOb* 是一个实现了 Runnable 接口的类的实例，这个函数定义了从哪里开始执行线程。

新线程创建之后，直到用 start( )方法调用它时才会运行，start( )方法在 Thread 中声明，它执行的是对 run( )的调用。start( )方法如下所示：

```
void start( )
```

例 8-1 演示了创建并运行一个新线程。

```
// 例 8-1 创建并运行一个新线程。

class NewThread implements Runnable {
  String t;

  NewThread (String name) {
    t = name;
  }

  // Execute the new demo thread. Entry point of thread.
  public void run() {
    System.out.println(t + " starting!");
    try {
      for(int j=0; j <=4; j ++) {
        Thread.sleep(400);
        System.out.println("In " + t + ", count is " + j);
      }
    }
    catch(InterruptedException e) {
      System.out.println(t + " interrupted:" + e);
    }
```

```
      System.out.println(t + " exiting!");
    }
  }

  class UseThreads {
    public static void main(String args[]) {
      System.out.println("Main thread starting!");

      // First, Create a NewThread object.
      NewThread ct = new NewThread ("Child thread 1");

      // Next, Create a demo thread from that object.
      Thread demoThrd = new Thread(ct);

      // Finally, start execution of the demo thread.
      demoThrd.start();

      for(int i=0; i<=9; i++) {
        System.out.print(".");
        try {
          Thread.sleep(500);
        }
        catch(InterruptedException e) {
          System.out.println("Main thread interrupted: " + e);
        }
      }

      System.out.println("Main thread ending!");
    }
  }
```

首先，NewThread 类实现了 Runnable 接口，这就意味着 NewThread 类型的对象适合作为线程使用，并且可以将其传送给 Thread 构造函数。

在 run( )内部，建立了一个从 0 到 4 进行统计的循环。注意对 sleep( )的调用，sleep( )方法会使调用它的线程挂起以毫秒为单位的指定周期。其基本形式如下所示：

```
static void sleep(long milliseconds) throws InterruptedException
```

挂起的毫秒数由 *milliseconds* 指定。该方法可以抛出 InterruptedException 异常，因此必须在 try 代码块中调用。sleep( )方法也有第二种形式，允许以毫秒和纳秒(如果需要这一级别精度的话)为单位指定周期。在 run( )中，每次经过循环时，sleep( )会将线程暂停 400 毫秒，这样可以使线程的运行变慢，以便有时间观察其执行。

在 main( )中，可以按照下面的语句序列创建一个新的 Thread 对象：

```
// First, Create a NewThread object.
NewThread ct = new NewThread("Child thread 1");

// Next, Create a thread from that object.
Thread demoThrd = new Thread(ct);

// Finally, start execution of the thread.
demoThrd.start();
```

参见注释，首先创建一个 NewThread 对象，该对象用于构造一个 Thread 对象。由于 NewThread 类实现了 Runnable 接口，因此这是可行的。最后，新线程通过调用 start( )开始执行，这样会启动子线程的 run( )方法。调用 start( )后，执行返回到 main( )，并且进入 main( )的 for 循环。这个循环迭代 10 次，每次暂停 500 毫秒。这样两个线程继续运行，共享单核系统中的 CPU，直到它们的循环结束为止。该程序产生的输出如下所示，考虑到计算环境的差异，所以看到的具体输出可能与此处的不尽相同：

```
Main thread starting!
.Child thread 1 starting!
...In Child thread 1, count is 0
....In Child thread 1, count is 1
....In Child thread 1, count is 2
...In Child thread 1, count is 3
....In Child thread 1, count is 4
Child thread 1 exiting!
...........Main thread ending!
```

在这个线程示例中，还有一个值得注意的地方。为了演示主线程和 ct 并发执行，必须使 main( )在 ct 结束以后才终止。在这里是通过两个线程的时间差实现这一点的，因为在 main( )的 for 循环中调用 sleep( )导致延迟 5 秒(10 次迭代×500 毫秒)，但是在 run( )的循环内的总延迟只有 2 秒(5 次迭代×400 毫秒)，所以 run( )比 main( )早结束大约 3 秒。结果，主线程和 ct 都将并发执行，直到 ct 结束。在这之后大约 3 秒，main( )也会结束。

8.4 创建多个线程

到目前为止，只使用了两个线程：主线程和一个子线程。但是，程序可以产生所需要的任意多个线程。例如，下面的程序创建了三个子线程：

```
// Create multiple threads.
class NewThread implements Runnable {
  String name; // name of thread
  Thread t;
```

```
  NewThread(String threadname) {
  name = threadname;
    t = new Thread(this, name);
    System.out.println("New thread: " + t);
    t.start(); // Start the thread
  }

  // This is the entry point for thread.
  public void run() {
   try {
      for(int i = 5; i > 0; i--) {
        System.out.println(name + ": " + i);
        Thread.sleep(1000);
      }
    } catch (InterruptedException e) {
      System.out.println(name + "Interrupted:" + e);
    }
    System.out.println(name + " exiting!");
  }
}

class MultiThreadDemo {
  public static void main(String args[]) {
    new NewThread("first"); // start threads
    new NewThread("second");
    new NewThread("third");

    try {
      // wait for other threads to end
      Thread.sleep(20000);
    } catch (InterruptedException e) {
      System.out.println("Main thread Interrupted:" + e);
    }
    System.out.println("Main thread ending!");
  }
}
```

这个程序的一次样本输出如下所示(根据特定的执行环境，输出可能会有所变化)：

```
New thread: Thread[first,5,main]
New thread: Thread[second,5,main]
New thread: Thread[third,5,main]
first: 5
second: 5
```

```
third: 5
first: 4
second: 4
third: 4
first: 3
third: 3
second: 3
first: 2
third: 2
second: 2
first: 1
third: 1
second: 1
first exiting!
second exiting!
third exiting!
Main thread ending!
```

一旦主线程启动，三个子线程都将共享 CPU，需要注意线程按照被创建的顺序启动。注意在 main()方法中对 sleep(20000)的调用，这会导致主线程休眠 20 秒钟，从而确保主线程在最后结束。然而，情况并不总是这样，Java 可以采用自己的方式自由调度线程的执行。当然，由于时间或环境的不同，程序的具体输出可能会不尽相同。

8.5 线程的生命周期

知道线程何时结束是很有用的。例如，在前面的示例中，为了演示使主线程的存活时间长于其他线程的好处，就需要做到这一点。前面的示例程序通过让主线程的睡眠时间长于它创建的子线程来实现，当然，这不是一个非常令人满意或者一个可通用的解决方法。

幸运的是，Thread 提供了两种方法，可以确定线程是否结束。第一种方法是，可以在线程中调用 isAlive( )，基本形式如下所示：

```
final boolean isAlive( )
```

如果调用 isAlive( )方法的线程仍在运行，该方法就返回 true，否则返回 false。例 8-2 展示了如何使用 isAlive( )：

```
// 例 8-2 使用 isAlive()。
class MoreThreads {
  public static void main(String args[]) {
    System.out.println("Main thread starting!");

    NewThread ct1 = new NewThread("Child thread 1");
```

```
    NewThread ct2 = new NewThread("Child thread 2");
    NewThread ct3 = new NewThread("Child thread 3");

    do {
      System.out.print(".");
      try {
        Thread.sleep(200);
      }
      catch(InterruptedException e) {
        System.out.println("Main thread interrupted:" + e);
      }
    } while (ct1.demothrd.isAlive() ||
             ct2.demothrd.isAlive() ||
             ct3.demothrd.isAlive());

    System.out.println("Main thread ending!");
  }
}
```

该形式的输出与前面的很相似，但是 main( )在其他线程结束后立即终止。另一个区别是：它使用 isAlive( )来等待子线程结束。

另一种等待线程结束的方法是调用 join( )，如下所示：

```
final void join( ) throws InterruptedException
```

该方法将等待，直到它调用的线程终止。它的名字暗示了调用线程会一直等待，直到指定线程加入它。join( )的另一种形式允许指定等待指定线程终止的最长时间。

例 8-3 使用 join( )来确保主线程最后结束。

```
// 例 8-3 使用 join()。
class NewThread implements Runnable {
  Thread demothrd;

  // Create a new thread.
  NewThread(String name) {
    demothrd = new Thread(this, name);
    demothrd.start(); // start the thread
  }

  public void run() {
    System.out.println(demothrd.getName() + " starting!");
    try {
      for(int j=0; j <=4; j++) {
        Thread.sleep(400);
        System.out.println("In " + demothrd.getName() +  ", count is " + j);
```

```
      }
    }
    catch(InterruptedException e) {
      System.out.println(demothrd.getName() + " interrupted:" + e);
    }
    System.out.println(demothrd.getName() + " exiting!");
  }
}

class DemoJoin {
  public static void main(String args[]) {
    System.out.println("Main thread starting!");

    NewThread ct1 = new NewThread("Child thread 1");
    NewThread ct2 = new NewThread("Child thread 2");
    NewThread ct3 = new NewThread("Child thread 3");

    try {
      ct1.demothrd.join();
      System.out.println("Child thread 1 joined!");
      ct2.demothrd.join();
      System.out.println("Child thread 2 joined!");
      ct3.demothrd.join();
      System.out.println("Child thread 3 joined!");
    }
    catch(InterruptedException e) {
      System.out.println("Main thread interrupted:" + e);
    }
    System.out.println("Main thread ending!");
  }
}
```

程序的输出如下所示。当测试程序时，具体输出结果可能与此不尽相同。

```
Main thread starting!
Child thread 1 starting!
Child thread 2 starting!
Child thread 3 starting!
In Child thread 1, count is 0
In Child thread 3, count is 0
In Child thread 2, count is 0
In Child thread 2, count is 1
In Child thread 1, count is 1
In Child thread 3, count is 1
In Child thread 3, count is 2
```

```
In Child thread 1, count is 2
In Child thread 2, count is 2
In Child thread 1, count is 3
In Child thread 3, count is 3
In Child thread 2, count is 3
In Child thread 2, count is 4
Child thread 2 exiting!
In Child thread 1, count is 4
Child thread 1 exiting!
In Child thread 3, count is 4
Child thread 3 exiting!
Child thread 1 joined!
Child thread 2 joined!
Child thread 3 joined!
Main thread ending!
```

可以看出，当对 join( )的调用返回后，线程已经停止执行。

8.6　线程的优先级

每个线程的执行时间都与优先级设置相关。线程的优先级指定了一个线程相对于另一个线程的优先程度。CPU 时间分配的多少对线程的执行特点及其与系统中同时执行的其他线程之间的交互作用有着深远的影响。总体而言，优先级高的分配的时间多，优先级低的分配的时间少。

除了线程的优先级以外，还有一些其他因素也对分配给线程多少 CPU 时间有影响。例如，如果一个高优先级的线程正在等待某一资源(可能是键盘输入)，那么它就会被阻塞，转而运行一个较低优先级的线程。然而，当高优先级的线程获得了对资源的访问权以后，它就可以占用低优先级线程的 CPU 时间，继续执行。另一个影响线程调度的因素就是操作系统实现多任务的方法。因此，仅仅将高优先级赋予一个线程，将低优先级赋予另一个线程，并不一定意味着前一个线程就会比后一个线程运行得快或者获得的运行时间更多，高优先级的线程仅仅具有占用更多 CPU 时间的可能。

当启动子线程时，其优先级设置与父线程相等。可以通过调用 Thread 的成员方法 setPriority( )来修改线程的优先级。其基本形式如下所示：

```
final void setPriority(int level)
```

这里，*level* 为调用线程指定了新的优先级设置，*level* 的值必须在 MIN_PRIORITY 和 MAX_PRIORITY 的范围内，目前，这些值分别为 1 和 10。要想把线程返回为默认优先级，需要指定当前为 5 的 NORM_PRIORITY。这些优先级都在 Thread 中定义为 static final 变量。

通过调用 Thread 的 getPriority( )方法，可以获得当前优先级设置，如下所示：

```
final int getPriority( )
```

下面的示例说明了不同优先级的两个线程，这些线程作为 PriorityThrd 的实例被创建。run( )方法包含一个统计迭代次数的循环，当任何一个统计值达到 2 000 000 或静态变量 exit 为 true 时，循环停止。最初，设置 exit 为 false，第一个完成统计数的线程将把 exit 设置为 true，这会导致第二个线程在它的下一个时间片终止。每次通过循环时，compareThread 中的字符串都会与正在执行的线程的名字进行比较，如果它们不相等，就意味着发生了任务转换。每次发生任务转换时，将显示新线程的名字，并且给 compareThread 赋予新线程的名字，这样就可以非常精确地观察每个线程访问 CPU 的频度。在两个线程都停止后，将显示每个循环的迭代次数。

```
// Thread priorities.

class PriorityThrd implements Runnable {
  int count;
  Thread demothrd;

  static boolean exit = false;
  static String compareThread;

  /* Create a new thread. This constructor does not actually start the threads
running. */

  PriorityThrd (String name) {
    demothrd = new Thread(this, name);
    count = 0;
    compareThread = name;
  }

  // Execute the new demo thread.
  public void run() {
    System.out.println(demothrd.getName() + " starting!");
    do {
      count++;

      if(compareThread.compareTo(demothrd.getName()) != 0) {
        compareThread = demothrd.getName();
        System.out.println("In " + compareThread);
      }

    } while(exit == false && count < 2000000);

    exit = true;
```

```
    System.out.println("\n" + demothrd.getName() + " exiting!");
  }
}

class PriorityThrdDemo {
  public static void main(String args[]) {
    PriorityThrd ct1 = new PriorityThrd("High Priority Thread!");
    PriorityThrd ct2 = new PriorityThrd("Low Priority Thread!");

    // set the priorities
    ct1.demothrd.setPriority(Thread.NORM_PRIORITY+2);
    ct2.demothrd.setPriority(Thread.NORM_PRIORITY-2);

    // start the threads
    ct1.demothrd.start();
    ct2.demothrd.start();

    try {
      ct1.demothrd.join();
      ct2.demothrd.join();

    }
    catch(InterruptedException e) {
      System.out.println("Main thread interrupted:" + e);
    }
    System.out.println("\n"+"The counter of high priority thread is " +
                   ct1.count);
    System.out.println("The counter of low priority thread is " +
                   ct2.count);
  }
}
```

下面是输出结果：

```
High Priority starting!
In High Priority Thread!
Low Priority starting!
In Low Priority Thread!
In High Priority Thread!

High Priority exiting!

Low Priority exiting!

The counter of high priority thread is 2000000
```

```
The counter of low priority thread is 414
```

在此次运行中，高优先级线程获得了绝对多的 CPU 时间。当然，程序的具体输出是由 CPU 的速度、系统中的 CPU 数量、使用的操作系统，以及系统中运行的其他任务的数量决定的。

8.7 同 步

使用多线程时，有时需要协调两个或多个线程的活动，使线程协调工作的过程称为同步(synchronization)。需要同步的第一个原因是：两个或多个线程都需要访问在某一时刻只能由一个线程使用的共享资源。例如，当一个线程正在向一个文件写入时，第二个线程就不能同时向这个文件写入。需要同步的第二个原因是：若一个线程正在等待另一个线程引发的事件，这种情况下，必须有一种方法使第一个线程挂起，直到事件发生后，等待的线程才能继续执行。

Java 中同步的关键是用于控制对象访问的监视器(monitor)，监视器通过实现“锁”来工作。当一个对象被一个线程锁住以后，其他线程就不能访问该对象，当该线程退出时，要为对象解锁，使其他线程可以访问它。

Java 中的所有对象都拥有一个监视器，该功能已经内置于 Java 语言本身，因此，可以同步所有的对象。关键字 synchronized 和所有对象都具备的几个定义良好的方法都支持同步，因为同步在一开始就被设计到了 Java 中，所以使用它比你想象的要简单。事实上，对于许多程序，对象的同步几乎是透明的。

同步代码的方法有两种，这两种方法都需要使用关键字 synchronized，接下来介绍这两种同步方法。

8.7.1 同步方法

在 Java 中进行同步很容易，因为所有对象都有与它们自身关联的隐式监视器。为了进入对象的监视器，只需要调用使用 synchronized 关键字修饰过的方法。当某个线程进入同步方法时，调用同一实例的该同步方法(或任何其他同步方法)的所有其他线程都必须等待。为了退出监视器并将对象的控制权交给下一个等待线程，监视器的拥有者只需要简单地从同步方法返回。

为了理解对同步的需求，下面介绍一个应当使用但是还没有使用同步的例子。下面的程序有 3 个简单的类。第 1 个类是 SynchClassOne，其中只有一个方法 use( )。use( )方法带有一个 String 类型的参数 str，这个方法尝试在方括号中输出 str 字符串。需要注意的一件有趣的事情是：use( )方法在输出开括号和 str 字符串之后调用 Thread.sleep(2000)，这会导致当前线程暂停 2 秒。

下一个类是 SynchClassTwo，其构造函数带有两个参数：对 SynchClassOne 实例的引用和 String 类型的字符串。这两个参数分别存储在成员变量 object 和 str 中。构造函数还创建了一个新的调用对象 run( )方法的线程。线程会立即启动。SynchClassTwo 类的 run( )方法调用 SynchClassOne 类实例 object 的 use( )方法，并传入 str 字符串。最后，Synch 类通过创建 1 个 SynchClassOne 类实例和 3 个 SynchClassTwo 类实例来启动程序，每个 SynchClassTwo 类实例带有唯一的消息字符串，但是为每个 SynchClassTwo 类实例传递同一个 SynchClassOne 实例。

```
// This program is not synchronized.
class SynchClassOne {
 void use(String str) {
System.out.print("[" + str);
   try {
    Thread.sleep(2000);
   } catch(InterruptedException e) {
    System.out.println("Interrupted:" + e);
   }
   System.out.println("]");
 }
}

class SynchClassTwo implements Runnable {
  String str;
  SynchClassOne object;
  Thread thrd;

  public SynchClassTwo(SynchClassOne objt, String s) {
    object = objt;
    str = s;
    thrd = new Thread(this);
    thrd.start();
  }
  public void run() {
    object.use(str);
  }
}

class Synchdemo1 {
  public static void main(String args[]) {
    SynchClassOne object = new SynchClassOne();
    SynchClassTwo ob1 = new SynchClassTwo(object, "Hello!");
    SynchClassTwo ob2 = new SynchClassTwo(object, "Synchronized!");
    SynchClassTwo ob3 = new SynchClassTwo(object, "World!");

    // wait for threads to end
```

```
    try {
      ob1.thrd.join();
      ob2.thrd.join();
      ob3.thrd.join();
    } catch(InterruptedException e) {
      System.out.println("Interrupted:" + e);
    }
  }
}
```

下面是该程序生成的输出：

```
Hello[Synchronized[World!]
]
]
```

可以看出，通过调用 sleep( )方法，use( )方法允许执行切换到另一个线程，这会导致混合输出 3 个消息字符串。在这个程序中，没有采取什么方法以阻止 3 个线程在相同的时间调用同一对象的同一个方法，这就是所谓的竞态条件(race condition)，因为 3 个线程相互竞争以完成方法。这个例子使用了 sleep( )方法，使得效果可以重复并且十分明显。在大多数情况下，竞态条件会更加微妙并且更不可预测，因为不能确定何时会发生线程上下文切换。这会造成程序在某一次运行正确，而在下一次可能运行错误。

为了修复前面的程序，必须按顺序调用 use( )方法。也就是说，必须限制每次只能由一个线程调用 use( )方法。为此，只需要简单地在 use( )方法定义的前面添加关键字 synchronized，如下所示：

```
class SynchClassOne {
  synchronized void use(String str) {
  ...
```

当一个线程使用 use( )方法时，这会阻止其他线程进入该方法。将 synchronized 关键字添加到 use( )方法中之后，程序的输出如下所示：

```
[Hello!]
[Synchronized!]
[World!]
```

在多线程情况下，如果有一个或一组方法用来操作对象的内部状态，那么每次都应当使用 synchronized 关键字，以保证状态不会进入竞态条件。请记住，一旦线程进入一个实例的同步方法，所有其他线程就都不能再进入相同实例的任何同步方法。但是，仍然可以继续调用同一实例的非同步部分。在继续讨论之前，先回顾一下同步方法的一些要点：

- 通过在声明前加上 synchronized 来创建同步方法。
- 对于任何给定对象，一旦同步方法被调用，就会锁住对象，其他线程的执行就不能使用同一对象上的同步方法。

- 其他线程试图使用正在使用的对象时将进入等待状态，直到对象解锁为止。
- 当线程离开同步方法时，对象被解锁。

8.7.2 同步语句

虽然在类中创建同步方法是一种比较容易并且行之有效的实现同步的方式，但并不是在所有情况下都可以使用这种方式。为了理解其中的原因，分析下面的内容：假设某个类没有针对多线程访问进行设计，即类没有使用同步方法，而又希望同步对类的访问。进一步讲，类不是由您创建的，而是由第三方创建的，并且您不能访问类的源代码。因此，不能为类中的合适方法添加 synchronized 修饰符。如何同步访问这种类的对象呢？幸运的是，这个问题的解决方案很容易：可以简单地将对这种类定义的方法的调用放到 synchronized 代码块中。

synchronized 语句的一般形式为：

```
synchronized(objRef) {
  // statements to be synchronized
}
```

其中，objRef 是对被同步对象的引用，而 synchronized 代码块确保对 objRef 对象的成员方法的调用，只会在当前线程成功进入 objRef 的监视器之后发生。

下面是前面例子的另一形式，该形式在 run()方法中使用 synchronized 代码块：

```
// This program uses a synchronized block.
class SynchClassOne {
  void use(String str) {
System.out.print("[" + str);
    try {
      Thread.sleep(2000);
    } catch (InterruptedException e) {
      System.out.println("Interrupted:" + e);
    }
    System.out.println("]");
  }
}

class SynchClassTwo implements Runnable {
  String str;
  SynchClassOne object;
  Thread thrd;

  public SynchClassTwo(SynchClassOne objt, String s) {
    object = objt;
```

```
      str = s;
      thrd = new Thread(this);
      thrd.start();
    }

    // synchronize uses to use()
    public void run() {
      synchronized(object) { // synchronized block
        object.use(str);
      }
    }
  }

  class Synchdemo2 {
    public static void main(String args[]) {
      SynchClassOne object = new SynchClassOne();
      SynchClassTwo ob1 = new SynchClassTwo(object, "Hello!");
      SynchClassTwo ob2 = new SynchClassTwo(object, "Synchronized!");
      SynchClassTwo ob3 = new SynchClassTwo(object, "World!");

      // wait for threads to end
      try {
        ob1.thrd.join();
        ob2.thrd.join();
        ob3.thrd.join();
      } catch(InterruptedException e) {
        System.out.println("Interrupted:" + e);
      }
    }
  }
```

在此，没有使用 synchronized 修饰 use( )方法。反而，在 SynchClassTwo 类的 run( )方法中使用了 synchronized 语句。这会使该形式的输出和前面形式的相同，它们都是正确的，因为每个线程在开始之前都要等待前面的线程先结束。

8.8 线程间通信

考虑这样的情况：一个同步方法中的名为 T 的线程正在执行，并且它需要访问一个名为 R 的资源，但该资源暂时不可用，T 应该做什么？如果 T 进入某种形式的轮询循环来等待 R，那么与 T 相关的对象就不能被其他线程访问。这不是一个最优的解决方案，因为它没有充分利用多线程环境的程序设计优势。更好的解决方案是让 T 暂时放弃对这些对象的控制，以允许其他线程继续运行。当 R 可用时，通知 T，然后 T 继续执行。这种方法依赖于某种形式的线程通信，即一个线程可以通知另一个线程它被阻塞，而其他线程也可以通知它继续执行。Java 使用 wait( )、notify( )和 notifyAll( )方法支持线程间通信。

8.8.1　notify( )、wait( )和 notifyAll( )的线程通信

wait( )、notify( )和 notifyAll( )方法是所有对象的一部分，因为它们是由 Object 类实现的，这些方法只能在同步环境中被调用。它们的用法如下：当一个线程暂时阻塞无法运行时，它调用 wait( )，这会导致线程睡眠，而对象的监视器会被释放，以允许其他线程使用该对象，过一段时间后，当另一个线程进入同一个监视器，调用 notify( )或 notifyAll( )时，睡眠的线程被唤醒。

下面是 Object 类定义的不同形式的 wait( )方法：

```
final void wait( ) throws InterruptedException
final void wait(long millis) throws InterruptedException
final void wait(long millis, int nanos) throws InterruptedException
```

第一种形式会等待，直到被通知。第二种形式会等待，直到被通知或直到经过以毫秒为单位指定的周期。第三种形式允许以纳秒为单位指定等待周期。

下面是 notify( )和 notifyAll( )的基本形式：

```
final void notify( )
final void notifyAll( )
```

对 notify( )的调用恢复了一个等待线程。对 notifyAll( )的调用通知所有的线程，具有最高优先级的线程获得对象的访问权。

在研究一个使用 wait( )的例子之前，有一个要点需要指出。尽管 wait( )通常会等待直到 notify( )或 notifyAll( )被调用，但在极少数情况下，等待线程也可能被伪装的唤醒任务唤醒。导致伪装的唤醒任务的条件很复杂，超出了本书的讨论范围。但是，由于存在这种伪装唤醒的可能性，因此 Oracle 建议对 wait( )的调用应该出现在一个循环中，该循环会检查线程等待的条件。下面的例子说明了该技术。

8.8.2　wait( )和 notify( )的示例

为加强对 wait( )和 notify( )的应用的理解以及对它们的需要，现在通过一个使用 wait( )和 notify( )方法的例子演示线程间通信。

首先分析下面的示例程序，该例以不正确的方式实现了一个简单形式的生产者/消费者问题。该例包含 4 个类：类 SynchQueue 是试图同步的队列；类 Producer 是产生队列条目的线程对象；类 Consumer 是使用队列条目的线程对象；类 CreateSycnchQueue 是一个小型类，用于创建类 SynchQueue、Producer 和 Consumer 的实例。

```
// An incorrect implementation of a producer and consumer.
```

```
class SynchQueue {
  int n;

  synchronized int get() {
    System.out.println("Got: " + n);
    return n;
  }

  synchronized void put(int n) {
    this.n = n;
    System.out.println("Put: " + n);
  }
}

class Producer implements Runnable {
  SynchQueue sq;

  Producer(SynchQueue sq) {
    this.sq = sq;
    new Thread(this, "Producer").start();
  }

  public void run() {
    int i = 0;

    while(true) {
      sq.put(i++);
    }
  }
}

class Consumer implements Runnable {
  SynchQueue sq;

  Consumer(SynchQueue sq) {
    this.sq = sq;
    new Thread(this, "Consumer").start();
  }

  public void run() {
    while(true) {
      sq.get();
    }
  }
```

```
}

class CreateSycnchQueue {
  public static void main(String args[]) {
    SynchQueue sq = new SynchQueue();
    new Producer(sq);
    new Consumer(sq);

    System.out.println("Press Ctrl+C to exit!");
  }
}
```

尽管类 SynchQueue 中的 put( )和 get( )方法是同步的，但是没有什么措施能够停止生产者过度运行，也没有什么措施能够停止消费者两次消费相同的队列值。因此，得到的输出是错误的，如下所示(根据处理器的速度和加载的任务，实际输出可能不尽相同)：

```
Put: 1
Got: 1
Got: 1
Got: 1
Got: 1
Got: 1
Put: 2
Put: 3
Put: 4
Put: 5
Put: 6
Put: 7
Got: 7
```

可以看出，生产者在将 1 放入队列之后，消费者开始运行，并且连续 5 次获得相同的数值 1。然后，生产者恢复执行，并产生数值 2 到 7，而不让消费者有机会使用它们。

使用 Java 编写这个程序的正确方式是使用 wait( )和 notify( )方法在两个方向上发信号，如下所示：

```
// A correct implementation of a producer and consumer.
class SynchQueue {
  int n;
  boolean triggervalue= false;

  synchronized int get() {
    while(!triggervalue)
      try {
        wait();
      } catch(InterruptedException e) {
```

```
        System.out.println("Interrupted:" + e);
      }

    System.out.println("Got: " + n);
    triggervalue = false;
    notify();
    return n;
  }

  synchronized void put(int n) {
    while(triggervalue)
      try {
        wait();
      } catch(InterruptedException e) {
        System.out.println("Interrupted:" + e);
      }

      this.n = n;
      triggervalue = true;
      System.out.println("Put: " + n);
      notify();
  }
}

class Producer implements Runnable {
  SynchQueue sq;

  Producer(SynchQueue sq) {
    this.sq = sq;
    new Thread(this, "Producer").start();
  }

  public void run() {
    int i = 0;

    while(true) {
      sq.put(i++);
    }
  }
}

class Consumer implements Runnable {
  SynchQueue sq;
```

```
    Consumer(SynchQueue sq) {
      this.sq = sq;
      new Thread(this, "Consumer").start();
    }

    public void run() {
      while(true) {
        sq.get();
      }
    }
  }

  class CreateSycnchQueueFixed {
    public static void main(String args[]) {
      SynchQueue sq = new SynchQueue();
      new Producer(sq);
      new Consumer(sq);

      System.out.println("Press Ctrl+C to exit!");
    }
  }
```

在 get( )方法中调用 wait( )方法，这会导致 get( )方法的执行被挂起，直到生产者通知已经准备好一些数据。当发出通知时，恢复 get( )方法中的执行。在获得数据之后，get( )方法调用 notify( )方法。该调用通知生产者可以在队列中放入更多数据。在 put( )方法中，wait( )方法暂停执行，直到消费者从队列中删除条目。当执行恢复时，下一个数据条目被放入队列中，并调用 notify( )方法。这会通知消费者，现在应当删除该数据条目。

下面是这个程序的一些输出，这些输出显示了清晰的同步行为：

```
Put: 1
Got: 1
Put: 2
Got: 2
Put: 3
Got: 3
Put: 4
Got: 4
Put: 5
Got: 5
```

当两个(或更多个)线程尝试同时访问共享资源，但是又没有进行合适的同步时，就会发生竞争条件。例如，当一个线程增加变量的当前值时，另一个线程可能在向这个变量写入新值。如果没有同步，变量的新值取决于线程的执行顺序(是第一个线程增加了变量的原始值，还是第二个线程写入了新值？)。发生这样的情况，就称这两个线程在“相互竞争”，其结果取决于哪一个线程先执行。与死锁一样，竞争条件的发生可能不太容易发现。解决办法就是以预防为主：仔细地编程，正确地同步对共享资源的访问。

8.9 线程状态

有时挂起一个执行的线程是十分有用的。例如，一个单独的线程可以用于显示一天中的时间，如果用户不需要时钟，那么该线程就应该挂起。无论情况怎样，挂起线程都是件简单的事情，挂起后，重新启动也很简单。

从 Java 2 开始，挂起、停止和继续执行线程的机制与 Java 早期形式不尽相同。在 Java 2 以前，程序使用由 Thread 定义的 suspend( )、resume( )和 stop( )来暂停、重新启动和停止线程的执行。它们的形式如下所示：

```
final void resume( )
final void suspend( )
final void stop( )
```

尽管这些方法对于管理线程的执行看似非常合理方便，但是现在不能再使用它们。原因是 Thread 类的 suspend( )方法已经被 Java 2 摒弃了，因为它有时会导致与死锁有关的严重的系统错误。此外，Java 2 也摒弃了 resume( )方法，虽然它不会产生什么问题，但是使用它必须使用 suspend( )方法。Java 2 还摒弃了 Thread 类的 stop( )方法，因为该方法有时也会导致严重的系统错误。

因为现在无法使用 suspend( )、resume( )或 stop( )方法来控制线程，所以可能首先会想到，这样就无法来暂停、重启或终止线程了。然而，事实并非如此，线程的设计必须有一个 run( )方法来周期性地检查它，以确定该线程是否应该挂起、继续执行或停止。通常，这是依靠两个标志变量来完成的。一个用于挂起和继续执行，另一个用于停止。对于挂起和继续执行，只要标志变量被设置为“running”，那么 run( )方法必须继续让线程执行。如果标志变量被设置成“suspend”，那么线程必须暂停。对于停止标志而言，如果设置为“stop”，那么线程必须终止。

下面的程序演示了实现的 suspend( )、resume( )和 stop( )形式的方法：

```
// Suspending, resuming, and stopping a thread.

class NewThread implements Runnable {
  Thread demothrd;

  boolean suspendedtrigger;
  boolean stoppedtrigger;;

  NewThread(String name) {
```

```
    demothrd = new Thread(this, name);
    suspendedtrigger; = false;
    stoppedtrigger = false;
    demothrd.start();
  }

  // Entry point of thread.
  public void run() {
    System.out.println(demothrd.getName() + " starting!");
    try {
      for(int i = 1; i < 1000; i++) {
        System.out.print(i + " ");
        if((i%10)==0) {
          System.out.println();
          Thread.sleep(250);
        }

        // Use synchronized block to check suspended and stopped.
        synchronized(this) {
          while(suspendedtrigger) {
            wait();
          }
          if(stoppedtrigger) break;
        }
      }
    } catch (InterruptedException e) {
      System.out.println(demothrd.getName() + " interrupted:" + e);
    }
    System.out.println(demothrd.getName() + " exiting!");
  }

  // Stop the thread.
  synchronized void newstop() {
    stoppedtrigger = true;

    // The following ensures that a suspended thread can be stopped.
    suspendedtrigger = false;
    notify();
  }

  // Suspend the thread.
  synchronized void newsuspend() {
    suspendedtrigger = true;
  }
```

```
  // Resume the thread.
  synchronized void newresume() {
    suspendedtrigger = false;
    notify();
  }
}

class Suspend {
  public static void main(String args[]) {
    NewThread thrd1 = new NewThread("New Thread");

    try {
      Thread.sleep(1000); // Execute the thrd1 thread

      thrd1.newsuspend();
      System.out.println("Suspending!");
      Thread.sleep(1000);

      thrd1.newresume();
      System.out.println("Resuming!");
      Thread.sleep(1000);

      thrd1.newsuspend();
      System.out.println("Suspending!");
      Thread.sleep(1000);

      thrd1.newresume();
      System.out.println("Resuming!");
      Thread.sleep(1000);

      thrd1.newsuspend();
      System.out.println("Stopping!");
      thrd1.newstop();
    } catch (InterruptedException e) {
      System.out.println("Main thread Interrupted:" + e);
    }

    // wait for thread to end
    try {
      thrd1.demothrd.join();
    } catch (InterruptedException e) {
      System.out.println("Main thread Interrupted:" + e);
    }
```

```
    System.out.println("Main thread ending!");
  }
}
```

程序的输出如下所示(具体输出结果可能与此不尽相同):

```
My Thread starting!
1 2 3 4 5 6 7 8 9 10
11 12 13 14 15 16 17 18 19 20
21 22 23 24 25 26 27 28 29 30
31 32 33 34 35 36 37 38 39 40
Suspending!
Resuming!
41 42 43 44 45 46 47 48 49 50
51 52 53 54 55 56 57 58 59 60
61 62 63 64 65 66 67 68 69 70
71 72 73 74 75 76 77 78 79 80
81 82 83 84 85 86 87 88 89 90
Suspending!
Resuming!
91 92 93 94 95 96 97 98 99 100
101 102 103 104 105 106 107 108 109 110
111 112 113 114 115 116 117 118 119 120
Stopping!
New Thread exiting!
Main thread ending!
```

8.10　本章小结

本章主要针对 Java 多线程的相关概念、函数和使用进行了介绍，主要包括 Java 多线程相关基础概念、Thread 类和 Runnable 接口、单线程的创建、多线程的创建、线程的生命周期、线程的优先级、线程同步、线程间通信、线程状态及相应的一些线程函数的用法、概述等。

8.11　思考和练习

一、选择题

1、下列说法中，正确的一项是(　)。

A、在单处理器的计算机上，两个线程实际上不能并发执行

B. 在单处理器的计算机上，两个线程实际上能够并发执行

C. 一个线程可以包含多个进程

D. 一个进程只能包含一个线程

2. 下列关于 Thread 类的线程控制方法的说法中错误的一项是(　　)。

A. 线程可以通过调用 sleep( )方法使比当前线程优先级低的线程运行

B. 线程可以通过调用 yield( )方法使和当前线程优先级一样的线程运行

C. 线程的 sleep( )方法调用结束后，该线程进入运行状态

D. 若没有相同优先级的线程处于可运行状态，线程调用 yield( )方法时，当前线程将继续执行

3. 下列说法中，错误的一项是(　　)。

A. 线程一旦创建，就立即自动执行

B. 线程创建后需要调用 start( )方法，将线程置于可运行状态

C. 调用线程的 start( )方法后，线程也不一定立即执行

D. 线程处于可运行状态，意味着它可以被调度

4. 下列说法中，错误的一项是(　　)。

A. 在 Thread 类中没有定义 run( )方法

B. 可以通过继承 Thread 类来创建线程

C. 在 Runnable 接口中定义了 run( )方法

D. 可以通过实现 Runnable 接口创建线程

5. Thread 类的常量 NORM_PRIORITY 代表的优先级是(　　)。

A. 最低优先级　　B. 最高优先级

C. 普通优先级　　D. 不是优先级

6. 下列关于线程优先级的说法中，错误的一项是(　　)。

A. MIN_PRIORITY 代表最低优先级

B. MAX_PRIORITY 代表最高优先级

C. NORM_PRIORITY 代表普通优先级

D. 代表优先级的常数值越大，优先级越低

二、填空题

1、多线程是指程序中同时存在着___个执行体，它们按几条不同的执行路线共同工作，独立完成各自的功能而互不干扰。

2、每个 Java 程序都有一个默认的主线程，对于 Application 类型的程序来说，主线程是方法_____执行的线程。

3、在 Java 中，创建线程的方法有两种：一种方法是通过创建_____类的子类来实现，另一种方法是通过实现________接口的类来实现。

4、用户可以通过调用 Thread 类的方法______来修改系统自动设定的线程优先级，使之符合程序的特定需要。

5、Thread 类和 Runnable 接口中共有的方法是_____，只有 Thread 类中有而 Runnable 接口中没有的方法是_______，因此通过实现 Runnable 接口创建的线程类要想启动线程，必须在程序中创建_______类的对象。

6、线程的优先级是一个范围为___到___之间的正整数，数值越大，优先级越____，未设定优先级的线程，其优先级取默认值_____。

三、编程题

编写一个有两个线程的程序，第一个线程用来计算 2～100000 之间的素数的个数，第二个线程用来计算 100000～200000 之间的素数的个数，最后输出结果。

第9章　JAVA的I/O

从本书的一开始就已经用到了部分 Java I/O 系统，如 println( )，然而在使用时，并没有做出更多正式的解释。因为 Java I/O 系统基于类的层次结构，所以在没有对类、继承和异常进行讨论之前是无法介绍其理论和细节的。本章将详细介绍 Java I/O 方法。

本章学习目标：

- 理解 Java 的 I/O 系统
- 了解 Java 的字节流类
- 了解 Java 的字符流类
- 掌握二进制数据的读写
- 掌握文件的随机访问

Java 的 I/O 系统十分庞大，包含许多类、接口和方法。I/O 系统庞大的部分原因在于 Java 定义了两个完整的 I/O 系统：字节 I/O 系统和字符 I/O 系统。虽然本章不可能对 Java I/O 系统的每个方面都做讨论，但是本章会介绍最重要和最常用的功能。幸运的是，Java I/O 系统是相互一致的，一旦理解了它的基础，I/O 系统的其余部分也就可以轻松掌握了。

在开始本章的讨论之前，需要说明的是：本章介绍的 I/O 类支持基于文本的控制台 I/O 和文件 I/O，它们无法创建图形用户界面，因此无法使用它们创建窗口化的应用程序。但是，Java 确实支持创建图形用户界面。

9.1　Java 的 I/O 系统

流(stream)是产生或使用信息的抽象，Java 程序通过流来执行 I/O。Java 的 I/O 系统将流与物理设备相连，尽管与流相连的物理设备各有不同，但是所有的流工作方式都相同。因此，相同 I/O 类和方法可以应用于任何类型的设备，例如，用于写入控制台的方法也可以用于写入磁盘文件。Java 在定义于 java.io 包的类层次结构中实现流。

9.2　字节流和字符流

现代版本的 Java 定义了两种类型的流：字节流和字符流(Java 的最初版本只定义了字节流，后来添加了字符流)。字节流为处理字节的输入和输出提供了一种便利的方法，例如，在读写二进制数据时就会使用字节流。字节流在处理文件时也特别有用，字符流是设计用于处理字符输入和输出的，它们使用 Unicode，因此可以国际化，而且在某些情况下，字符流比字节流的效率更高。

Java 定义了两种不同类型的流，这使 I/O 系统十分庞大，因为这需要两个独立的类层次结构(一个用于字节，另一个用于字符)。I/O 类的数量尽管很多，但是，字节流的功能与字符流的功能大部分是并列的。

需要记住的是：在最低级别，所有 I/O 都是字节。基于字符的流只是为了提供更方便有效的处理字符的方法。

9.3　字节流类

字节流由两个类的层次结构定义，在它们的顶端是两个抽象类：InputStream 和 OutputStream。InputStream 定义了字节输入流共有的特点，而 OutputStream 描述的是字节输出流的行为。

从 InputStream 和 OutputStream 创建的几个具体的子类提供了各种功能，并处理与不同设备(如磁盘文件)进行读写的细节。字节流 I/O 类参见表 9-1。尽管类数量很多，但一旦使用一个字节流，其他的就可以轻松掌握了。

表 9-1　字节流 I/O 类

字节流类	含　义
BufferedInputStream	输入流缓冲
BufferedOutputStream	输出流缓冲
ByteArrayInputStream	从字节数组读取的输入流
ByteArrayOutputStream	写入字节数组的输出流
DataInputStream	包含用于读取 Java 标准数据类型方法的输入流
DataOutputStream	包含用于写入 Java 标准数据类型方法的输出流
FileInputStream	从文件读取的输入流
FileOutputStream	写入文件的输出流
FilterInputStream	实现 InputStream
FilterOutputStream	实现 OutputStream
InputStream	描述流输入的抽象类
ObjectInputStream	对象的输入流
ObjectOutputStream	对象的输出流
OutputStream	描述流输出的抽象类
PipedInputStream	输入管道(input pipe)
PipedOutputStream	输出管道(output pipe)
PrintStream	包含 print( )和 println( )的输出流
PushbackInputStream	允许字节返回到流的输入流
SequenceInputStream	一个输入流，是两个或多个输入流的组合，逐个顺序读取

9.4　字符流类

字符流由两个类的层次结构定义，其顶端是两个抽象类：Reader 和 Writer。Reader 用于输入，Writer 用于输出，从 Reader 和 Writer 派生的具体类用于处理 Unicode 字符流。

从 Reader 和 Writer 派生的若干具体子类用于处理不同的 I/O 任务。通常，基于字符的类与基于字节的类是相对应的。字符流 I/O 类如表 9-2 所示。

表 9-2　字符流 I/O 类

字 符 流 类	含　义	字 符 流 类	含　义
BufferedReader	输入字符流缓冲	OutputStreamWriter	将字符转换为字节的输出流
BufferedWriter	输出字符流缓冲	PipedReader	输入管道
CharArrayReader	从字符数组读取的输入流	PipedWriter	输出管道
CharArrayWriter	写入字符数组的输出流	PrintWriter	包含 print( )和 println( )的输出流
FileReader	从文件读取的输入流	PushbackReader	允许字符返回到输入流的输入流
FileWriter	写入文件的输出流	Reader	描述字符流输入的抽象类
FilterReader	过滤 reader	StringReader	读取字符串的输入流
FilterWriter	过滤 writer	StringWriter	写入字符串的输出流
InputStreamReader	将字节转换为字符的输入流	Writer	描述字符流输出的抽象类
LineNumberReader	统计行数的输入流		

9.5　预定义流

所有的 Java 程序都会自动导入 java.lang 包，该包定义了一个名为 System 的类，它封装了运行时环境的几个要素，其中包含三个预定义的流变量，变量名分别为 in、out 和 err。这些域在 System 中被声明为 public、final 和 static，这就意味着程序的任何部分都无须引用具体的 System 对象就可以使用它们。

System.out 是标准输出流，默认情况下是控制台。System.in 是标准输入流，默认情况下是键盘。System.err 是标准错误流，默认情况下也是控制台。然而这些流都可以被重定向到任何兼容的 I/O 设备。

System.in 是 InputStream 类型的对象。System.out 和 System.err 是 PrintStream 类型的对象。尽管它们通常用于对控制台读取和写入字符，但这些都是字节流。因为预定义流属于没有包含字符流的 Java 原始规范，所以它们不是字符流而是字节流。而且，如果需要的话，可以将它们打包到基于字符的流中。

9.6　字节流读写控制台

字节流层次结构的顶端是 InputStream 类和 OutputStream 类。InputStream 类的方法如表 9-3 所示，OutputStream 类的方法如表 9-4 所示。一般来说，InputStream 类和 OutputStream 类的方法可以根据错误抛出 IOException。这两个抽象类定义的方法对于它们的所有子类都是有效的，因此，它们形成了所有字节流的最小 I/O 功能集。

表 9-3　InputStream 类定义的方法

方　法	描　述
int available( )	返回当前可读取的输入字节数
void close( )	关闭输入源，任何读取尝试都将生成 IOException
void mark(int *numBytes*)	在输入流的当前点放置标记，在读取 *numBytes* 个字节之前保持有效
boolean markSupported( )	如果调用流支持 mark( )/reset( )，则返回 true
int read( )	返回一个整数时表示输入的下一个有效字节，返回–1 时表示到达文件末尾
int read(byte *buffer*[ ])	尝试读取 *buffer*.length 个字节到缓冲区，并返回实际成功读取的字节数。返回–1 时表示到达文件末尾
int read(byte *buffer*[ ], int *offset*,int *numBytes*)	尝试读取 *numBytes* 个字节到缓冲区中以 *buffer*[*offset*]开始的位置，并返回实际成功读取的字节数。返回–1 时表示到达文件末尾
void reset( )	将输入指针重新改为原来设置的标记
long skip(long *numBytes*)	忽略(即跳过)*numBytes* 个输入字节，返回实际忽略的字节数

表 9-4　OutputStream 类定义的方法

方　法	描　述
void close( )	关闭输出流，而且任何写尝试都将产生 IOException
void flush( )	将已经缓冲的任何输出发送到其目标，即刷新输出缓冲区
void write(int *b*)	向输出流写入单个字节。注意，形参是 int 类型，它允许使用无须强制转换回 byte 的表达式就可以调用 write( )
void write(byte *buffer*[ ])	向输出流写入一个完整的字节数组
void write(byte *buffer*[ ], int *offset*, int *numBytes*)	从数组缓冲区的 *buffer*[*offset*]位置开始写入 *numBytes* 个字节的子区间

9.6.1　读控制台

早期，使用字节流是执行控制台输入的唯一方法，而且许多 Java 代码依然只能使用字节流，现在，可以使用字节流或字符流。对于商业代码而言，读取控制台输入的首选方法是使用字符流，这样做可以使程序更易国际化，更易维护，而且直接操作字符要比在字符与字节间来回转换方便得多。然而对于程序示例、自己使用的小型实用程序和处理键盘输入的应用程序而言，使用字节流也是可取的。出于这一点，这里使用字节流来介绍控制台 I/O。

因为 System.in 是 InputStream 类的一个实例，所以可以自动拥有访问 InputStream 类定义的方法的权限。然而，InputStream 类只定义了一个读取字节的输入方法 read( )。read( )的三个版本如下所示：

```
int read( ) throws IOException
int read(byte data[ ]) throws IOException
int read(byte data[ ], int start, int max) throws IOException
```

在介绍如何使用第一个方法的 read( )从键盘(从 System.in)读取字符时，当到达流的末尾时，返回–1。第二个方法的 read( )从输入流读取字节，并将它们放入 *data* 字节数组中，直到数组满、到达流的末尾或有错误发生，它返回读取的字节数；如果到达流的末尾，则返回–1。第三个方法的 read( )从 *start* 指定的位置开始将字节放入 *data* 中，直到存储 *max* 个字节为止，它返回读取的字节数；如果到达流的末尾，则返回–1。错误发生时，所有的方法都抛出 IOException。从 System.in 读取字节时，按回车键会产生一个流结束条件。

例 9-1 是一个演示从 System.in 读取字节数组的程序。注意，可能发生的任何 I/O 异常都被抛出到 main( )以外。这种方法在从控制台读取数据时十分常见。

```
//例 9-1 从 System.in 读取字节数组。
import java.io.*;
class ConsoleReadDemo {
  public static void main(String args[])
    throws IOException {
      byte readarray[] = new byte[20];

      System.out.println("Please Enter some chars using keyboard!");
      System.in.read(readarray);
      System.out.print("The chars are: ");
      for(int i=0; i < readarray.length; i++)
        System.out.print((char) readarray [i]);
  }
}
```

程序运行结果如下所示：

```
Please enter some chars using keyboard!
How are you!
The chars are: How are you!
```

9.6.2 写控制台

Java 起初只为控制台输出提供了字节流，这与控制台输入的情况一样，后期才增加了字符流。要想实现高可移植性代码，推荐使用字符流。但是，因为 System.out 是一个字节流，所以基于字节的控制台输出依然被广泛应用。事实上，本书的所有程序到现在为止使用的都是控制台输出。

使用已熟悉的 print( )和 println( )可以轻松地完成控制台输出。这些方法由 PrintStream 类定义(System.out 引用的对象类型)。虽然 System.out 是一个字节流，但是将这种流用于简单的控制台输出也是可行的。

由于 PrintStream 是一个从 OutputStream 派生的输出流，所以它还实现了低级别的方法 write( )。因此，使用 write( )向控制台写入是完全可行的，PrintStream 定义的 write( )的最简单形式如下所示：

```
void write(int byteval)
```

该方法通过 *byteval* 向文件写入指定的字节，尽管 *byteval* 被声明为整数，但它只有低 8 位被写。下面是一个使用 write( )输出字符“H”并换行的简单示例：

```
// 演示 System.out.write()。
class ConsoleWriteDemo {
  public static void main(String args[]) {
    int c;

    c = 'H';
    System.out.write(c);
    System.out.write('\n');
  }
}
```

尽管使用 write( )来执行控制台输出在某些情况下很有用，但由于 print( )和 println( )用起来更简单，所以 write( )并不经常使用。

PrintStream 还提供了另外两个输出方法：printf( )和 format( )，使用它们可以更详细地控制所输出的数据的格式。例如，可以指定显示的小数位数、最低域宽或负值的格式。在掌握更高级的 Java 知识后，需要深入了解它们。

9.7　字节流读写文件

尽管使用 write( )来执行控制台输出在某些情况下很有用，但由于 print( )和 println( )用起来更简单，所以 write( )并不经常使用。

PrintStream 还提供了另外两个输出方法：printf( )和 format( )，使用它们可以更详细地控制所输出的数据的格式。例如，可以指定显示的小数位数、最低域宽或负值的格式。在掌握更高级的 Java 知识后，需要深入了解它们。

9.7.1　读文件

通过创建一个 FileInputStream 对象可以打开一个用于输入的文件。下面是它最常用的构造函数：

```
FileInputStream(String fileName) throws FileNotFoundException
```

这里，*fileName*指定了你想要打开的文件的名称。如果该文件不存在，就会抛出FileNotFoundException，这是IOException的一个子类。

需要使用 read( )方法来读取文件。将要使用的 read( )方法如下所示：

```
int read( ) throws IOException
```

每次 read( )被调用时，它都会从文件读取一个字节，并将其作为整数值返回。当到达文件结尾时，read( )会返回–1，出现错误时，会抛出 IOException。因此，这个 read( )方法与用来从控制台读取数据的方法相同。

当处理完文件后，必须调用 close( )来关闭它，其基本形式如下所示：

```
void close( ) throws IOException
```

关闭文件可以释放分配给文件的系统资源，以允许这些资源被其他文件使用。不关闭文件会导致内存泄漏，因为不再使用的资源仍然会占用分配的内存空间。

下面的例 9-2 使用 read( )来输入文件，并显示文本文件的内容，文件名被指定为一个命令行实参。注意 try/catch 代码块如何处理可能发生的 I/O 错误。

```
//例 9-2 使用 read( )来输入文件，并显示文本文件的内容。
import java.io.*;

class ReadFileDemo {
  public static void main(String args[])
  {
    int i;
    FileInputStream fins;

    // Please make sure that a file has been specified.
    if(args.length != 1) {
      System.out.println("Usage: ReadFileDemo File!");
      return;
    }

    try {
      fins = new FileInputStream(args[0]);
    } catch(FileNotFoundException e) {
      System.out.println("File Not Found:" + e);
      return;
    }
```

```
      try {
        // read bytes until EOF is encountered
        do {
          i = fins.read();
          if(i != -1) System.out.print((char) i);
        } while(i != -1);
      } catch(IOException e) {
        System.out.println("Error reading file:" + e);
      }

      try {
        fins.close();
      } catch(IOException e) {
        System.out.println("Error closing file:" + e);
      }
    }
  }
```

注意，前面的代码在读取文件的 try 代码块后关闭了文件流。虽然这种方法在某些情况下有用，但是 Java 提供了一种通常情况下更好的方法，在 finally 代码块中调用 close( )。在这种方法中，访问文件的所有方法都包含在一个 try 代码块中，finally 代码块用来关闭文件。这样，无论 try 代码块如何终止，文件都会被关闭。使用前面的示例，下面演示了如何重新编写读取文件的 try 代码块：

```
try {
  do {
    i = fins.read();
    if(i != -1) System.out.print((char) i);
  } while(i != -1);
} catch(IOException e) {
  System.out.println("Error Reading File:" + e);
} finally {
  // Close file.
  try {
    fins.close();
  } catch(IOException e) {
    System.out.println("Error Closing File:" + e);
  }
}
```

如果访问文件的代码由于某种与 I/O 无关的异常而终止，那么 finally 代码块会关闭文件，这是该方法的最大优点。虽然在这个例子及其他多数示例程序中这不是一个问题，因为在发生未预料到的异常时程序简单地结束了，但是在大型的程序中却可能造成很多麻烦。

而使用 finally 可以避免这些麻烦。

有时候，将程序中打开文件和访问文件的部分放到一个 try 代码块中(而不是分开它们)，然后使用一个 finally 代码块关闭文件，这样更加简单。例 9-3 演示了 ReadFileDemo 程序采用的方式：

```
// 例 9-3 ReadFileDemo 程序采用的方式。
import java.io.*;

class ReadFileDemo {
  public static void main(String args[])
  {
    int i;
    FileInputStream fins = null;

    // First, confirm that a file name has been specified.
    if(args.length != 1) {
      System.out.println("Usage: ReadFileDemo filename!");
      return;
    }

    // The following code opens a file, reads characters until EOF
    // is encountered, and then closes the file via a finally block.
    try {
      fins = new FileInputStream(args[0]);

      do {
        i = fins.read();
        if(i != -1) System.out.print((char) i);
      } while(i != -1);

    } catch(FileNotFoundException e) {
      System.out.println("File Not Found:" + e);
    } catch(IOException e) {
      System.out.println("An I/O Error Occurred:" + e);
    } finally {
      // Close file in all cases.
      try {
        if(fins != null) fins.close();
      } catch(IOException e) {
        System.out.println("Error Closing File:" + e);
      }
    }
  }
}
```

在这种方法中，注意 fins 被初始化为 null。然后，在 finally 代码块中，只有 fins 不为 null 时才关闭文件。可以这么做是因为只有文件被成功打开时，fins 才会不为 null。因为如果在打开文件的过程中出现异常，就不会调用 close( )。

前面示例中的 try/catch 序列还可以更加精简。因为 FileNotFoundException 是 IOException 的一个子类，所以不需要单独捕获。例如，这个 catch 语句可以用来捕获两个异常，从而不必单独捕获 FileNotFoundException。在这种情况下，将显示描述错误的标准异常消息。

```
...
} catch(IOException e) {
  System.out.println("An I/O Error Occurred:" + e);
} finally {
...
```

在这种方法中，任何错误，包括打开文件时发生的错误，都会被一个 catch 语句处理。这种方法十分简洁，所以本书中的多数 I/O 示例都采用了这种方法。但是要注意，如果想单独处理打开文件时发生的错误(例如，用户错误地键入了文件名)，这种方法就不合适了。此时，可能会在进入访问文件的 try 代码块之前，提示输入正确的文件名。

9.7.2　写文件

为打开一个文件用于输出，需要创建一个 FileOutputStream 对象。下面是它的两个最常用的构造函数：

```
FileOutputStream(String fileName) throws FileNotFoundException
FileOutputStream(String fileName, boolean append)
   throws FileNotFoundException
```

如果无法创建文件，就会抛出 FileNotFoundException。在第一种形式中，当一个输出文件打开后，以前任何已有的同名文件都会被销毁。在第二种形式中，如果 *append* 为 true，那么输出会被添加到文件的末尾。否则，文件会被重写。

需要使用 write( )方法来写入文件。它的最简形式如下所示：

```
void write(int byteval) throws IOException
```

该方法向文件写入由 *byteval* 指定的字节。尽管 *byteval* 被声明为整数，但它只有低 8 位可以写入文件。如果在写的过程中发生错误，就会抛出 IOException。

一旦处理完输出文件，就必须使用 close( )关闭它，如下所示：

```
void close( ) throws IOException
```

关闭文件可以释放分配给文件的系统资源，以允许这些资源被其他文件使用。它还可以确保保存在磁盘缓冲区中的输出都被真正写到了磁盘上。

例 9-4 复制了一个文本文件。源文件名和目的文件名都在命令行中指定。

```
// 例 9-4 复制一个文本文件，源文件名和目的文件名都在命令行中指定。

import java.io.*;

class CopyFileDemo {
 public static void main(String args[]) throws IOException
 {
   int i;
   FileInputStream fins = null;
   FileOutputStream fouts = null;

   // Please make sure that both files has been specified.
   if(args.length != 2) {
     System.out.println("Usage: CopyFileDemo from to");
     return;
   }

   // Copy a File.
   try {
     // Open source file and destination file.
     fins = new FileInputStream(args[0]);
     fouts = new FileOutputStream(args[1]);

     do {
       i = fins.read();
       if(i != -1) fouts.write(i);
     } while(i != -1);

   } catch(IOException e) {
     System.out.println("An I/O Error Occurred: " + e);
   } finally {
     try {
       if(fins != null) fins.close();
     } catch(IOException e) {
       System.out.println("Error Closing Source File:" + e);
     }
     try {
       if(fouts != null) fouts.close();
     } catch(IOException e) {
       System.out.println("Error Closing Destination File:" + e);
     }
   }
 }
}
```

9.8　关闭文件

在前面的小节中，示例程序在不需要文件时，显式调用了 close( )来关闭文件。从 Java 第一次创建以后，就开始以这种方法关闭文件。所以，现在的代码中广泛使用这种方法，也很有用。但是，从 JDK 7 开始，Java 新增了一种功能，通过自动化关闭资源的过程为管理资源(例如文件流)提供了另外一种更加简化的方式。这种功能的基础是一种新形式的 try 语句，叫作 try-with-resources，有时候称为自动资源管理。try-with-resources 的主要优势在于避免了当不再需要文件(或其他资源)时忘记关闭文件的情况。因为忘记关闭文件可能会导致内存泄漏，并引起其他问题。

try-with-resources 语句的基本形式如下：

```
try (resource-specification) {
   // use the resource
}
```

resource-specification 是一条声明并初始化资源(例如文件)的语句，它包含一个变量声明，该变量的初始化是通过引用被管理对象来实现的。当 try 代码块结束时，资源会自动释放，就文件而言，这意味着文件将被自动关闭，因此不需要显式调用 close( )。try-with-resources 语句也可以包含 catch 和 finally 语句。

try-with-resources 语句只能用于实现了 java.lang 定义的 AutoCloseable 接口的那些资源。这个接口定义了 close( )方法，而 java.io 中的 Closeable 接口继承了 AutoCloseable。两个接口都被流类实现，包括 FileInputStream 和 FileOutputStream。因此，在使用流(包括文件流)时，可以使用 try-with-resources。

作为自动关闭文件的第一个示例，例 9-5 对 ReadFile 程序做了修改，以使用 try-with-resources：

```
// 例 9-5 自动关闭文件。
import java.io.*;

class ReadFileDemo {
 public static void main(String args[])
 {
   int i;

   // First, make sure that a file name has been specified.
   if(args.length != 1) {
     System.out.println("Usage: ReadFileDemo filename");
     return;
   }

   // The following code uses try-with-resources to open a file
```

```
    // and then automatically close it when the try block is left.
    try(FileInputStream fins = new FileInputStream(args[0])) {

      do {
        i = fins.read();
        if(i != -1) System.out.print((char) i);
      } while(i != -1);

    } catch(IOException e) {
      System.out.println("An I/O Error Occurred:" + e);
    }
  }
}
```

在这个程序中，要特别注意try-with-resources语句中打开文件的方式：

```
try(FileInputStream fins = new FileInputStream(args[0])) {
```

注意try语句的资源声明部分声明了一个名为fins的FileInputStream，并把由其构造函数打开的文件的引用赋值给它。因此，在这个版本的程序中，变量fins是try代码块的局部变量，在进入try代码块时创建，退出try代码块时，与fins关联的文件会由于隐式调用close( )而被自动关闭。因为不需要显式调用close( )，所以不会发生忘记关闭文件的情况。这是自动资源管理的一个关键优势。

try语句中声明的资源隐式地被指定为final，这意味着在创建资源后不能为它赋值。另外，该资源的作用域被限定为声明它的try-with-resources语句内。

在一条try语句中可以管理多个资源，只需将每个资源声明用分号隔开即可。下面的示例重新编写了前面的CopyFile程序，使其使用一条try-with-resources语句同时管理fins和fouts。

```
import java.io.*;

class CopyFileDemo {
  public static void main(String args[]) throws IOException
  {
    int i;

    // First, confirm that both files have been specified.
    if(args.length != 2) {
      System.out.println("Usage: CopyFileDemo from to");
      return;
    }

    // Open and manage two files via the try statement.
    try (FileInputStream fins = new FileInputStream(args[0]);
```

```
        FileOutputStream fouts = new FileOutputStream(args[1]))
    {

      do {
        i = fins.read();
        if(i != -1) fouts.write(i);
      } while(i != -1);

    } catch(IOException e) {
      System.out.println("An I/O Error Occurred:" + e);
    }
  }
}
```

在这个程序中，注意在 try 代码块中打开输入和输出文件的方式：

```
try (FileInputStream fins = new FileInputStream(args[0]);
     FileOutputStream fouts = new FileOutputStream(args[1]))
```

在这个 try 代码块结束后，fins 和 fouts 都会被关闭。能够简化源代码是 try-with-resources 带来的另一个好处，比较两个版本的程序会发现，这个版本的程序更加简短。

try-with-resources 还有一个需要解释的方面。一般来说，try 代码块执行时，有可能发生这样的情况：当 finally 语句中的资源关闭时，try 代码块中的一个异常可能会引起另一个异常。如果是"普通"try 语句，原来的异常会被第二个异常取代，从而丢失。但是，在 try-with-resources 语句中，第二个异常将被抑制，但是它不会丢失，而是被添加到与第一个异常相关的被抑制异常的列表中。通过使用 Throwable 定义的 getSuppressed( )方法可以获得被抑制异常的列表。

由于 try-with-resources 存在这么多优势，因此在本章后面的示例中都会使用它。但是，熟悉传统的显式调用 close( )的方法仍然十分重要。首先，现在仍然有大量遗留代码依赖于传统的方法，所有的 Java 程序员都应该完全了解和熟悉这种传统方法，以便可以维护和更新原来的代码。其次，在某些时候，可能需要工作在不能使用 JDK 7 的环境中，此时，将无法使用 try-with- resources 语句，所以必须使用传统的方法。最后，在有些情况下，显式关闭资源可能比自动关闭资源更加合适，虽然如此，但如果正在使用的是 JDK 7、JDK 8 或更高版本，通常应该使用更新的自动化方法来管理资源。

9.9　读写二进制数据

目前，虽然已经能够读写包括 ASCII 字符的字节，但是读取和写入其他类型的数据也是很常见的，例如，可以创建包含 int、double 或 short 数据的文件。要读取和写入 Java 基本类型的二进制值，需要使用 DataInputStream 和 DataOutputStream。

DataOutputStream 实现了 DataOutput 接口，该接口定义了把所有 Java 基本类型写入文件的方法。数据的写入使用的是内部二进制格式，而不是人们可读的文本形式，理解这一点很重要。Java 基本类型常用的输出方法如表 9-5 所示。错误发生时，每种方法都可以抛出一个 IOException。

表 9-5　DataOutputStream 定义的常用输出方法

输出方法	目　　的
void writeBoolean(boolean *val*)	写入 *val* 指定的 boolean 类型数据
void writeByte(int *val*)	写入 *val* 指定的低阶字节
void writeChar(int *val*)	写入 *val* 指定为字符的值
void writeDouble(double *val*)	写入 *val* 指定的 double 类型数据
void writeFloat(float *val*)	写入 *val* 指定的 float 类型数据
void writeInt(int *val*)	写入 *val* 指定的 int 类型数据
void writeLong(long *val*)	写入 *val* 指定的 long 类型数据
void writeShort(int *val*)	写入 *val* 指定为 short 类型的值

下面是 DataOutputStream 的构造函数。注意它建立在 OutputStream 实例的基础之上。

```
DataOutputStream(OutputStream outputStream)
```

这里，*outputStream* 是写入数据的流。要向文件写入输出，可以使用由 FileOutputStream 为该形参创建的对象。

DataInputStream 实现了 DataInput 接口，该接口定义了读取所有 Java 基本类型的方法。这些方法如表 9-6 所示，每种方法都可以抛出 IOException。DataInputStream 使用一个 InputStream 实例作为自己的基础，用读取不同 Java 数据类型的方法来覆盖它，切记，DataInputStream 是以二进制格式，而不是可读的文本格式来读取数据的。DataInputStream 的构造函数如下所示：

```
DataInputStream(InputStream inputStream)
```

表 9-6　DataInputStream 定义的常用输入方法

输入方法	目　　的	输入方法	目　　的
boolean readBoolean( )	读取 boolean 类型数据	float readFloat( )	读取 float 类型数据
byte readByte( )	读取 byte 类型数据	int readInt( )	读取 int 类型数据
char readChar( )	读取 char 类型数据	long readLong( )	读取 long 类型数据
double readDouble( )	读取 double 类型数据	short readShort( )	读取 short 类型数据

这里，*inputStream* 是与创建的 DataInputStream 实例相连的流。要从文件读取输入，可以使用由 FileInputStream 为该形参创建的对象。

例 9-6 是一个说明 DataOutputStream 和 DataInputStream 的程序。它首先向文件写入各种类型的数据，然后从文件中读取这些数据。

```
// 例 9-6 先写后读数据。

import java.io.*;

class RWDataDemo {
  public static void main(String args[])
  {
    int i = 22;
    boolean b = false;
    double j = 67.34;

    // Write some values.
    try (DataOutputStream fos =
            new DataOutputStream(new FileOutputStream("datademo")))
    {
      System.out.println("Writing: " + i);
      fos.writeInt(i);

      System.out.println("Writing: " + b);
      fos.writeBoolean(b);

      System.out.println("Writing: " + j);
      fos.writeDouble(j);

      System.out.println("Writing: " + 10.6 * 3.1);
      fos.writeDouble(10.6 * 3.1);
    }
    catch(IOException e) {
      System.out.println("Error writing:" + e);
      return;
    }

    System.out.println();

    // Now, read them back.
    try (DataInputStream fis =
            new DataInputStream(new FileInputStream("datademo ")))
    {
      i = fis.readInt();
      System.out.println("Reading: " + i);

      b = fis.readBoolean();
      System.out.println("Reading: " + b);
```

```
      j = fis.readDouble();
      System.out.println("Reading: " + j);

      j = fis.readDouble();
      System.out.println("Reading: " + j);
    }
    catch(IOException e) {
      System.out.println("Error Reading:" + e);
    }
  }
}
```

程序的输出如下所示：

```
Writing: 22
Writing: false
Writing: 67.34
Writing: 32.86

Reading: 22
Reading: false
Reading: 67.34
Reading: 32.86
```

9.10　随机访问文件

前面使用的都是以线性方式、逐字节访问的顺序文件(sequential file)。然而，Java 也允许以随机的顺序来访问文件内容，为此，要使用封装了随机访问文件的 RandomAccessFile。RandomAccessFile 不是从 InputStream 或 OutputStream 派生而来的；相反，它实现了定义 I/O 基本方法的接口 DataInput 和 DataOutput。它还支持定位请求，即可以在文件中定位文件指针(file pointer)。使用的构造函数如下所示：

```
RandomAccessFile(String fileName, String access)
             throws FileNotFoundException
```

这里，*fileName* 中存储的是被传入的文件的名称，*access* 确定了允许的文件访问类型。如果是“r”，文件只能读不能写；如果是“rw”，文件既可以读，又可以写。

seek( )方法用于设置文件中文件指针的当前位置：

```
void seek(long newPos) throws IOException
```

这里，*newPos* 指定从文件开头进行计算、以字节计数的文件指针的新位置。在调用

seek( )以后，下一个读或写操作将在新的文件位置发生。

RandomAccessFile 实现了 read( )和 write( )方法，以及 DataInput 和 DataOutput 接口，这就意味着读写基本类型的方法(如 readInt( )和 writeDouble( ))是有效的。

下面是演示随机访问 I/O 的一个示例。它向文件写入 9 个 double 类型的数据，并将它们以无序顺序读回。

```
// 例 9-7 随机访问 I/O。

import java.io.*;

class RandomAccessDemo {
  public static void main(String args[])
  {
    double dataarray[] = { 33.4, 20.5, 6.9, 11.9, 22.9, 116.4, 4.3, 66.2,
21.2 };
    double d;

    // Create and open a random access file.
    try (RandomAccessFile raf = new RandomAccessFile("test.dat", "rw"))
    {
      // Write some double values to the file.
      for(int i=0; i < dataarray.length; i++) {
        raf.writeDouble(dataarray [i]);
      }

      // Read specific double values
      raf.seek(0); // seek to first double value
      d = raf.readDouble();
      System.out.println("First double value is " + d);

      raf.seek(8*2); // seek to third double value
      d = raf.readDouble();
      System.out.println("Third double value is " + d);

      raf.seek(8 * 3); // seek to fourth double value
      d = raf.readDouble();
      System.out.println("Fourth double value is " + d);

      System.out.println("Read even index!");

      // Read other values.
      System.out.println("The double values of even index: ");
      for(int i=0; i < dataarray.length; i+=2) {
        raf.seek(8 * i); // seek to ith double values
```

```
        d = raf.readDouble();
        System.out.println(d);
      }
    }
    catch(IOException e) {
      System.out.println("An I/O Error Occurred:" + e);
    }
  }
}
```

程序的输出如下所示：

```
First double value is 33.4
Third double value is 6.9
Fourth double value is 11.9
Read even index!
The double values of even index:
33.4
6.9
22.9
4.3
21.2
```

注意每个值是如何被定位的。因为每一个 double 值都是 8 字节长，所以每个值都以 8 字节为界限。因此，第 1 个值定位在 0，第 2 个值定位在 8，依此类推，读取第 3 个值时，程序就应该寻找字节 16 的位置，而第 4 个值，程序应该寻找字节 24 的位置。

9.11　Java 字符流应用

Java 的字节流功能强大，使用灵活，但是它们并不是处理字符 I/O 的理想途径。为此，Java 定义了字符流类，在字符流类层次结构的顶端是抽象类 Reader 和 Writer。表 9-7 列出了 Reader 类的方法，表 9-8 列出了 Writer 类的方法。所有的方法在出现错误时都抛出 IOException，由这两个抽象类定义的方法对于所有子类都是有效的。因此，它们就形成了一个所有字符流都应具备的最小 I/O 功能集合。

表 9-7　Reader 定义的方法

方　法	描　述
abstract void close( )	关闭输入源，而且任何读操作都会产生 IOException
void mark(int *numChars*)	在输入流的当前点放置标记，标记在读取 *numChars* 个字符之前一直保持有效
boolean markSupported( )	如果该流支持 mark( )/reset( )，就返回 true

(续表)

方　　法	描　　述
int read( )	返回一个整数，表示调用输入流的下一个有效字符。当到达文件末尾时，返回–1
int read(char *buffer*[ ])	尝试读取 *buffer*.length 个字符到缓冲区，并返回成功读取的实际字符数。当到达文件末尾时，返回–1
abstract int read(char *buffer*[ ], int *offset*,int *numChars*)	尝试读取*numChars*个字符到缓冲区中以*buffer*[*offset*]开始的位置，返回成功读取的字符数。当到达文件末尾时，返回–1
int read(CharBuffer *buffer*)	尝试填充 *buffer* 指定的缓冲区，返回成功读取的字符数。当到达文件末尾时，返回–1。CharBuffer 是一个封装字符序列(如字符串)的类
boolean ready( )	如果下一个输入请求不等待，就返回 true，否则返回 false
void reset( )	将输入指针重置为前面设定的标记
long skip(long *numChars*)	跳过输入的 *numChars* 个字符，返回实际跳过的字符数

表 9-8　Writer 定义的方法

方　　法	描　　述
Writer append(char *ch*)	把 *ch* 追加到调用输出流的末尾，返回调用输出流的引用
Writer append(CharSequence *chars*)	把 *chars* 追加到调用输出流的末尾，返回调用输出流的引用。CharSequence 是一个定义字符序列上的只读操作的接口
Writer append(CharSequence *chars*, int *begin*, int *end*)	把 *chars* 的从 *begin* 到 *end* 之间的字符序列追加到调用输出流的末尾，返回调用输出流的引用。CharSequence 是一个定义字符序列上的只读操作的接口
abstract void close( )	关闭输出流，而且任何写操作都会产生 IOException
abstract void flush( )	将已经缓冲的任何输出发送到其目标，即它用于刷新输出缓冲区
void write(int *ch*)	向调用输出流写入一个字符。注意，形参是 int 类型，它支持直接用表达式调用 write( )而无须将它们强制转换为 char
void write(char *buffer*[ ])	向调用输出流写入一个完整的字符数组
abstract void write(char *buffer*[ ], int *offset*,int *numChars*)	从数组缓冲区的 *buffer*[*offset*]开始向输出流写入 *numChars* 个字符的子区间
void write(String *str*)	向调用输出流写入 *str*
void write(String *str*, int *offset*, int *numChars*)	从指定的 *offset* 开始，向数组 *str* 写入 numChars 个字符的子区间

9.11.1　字符流的控制台输入

使用 Java 字符流从控制台输入作为一种从键盘读取字符的方法比使用字节流更好、更方便。然而，由于 System.in 是一个字节流，需要将 System.in 包含在某一类型的 Reader 中。读取控制台输入最合适的类是 BufferedReader，它支持缓冲的输入流；然而，不能直接从 System.in 构造 BufferedReader，必须首先将它转换为一个字符流；因此，需要使用 InputStreamReader 把字节转换为字符。为获得与 System.in 链接的 InputStream- Reader 对象，需要使用下面所示的构造函数：

```
InputStreamReader(InputStream inputStream)
```

因为 System.in 引用一个 InputStream 类型的对象，所以它可以用于 *inputStream*。

接下来，使用 InputStreamReader 产生的对象，使用下面的构造函数构造一个 BufferedReader，如下所示：

```
BufferedReader(Reader inputReader)
```

这里，*inputReader* 是与创建的 BufferedReader 实例链接的流，把它放在一起，下面的代码行创建了与键盘相连的 BufferedReader：

```
BufferedReader isr = new BufferedReader(new
                       InputStreamReader(System.in));
```

在这条语句执行之后，isr 将成为一个通过 System.in 与控制台相连的字符流。

1. 读取字符

使用 BufferedReader 定义的 read( )方法从 System.in 读取字符与使用字节流读取十分相似。BufferedReader 定义了下面这三种形式的 read( )：

```
int read( ) throws IOException
int read(char data[ ]) throws IOException
int read(char data[ ], int start, int max) throws IOException
```

第一种 read( )读取一个 Unicode 字符，当到达流的末尾时，返回–1。第二种 read( )从输入流读取字符，然后把它们放入 *data*，直到数组满、到达文件末尾或发生错误为止，它返回读取的字符的数量，或者在到达流的末尾时返回–1。第三种 read( )从 *start* 指定的位置开始读取输入到 *data*，直到存储了 *max* 个字符为止，它返回读取字符的数量，或者在到达流的末尾时返回–1。这三种 read( )在发生错误时都抛出 IOException。当从 System.in 读取时，按 Enter 键可以产生一个流结束的条件。

下面的例 9-8 通过从控制台读取字符，直到用户输入一个句点为止来演示 read( )的用法。注意任何可能生成的 I/O 异常都只是抛出到 main( )之外。如前所述，在从控制台读取字符时这种方法是通用的。当然，也可以选择在程序控制下处理这些类型的错误。

```
// 例 9-8 从控制台读取字符，直到用户输入一个句点为止。
import java.io.*;

class ReadCharsDemo {
  public static void main(String args[])
    throws IOException
  {
    char ch;
    BufferedReader isr = new
         BufferedReader(new InputStreamReader(System.in));
```

```
    System.out.println("Enter characters, exclamation to stop.");

    // Read and print characters, exclamation  to end.
    do {
      ch = (char) isr.read();
      System.out.println(ch);
    } while(ch!= '!');
  }
}
```

下面是运行结果：

```
Enter characters, exclamation  to stop.
Test chars!
T
e
s
t

C
h
a
r
s
!
```

2. 读取字符串

为从键盘读取字符串，使用 BufferedReader 类的成员 readLine( )，其基本形式如下所示：

```
String readLine( ) throws IOException
```

返回的 String 对象包含了读取的字符，如果试图在流的末尾读取，就会返回 null。

下面的例 9-9 演示了 BufferedReader 类和 readLine( )方法。程序读取并显示文本行，直到输入符号“!”。

```
// 例 9-9 演示 BufferedReader 类和 readLine( )方法。
import java.io.*;

class ReadLinesDemo {
  public static void main(String args[])
    throws IOException
  {
    // create a BufferedReader using System.in
```

```
    BufferedReader isr = new BufferedReader(new
                           InputStreamReader(System.in));
    String str;

    System.out.println("Enter lines of text, exclamation to quit.");
    do {
      str = isr.readLine();
      System.out.println(str);
    } while(!str.equals("!"));
  }
}
```

9.11.2　字符流的控制台输出

尽管 Java 还允许使用 System.out 向控制台写入，但是它更多地应用于调试程序或如本书出现的那样用于示例程序。对于真正的程序而言，在 Java 中向控制台写入的更合适方法是使用 PrintWriter 流。PrintWriter 是一个字符流类。如上所述，使用字符类进行控制台输出可使程序的国际化更为简单。

PrintWriter 定义了几个构造函数。将使用的构造函数如下所示：

```
PrintWriter(OutputStream outputStream, boolean flushingOn)
```

这里，*outputStream* 是一个 OutputStream 类型的对象，而 *flushShingOn* 控制 Java 是否在每次调用 println( )方法时刷新输出流；如果 *flushOnNewline* 为 true，刷新就会自动进行，如果为 false，刷新就不是自动进行的。

PrintWriter 支持包括 Object 在内的所有类型的 print( )和 println( )方法，因此，可以像在 System.out 中使用它们一样来使用这些方法。如果实参不是基本类型，PrintWriter 方法将调用对象的 toString( )方法，然后打印结果。

为了使用 PrintWriter 向控制台写入，需要为输出流指定 System.out，在每一次调用 println( )之后刷新流。例如，下面这行代码创建了一个与控制台输出相连的 PrintWriter：

```
PrintWriter pw = new PrintWriter(System.out, true);
```

下面的例 9-10 演示了如何使用 PrintWriter 来处理控制台输出：

```
// 例 9-10 演示如何使用 PrintWriter 来处理控制台输出。
import java.io.*;

public class PrintWriterDemo {
  public static void main(String args[]) {
    PrintWriter pw = new PrintWriter(System.out, true);
    double d = 33.26;
    int i = 15;
```

```
    pw.println("Using a PrintWriter.");
    pw.println(d);
    pw.println(i);

    pw.println(d + " + " + i + " = " + (d+i));
  }
}
```

程序的输出如下所示：

```
Using a PrintWriter.
33.26
15
33.26 + 15 = 48.26
```

切记，在学习 Java 或调试程序时使用 System.out 向控制台输出简单的文本是没有错的，然而，使用 PrintWriter 会使实际的应用程序更易于国际化。因为在本书的示例中使用 PrintWriter 没有什么优势，所以为方便起见，将继续使用 System.out 向控制台写入。

9.12　字符流的文件 I/O

尽管字节文件处理是最常见的，但是使用字符流进行 I/O 操作也是可能的。字符流的优势是它们可以直接操作 Unicode 字符，如果想存储 Unicode 文本，字符流肯定是最好的选择。一般来说，如果要执行基于字符的文件 I/O，就要使用 FileReader 和 FileWriter 类。

9.12.1　使用 FileWriter

FileWriter 创建一个可以用于写入文件的 Writer。它的最常用的构造函数如下所示：

```
FileWriter(String fileName) throws IOException
FileWriter(String fileName, boolean append) throws IOException
```

这里，*fileName* 是文件的完整路径名。如果 *append* 为 true，那么输出被添加至文件的末尾。否则，文件被重写。这两个构造函数都会在发生错误时抛出 IOException。FileWriter 是从 OutputStreamWriter 和 Writer 派生而来的。因此，它可以使用这些类定义的方法。

9.12.2　使用 FileReader

FileReader 类创建了一个可以用于读取文件内容的 Reader。它最常用的构造函数如下所示：

```
FileReader(String fileName) throws FileNotFoundException
```

其中，*fileName* 是文件的完整路径名，如果文件不存在，它就会抛出一个 FileNotFoundException。FileReader 是由 InputStreamReader 和 Reader 派生而来的，它可以访问这些类定义的方法。

9.13　Java 的类型封装器

本节介绍在读取数值字符串时一项很有用的技术。Java 的 println( )方法提供了一种向控制台输出各种类型数据的方法，包括内置类型的数值，如 int 和 double，println( )自动将数值转换为可读形式。但是，read( )这样的方法没有提供类似的可以读取，并将包含数值的字符串转换为内部二进制格式的功能，例如，没有一种 read( )方法可以读取类似“200”这样的字符串，然后将其自动转换为对应的能够存储在 int 变量中的二进制值。Java 提供了其他多种方法来完成这一任务，其中最简单的方法可能是使用 Java 的类型封装器(wrapper)。

Java 的类型封装器是封装或包装了基本类型的类。因为基本类型不是对象，所以需要类型封装器。这在某种程度上限制了它们的使用，例如，基本类型不能通过引用来传递，为满足这种需要，Java 为每个基本类型都提供了相应的类。

类型封装器有 Double、Float、Long、Integer、Short、Byte、Character 和 Boolean。这些类提供了大量的方法来把基本类型整合到 Java 的对象层次结构中。另外，数值封装器还定义了可以把数值字符串转换为对应二进制值的方法。表 9-9 显示了一些转换方法，每个方法都返回字符串相应的二进制值。

表 9-9　封装器定义的转换方法

封　装　器	转换方法
Double	static double parseDouble(String *str*) throws NumberFormatException
Float	static float parseFloat(String *str*) throws NumberFormatException
Long	static long parseLong(String *str*) throws NumberFormatException
Integer	static int parseInt(String *str*) throws NumberFormatException
Short	static short parseShort(String *str*) throws NumberFormatException
Byte	static byte parseByte(String *str*) throws NumberFormatException

9.14　本章小结

本章介绍了 Java 的 I/O 相关基础知识，主要包括：Java 的字节流类、字符流类、字节流对控制台和文件的读写、文件自动关闭、二进制数据读写、文件随机访问、字符流对控制台的读写、字符流对文件的读写及 Java 的类型封装器。

9.15　思考和练习

一、选择题

1、下列数据流中，属于输入流的一项是(　　)。

A、从内存流向硬盘的数据流　　B、从键盘流向内存的数据流

C、从键盘流向显示器的数据流　　D、从网络流向显示器的数据流

2、Java 语言提供处理不同类型流的类所在的包是(　　)。

A、java.sql　　B、java.util　　C、java.net　　D、java.io

3、下列流中的哪一个使用了缓冲区技术(　　)?

A、BufferedOutputStream　　B、FileInputStream

C、DataOutputStream　　D、FileReader

4、能读入字节数据进行Java基本数据类型判断过滤的类是(　　)。

A、BufferedInputStream　　B、FileInputStream

C、DataInputStream　　D、FileReader

5、使用哪一个类可以实现在文件的任意位置读写一条记录(　　)?

A、BufferedInputStream　　B、RandomAccessFile

C、FileWriter　　D、FileReader

6、若文件是RandomAccessFile的实例f，并且其基本文件长度大于0，则下面的语句实现的功能是(　　)。

```
f.seek(f.length()-1);
```

A、将文件指针指向文件的第一个字符的后面

B、将文件指针指向文件的最后一个字符的后面

C、将文件指针指向文件的最后一个字符的前面

D、会导致seek()方法抛出一个IOException异常

7、若要删除一个文件，应该使用下列哪个类的实例(　　)?

A、RandomAccessFile　　B、FileOutputStream

C、FileReader　　D、File

8、下列哪一个是Java系统的标准输入流对象(　　)?

A、System.out　　B、System.in　　C、System.exit　　D、System.err

二、填空题

1、在 java.io 包的接口中，处理字节流的有________接口和________接口。

2、所有的字节输入流都从________类继承，所有的字节输出流都从________类继承。

3、与用于读写字节流的 InputStream 类和 OutputStream 类相对应，Java 还提供了用于读写 Unicode 字符的字符流________类和________类。

4、Java 系统事先定义好两个流对象，与系统标准输入和标准输出联系，它们是________和________。

5、Java 的标准输入 System.in 是________类的对象，当程序中需要从键盘读入数据的时候，只需调用 System.in 的________方法即可。

6、在计算机系统中，需要长期保留的数据是以________的形式存放在磁盘、磁带等外存储设备上的。

7、从磁盘文件读取数据，或者将数据写入文件，需要使用文件输入输出流类________和________。

三、编程题

1、编写一个程序，其功能是将两个文件的内容合并到一个文件中。

2、编写一个程序实现以下功能：

(1) 产生 5000 个处于 1～9999 之间的随机整数，将其存入文本文件 a.txt 中。

(2) 从文件中读取这 5000 个整数，并计算其最大值、最小值和平均值并输出结果。

第10章　数据库编程

数据库编程已经成为现代企业软件系统的核心部分，在应用程序的开发过程中，会频繁地访问数据库。例如银行、数字化校园、图书馆等系统都是严重依赖数据库的地方，包括今天，我们在互联网上，使用搜索引擎、在线购物等都离不开数据库。数据库通常安装在被称为数据库服务器的计算机上。Java 语言为访问数据库提供了方便的技术。

本章学习目标：

- 了解 JDBC 技术及其工作原理
- 掌握数据库连接方法
- 能获取数据库中的数据，并对数据库中的数据进行查询及修改
- 了解事务的概念
- 会编写数据库工具类并调用其方法

10.1　JDBC 简介

JDBC(Java DataBase Connectivity，Java 数据库连接)是一种用于执行 SQL 语句的 Java API，可以为多种关系数据库提供统一访问，它由一组用Java 语言编写的类和接口组成。JDBC 提供了一种基准，据此可以构建更高级的工具和接口，使数据库开发人员能够编写数据库应用程序，同时，JDBC 也是个商标名。Java 正是使用 JDBC 技术进行数据库访问的。

有读者可能会问：目前，Microsoft 的 ODBC(Open Database Connectivity，开放式数据库连接)API 可能是使用最广的、用于访问关系数据库的编程接口，它允许程序访问使用 SQL(结构化查询语言)作为数据库访问标准的 DBMS(数据库管理系统)中的数据，而且它能在几乎所有平台上连接几乎所有的数据库。为什么 Java 不使用 ODBC？对这个问题的回答是：Java 可以使用 ODBC，但最好是在 JDBC 的帮助下以JDBC-ODBC桥的形式使用。理由很显然：ODBC 不适合直接在 Java 中使用，因为它使用 C 语言接口。从 Java 调用本地 C 代码在安全性、实现、坚固性和程序的自动移植性方面都有许多缺点。从 ODBC C API 到 Java API 的字面翻译是不可取的。例如，Java 没有指针，而 ODBC 却对指针用得很广泛(包括很容易出错的指针)。可以将 JDBC 想象成被转换为面向对象接口的 ODBC，而面向对象的接口对 Java 程序员来说较易于接受。

Java 使用 JDBC 技术进行数据库访问，如图 10-1 所示。使用 JDBC 技术进行数据库访问时，Java 应用程序通过 JDBC API 和 JDBC 驱动程序管理器进行通信。例如，Java 应用程序可以通过 JDBC API 向 JDBC 驱动程序管理器发送一个 SQL 查询语句。JDBC 驱动程

序管理器又可以两种方式和最终的数据库进行通信：一种是使用 JDBC/ODBC 桥接驱动程序的间接方式；另一种是使用 JDBC 驱动程序的直接方式。

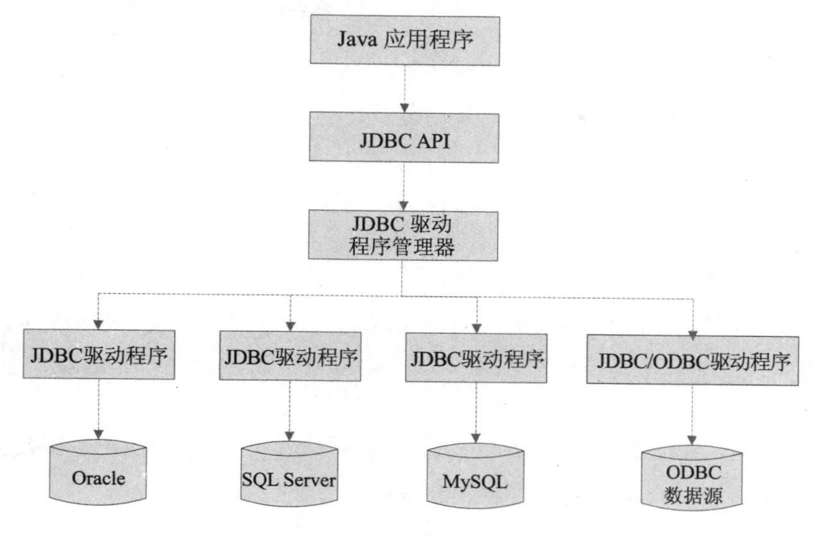

图 10-1　JDBC 示意图

JDBC 采用的这种数据库访问机制使得 JDBC 驱动程序管理器以及底层的数据库驱动程序对于开发人员来说是透明的：访问不同类型的数据库时使用的是同一套 JDBC API。此外，使用这种机制还有另一个重要的意义：当有新类型的数据库出现时，只需要该数据库的生产厂商提供相应的 JDBC 驱动程序，已有的 Java 应用程序不用做任何修改。

在进一步阅读本章之前，请确认计算机上包含了如下内容：

(1) JDBC API

正确安装完 JDK 后，就可以使用 JDBC API 了。

(2) 数据库驱动程序

数据库驱动程序包括：

- JDBC-ODBC 桥接驱动程序。正确安装完 JDK 后，即可自动获得，并且不需要进行任何特殊的配置。
- ODBC 驱动程序。如果计算机上还没有安装 ODBC，请根据 ODBC 驱动程序供应商提供的信息安装并配置 ODBC 驱动程序。
- 访问特定数据库的 JDBC 驱动程序。例如，如果需要访问 MySQL 数据库，那么应该下载并加载 MySQL 的驱动程序。

(3) DBMS(数据库管理系统)

读者可以根据需要，选择性地安装 DBMS。例如，如果需要和一个运行在 SQL Server 2008 上的数据库建立连接，那么首先就需要在本机或其他计算机上安装一个 SQL Server 2008 的 DBMS。本章，我们将使用 MySQL 来创建数据库。

10.2　建立数据库连接

对于 Java 应用程序，若要对数据库进行访问，必须先和数据库建立起连接。建立数据库连接需要两个步骤：装载驱动程序和建立连接。

(1) 装载驱动程序

装载驱动程序只需要非常简单的一行代码，语句如下：

```
Class.forName("驱动程序名称");
```

例如，你想要使用 JDBC-ODBC 桥接驱动程序，可以用下列代码装载它：

```
Class.forName("sun.jdbc.odbc.JdbcOdbcDriver");
```

其中的 sun.jdbc.odbc.JdbcOdbcDriver 是 Sun 公司提供的 JDBC/ODBC 桥接驱动程序的名称。载入驱动程序后，接下来便可以建立连接。

(2) 建立连接

第二步就是用适当的驱动程序类与 DBMS 建立连接。下列代码是一般的做法：

```
Connection con = DriverManager.getConnection(url, "myLogin", "myPassword");
```

这个步骤也非常简单，最难的是怎么提供 url。参数 url 是一个表示数据库统一资源定位的字符串，其常规语法为 jdbc:subprotocol:subname。子协议 subprotocol 用于选取连接数据库的特定驱动程序。

举例来说，如果正在使用 JDBC-ODBC 桥，JDBC URL 将以 jdbc:odbc 开始：余下的 url 通常是数据源的名字或数据库系统。因此，假设正在使用 ODBC 存取一个名为 Fred 的 ODBC 数据源，JDBC URL 是 jdbc:odbc:Fred。把 myLogin 及 myPassword 替换为登录 DBMS 的用户名及密码。如果登录数据库系统的用户名为 Fernanda 密码为 J8，只需下面两行代码就可以建立一个连接：

```
String url = "jdbc:odbc:Fred";
Connection con = DriverManager.getConnection(url,"Fernanda", "J8");
```

不同的驱动程序，驱动程序名称以及子协议名称是可以不一样的。在随驱动程序提供的文档中能够找到具体的使用方法。

正如上一节所述，JDBC 驱动程序管理器可以两种方式进行数据库访问：一种是使用 JDBC/ODBC 桥接驱动程序；另一种是使用 JDBC 驱动程序直接和数据库连接。下面将使用两个实例来分别讲解如何使用这两种方式进行数据库访问。

10.2.1　使用 JDBC-ODBC 桥接驱动程序

这里，我们事先使用 Access 建立一个名为 book.mdb 的数据库，该数据库中有一张表 bookInfo，该表的字段名、数据类型、字段描述如表 10-1 所示。为表 bookInfo 输入如表 10-2

所示的相应测试数据。

使用 ODBC 管理工具为 book.mdb 建立一个名为 Book 的数据源。设定好访问该数据源的用户名称和密码(本例中，我们设定用户名和密码分别为“admin”和“123”)。

表 10-1　表 bookInfo 的字段名及数据类型

字段名	数据/类型	描述
bookID	var char(10)	编号(关键字)
bookName	var char(50)	书名
bookPrice	float(单精度)	图书价格
bookPress	var char (50)	图书出版社

表 10-2　表 bookInfo 中的测试数据

bookID	bookName	bookPrice	bookPress
7-302-10565-0	Java 程序设计与应用开发	27	清华大学出版社
9787302207450	JSP 基础与案例开发详解	58	清华大学出版社

(1) 加载驱动程序

使用 JDBC-ODBC 桥接驱动程序，该驱动程序的名称为 sun.jdbc.odbc.JdbcOdbcDriver。

使用下面的语句将载入 JDBC-ODBC 桥接驱动程序：

```
Class.forName("sun.jdbc.odbc.IdbcOdbcDriver");
```

(2) 建立连接

使用下面的语句建立和数据库的连接：

```
Connection con = DriverManager.getConnection("jdbc:odbc:Book", "admin",
"123");
```

由于本例使用 JDBC-ODBC 桥，因此子协议使用 odbc，subname 就是所使用的数据源名称。例 10-1 完整显示了使用 JDBC-ODBC 桥访问 Access 数据库的源代码。该程序首先载入 JDBC-ODBC 驱动程序，然后和数据源建立连接，最后使用查询语句将 bookInfo 表中的所有数据显示到屏幕上。

```
// 例 10-1 演示如何使用 JDBC-ODBC 驱动程序连接数据源。
import java.sql.Connection;
import java.sql.DriverManager;
import java.sql.ResultSet;
import java.sql.Statement;
public class JdbcOdbcTest {
    public static void main(String[] args) {
        try {
            Class.forName("sun.jdbc.odbc.JdbcOdbcDriver");
            //加载驱动程序
            Connection con = DriverManager.getConnection("jdbc:odbc:Book",
```

```
                "admin", "123");
            //建立连接，用户名和密码分别为 admin 和 123
            Statement stmt = con.createStatement();
            //生成 SQL 语句
            ResultSet rs = stmt.executeQuery("select * from bookInfo");
            //执行查询操作
            System.out.println("编 号 \t\t 书名\t\t 价格 \t 出版社");
            System.out.println("--------------------------------------");
            //打印数据标题行
            while(rs.next())
            { //循环输出语句
                System.out.println(rs.getString(1)+"\t"+rs.getString(2)
                +"\t"+rs.getFloat(3)+"\t"+rs.getString(4));
            }
            rs.close();
            stmt.close();
        } catch (Exception e) {
            e.printStackTrace();//用于输出异常信息。
        }
    }
}
```

运行程序，得到的结果如图 10-2 所示。

```
编号                书名                      价格        出版社
---------------------------------------------------------------
7-302-10565-0       Java程序设计与应用开发     27.0        清华大学出版社
9787302207450       Jsp基础与案例开发详解      58.0        清华大学出版社
```

图 10-2　程序运行结果

10.2.2　使用 JDBC 驱动程序

本节介绍如何使用 JDBC 驱动程序，直接和 MySQL 数据库进行连接。

连接数据库之前，首先创建数据库 mysqltest，在该数据库中创建表 stuInfo，表中的字段、数据类型及字段含义如表 10-3 所示。

表 10-3　表 stuInfo 的字段名及数据类型

字段名	数据/类型	描述
stuID	varchar(10)	学生学号(关键字)
stuName	varchar(50)	学生姓名
math	float	数学成绩
english	float	英语成绩
chinese	float	语文成绩

为便于检测结果，我们借助 Navicat 可视化工具，为 stuInfo 表输入测试数据，如表 10-4 所示。

表 10-4　表 stuInfo 中的测试数据

stuID	stuName	math	english	chinese
2006001	张元凯	85	96.5	77
2006002	徐子晴	86.5	92	83
2006003	李晓丽	80.5	88.5	78

(1) 加载驱动程序

MySQL JDBC 驱动程序的名称为 com.mysql.jdbc.Driver。

使用下面的语句将载入 MySQL JDBC 驱动程序：

```
Class.forName("com.mysql.jdbc.Driver");
```

(2) 建立连接

使用下面的语句建立和数据库的连接：

```
String url = "jdbc:mysql://127.0.0.1:3306/mysqltest";
Connection con = DriverManager.getConnection(url,"root", "root");
```

本例使用 JDBC 驱动程序直接和数据库服务器建立连接，url 子协议的书写方式与上例有所不同。127.0.0.1 是一个特殊的回路地址，代表本机地址(localhost)。如果 MySQL 数据库安装在其他计算机上，那么上述代码片段中 127.0.0.1 的位置应该填写 MySQL 所在计算机的 IP 地址。3306 是数据库服务器的侦听端口号，默认是 3306。如果数据库服务器的侦听端口号被指定为其他的端口号，那么应该修改此处为相应的值。mysqltest 是我们刚刚创建的数据库，第一个 root 是用户名，第二个 root 是密码。

例 10-2 完整显示了使用 JDBC 驱动程序直接访问 MySQL 数据库的源代码，完成的功能与例 10-1 相似。

```
// 例 10-2 演示如何使用 JDBC 直接建立数据库连接。
import java.sql.Connection;
import java.sql.DriverManager;
import java.sql.ResultSet;
import java.sql.Statement;
public class JdbcTest {
        public static void main(String[] args) {
            try {
            Class.forName("com.mysql.jdbc.Driver");
            //加载 MySQL JDBC 驱动程序;
            String url = "jdbc:mysql://127.0.0.1:3306/mysqltest";
            //MySQL 数据库地址
            Connection con = DriverManager.getConnection(url,"root", "root");
```

```
            //创建连接，用户名和密码均为 root
            Statement stmt = con.createStatement();
             //生成 SQL 语句
             ResultSet rs = stmt.executeQuery("select * from stuInfo");
              //执行查询操作
             System.out.println("学号 \t 姓名 \t 数学 \t 英语 \t 语文");
             System.out.println("========================================");
             //打印数据标题行
             while(rs.next())
         { System.out.println(rs.getString(1)+"\t"+rs.getString(2)+"\t"
             +rs.getFloat(3)+"\t  "+rs.getFloat(4)+"\t "+rs.getFloat(5));
             //循环输出语句
         }
          rs.close();
          stmt.close();
         } catch (Exception e) {
          e.printStackTrace();
         }
     }
 }
```

运行程序，得到的结果如图 10-3 所示。

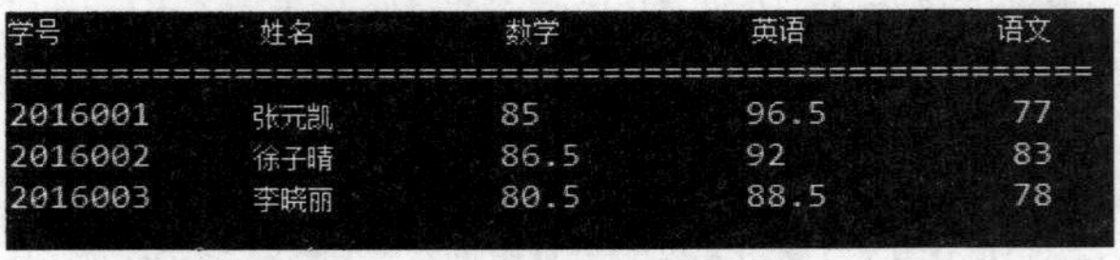

```
学号        姓名        数学        英语        语文
=====================================================
2016001     张元凯      85          96.5        77
2016002     徐子晴      86.5        92          83
2016003     李晓丽      80.5        88.5        78
```

图 10-3　程序运行结果

10.2.3　使用属性文件

前面已经提到，使用 JDBC 的一个优点就是：数据库编程独立于平台和数据库类型。也就是说，数据库类型改变后，访问数据库的代码不需要改变(数据库驱动程序和数据库 url 需要做相应变动)。在例 10-1 和例 10-2 中，驱动程序名称和数据库 url 都已经被“硬”编程到应用程序中。一旦所访问的数据库类型改变后，就必须修改程序中的驱动程序名称和数据库 url，重新编译后才能运行。这对于应用程序的用户来说是不能接受的，另一方面也消减了 JDBC 数据库编程独立于数据库类型的优点。可以通过使用属性文件来解决这个问题：提供一个设置界面，用户可以在该界面上指定驱动程序的名称以及数据库 url，并将结果保存到一个属性文件中。应用程序进行数据库连接时使用属性文件中的信息，这样可以提高程序的灵活性。

为了简单起见，接下来的例 10-3 只演示了如何从属性文件中读取信息。程序运行后得到的结果和例 10-2 完全一样。

在应用程序所在目录中创建一个属性文件 db.properties，该文件中的内容为：

```
dbDriver = com.mysql.jdbc.Driver
dbIp = 127.0.0.1
dbPort = 3306
dbUserName = root
dbPassword = root
defaultDbName = mysqltest
```

Java 语言提供了一个类 java.util.Properties，该类提供了 load()方法，可以从输入流中读取属性值。下面的语句从属性文件中读取信息到对象 prop 中：

```
Properties prop = new Properties();
String currentPath1=JDBCProp.class.getResource(".").getFile().toString();
prop.load(new FileInputStream(currentPath1+"db.properties"));
```

从配置文件中读取的配置信息是以(关键字，属性值)对的形式存放在对象 prop 中的。例如要取得关键字 dbDriver 的属性值，可以使用 getProperty()方法：

```
String driver = prop.getProperty("dbDriver");
```

这时候 driver 的值为 com.mysql.jdbc.Driver。

```
// 例 10-3 演示如何使用属性文件中的信息来建立数据库连接。
import java.io.FileInputStream;
import java.sql.Connection;
import java.sql.DriverManager;
import java.sql.ResultSet;
import java.sql.Statement;
import java.util.Properties;
public class JDBCProp {
    public static void main(String[] args) {
        try {
        //读入配置文件
        Properties prop = new Properties();
        String currentPath1=JDBCProp.class.getResource(".").
        getFile().toString();
        //获取当前文件路径
        prop.load(new FileInputStream(currentPath1+"db.properties"));
        //读取配置信息的值
        String driver = prop.getProperty("dbDriver");
        String ip = prop.getProperty("dbIp");
        String port = prop.getProperty("dbPort");
        String userName = prop.getProperty("dbUserName");
        String userpwd = prop.getProperty("dbPassword");
        String dbName = prop.getProperty("defaultDbName");
        String url = "jdbc:mysql://"+ip+":"+port+"/"+dbName;
        //读取配置信息结束=====
```

```
        Class.forName(driver);
            //加载 MySQL JDBC 驱动程序
            Connection con = DriverManager.getConnection(url,
            userName, userpwd);
            //创建连接，用户名和密码均为 root;
            Statement stmt = con.createStatement();
            //生成 SQL 语句
            ResultSet rs = stmt.executeQuery("select * from stuInfo");
            //执行查询操作
            System.out.println("学号 \t 姓名 \t 数学 \t 英语 \t 语文");
            System.out.println("=======================================");
            //打印数据标题行
            while(rs.next())
            {                System.out.println(rs.getString(1)+"\
                t"+rs.getString(2)+"\t"+rs.getString(3)+"\
                t"+rs.getString(4)+"\t "+rs.getString(5));
                //循环输出语句
            }
            rs.close();
            stmt.close();
        } catch (Exception e) {
            e.printStackTrace();
        }
    }
}
```

10.3　执行 SQL 语句

和数据库建立连接的目的是让应用程序能够和数据库进行交互。Statement 是 Java 执行数据库操作的一个重要接口，用于在已经建立数据库连接的基础上，向数据库发送要执行的 SQL 语句。Statement 对象用于执行不带参数的简单 SQL 语句。

Statement 对象用 Connection 的方法 createStatement( )创建，如下所示：

```
Connection con = DriverManager.getConnection(url, "admin","");
Statement stmt = con.createStatement();
```

为了执行 Statement 对象，被发送到数据库的 SQL 语句将被作为参数提供给 Statement 的方法：

```
ResultSet rs = stmt.executeQuery("select a, b, c from table2");
```

Statement 接口提供了 4 种执行 SQL 语句的方法：executeUpdate(SQL)、

executeQuery(SQL)、execute(SQL)和 executeBatch( )。具体使用哪一个方法，将由 SQL 语句所产生的内容具体来决定。executeUpdate(SQL)方法用来执行那些会修改数据库内容的 SQL 语句，executeQuery(SQL)则用来执行 SQL 查询语句，execute(SQL)方法可以执行任意类型的 SQL 语句，executeBatch( )用来批量执行 SQL 语句。

10.3.1 executeUpdate

方法 executeUpdate(SQL)用于执行 INSERT、UPDATE 或 DELETE 语句以及 SQL DDL(数据定义语言)语句，例如 CREATE TABLE 和 DROP TABLE。INSERT、UPDATE 或 DELETE 语句的效果是修改表中某行或多行中的一列或多列。executeUpdate(SQL)的返回值是一个整数，指示受影响的行数(即更新计数)。对于 CREATE TABLE 或 DROP TABLE 等不操作行的语句，executeUpdate(SQL)的返回值为零。

例如，如果要向数据库 mysqltest 的 stuInfo 表中插入一条记录，可采用如下语句：

```
stmt.executeUpdate("insert into stuInfo values('2016004',
    '王明辉',65.0,85.0,92.5)");
```

10.3.2 executeQuery

如果对数据库进行查询操作，那么使用 executeQuery(SQL)方法，该方法返回单个 ResultSet 结果集对象，该对象中包含了所有查询结果。例如：

```
ResultSet rs = stmt.executeQuery("select * from stuInfo");
```

ResultSet 对象表示数据库结果集的数据表，通常通过执行查询数据库的语句生成。ResultSet 对象具有指向其当前数据行的光标。最初，光标被置于第一行之前。next( )方法将光标移到下一行；因为该方法在 ResultSet 对象没有下一行时返回 false，所以可以在 while 循环中使用它来迭代结果集。

默认的 ResultSet 对象不可更新，仅有一个向前移动的光标。因此，只能迭代它一次，并且只能按从第一行到最后一行的顺序进行。可以生成可滚动和/或可更新的 ResultSet 对象。以下代码片段(其中 con 为有效的 Connection 对象)演示了如何生成可滚动且不受其他更新影响的可更新结果集。有关其他选项，请参见 JDK 帮助文档的 ResultSet 字段。

```
Statement stmt = con.createStatement(
                        ResultSet.TYPE_SCROLL_INSENSITIVE,
                        ResultSet.CONCUR_UPDATABLE);
ResultSet rs = stmt.executeQuery("select * from stuInfo");
```

ResultSet 接口提供用于从当前行获取列值的获取方法 getXXX()。依据字段的 SQL 数据类型的不同，getXXX()方法采用不同的形式，如 getBoolean()、getLong()、getString()等。可以使用列的索引编号或名称获取值。一般情况下，使用列索引较为高效。列从 1 开始编号。为了获得最大的可移植性，应该按从左到右的顺序读取每行中的结果集列，每列只能读取一次。

例如，要获取当前记录中学生的姓名：

```
String stuName = rs.getString(2);              //列索引
```

或者：

```
String stuName = rs.getString("stuName ");  //列名
```

例如，要获取当前记录中学生的英语成绩：

```
float english = rs. getFloat (4);              //列索引
```

或者：

```
float english = rs. getFloat ("english");   //列名
```

ResultSet 对象为任意数据类型提供相应的 getXXX()方法，该方法可以获取任意数据类型的列值。表 10-5 显示的是 SQL 和最常用的 JDBC/Java 类型。

表 10-5　SQL 和最常用的 JDBC/Java 类型

SQL	JDBC/Java	setXXX	getXXX
VARCHAR	java.lang.String	setString	getString
CHAR	java.lang.String	setString	getString
LONGVARCHAR	java.lang.String	setString	getString
BIT	boolean	setBoolean	getBoolean
NUMERIC	java.math.BigDecimal	setBigDecimal	getBigDecimal
TINYINT	byte	setByte	getByte
SMALLINT	short	setShort	getShort
INTEGER	int	setInt	getInt
BIGINT	long	setLong	getLong
REAL	float	setFloat	getFloat
FLOAT	float	setFloat	getFloat
DOUBLE	double	setDouble	getDouble
VARBINARY	byte[ ]	setBytes	getBytes
BINARY	byte[ ]	setBytes	getBytes
DATE	java.sql.Date	setDate	getDate
TIME	java.sql.Time	setTime	getTime
TIMESTAMP	java.sql.Timestamp	setTimestamp	getTimestamp
CLOB	java.sql.Clob	setClob	getClob
BLOB	java.sql.Blob	setBlob	getBlob
ARRAY	java.sql.Array	setARRAY	getARRAY
REF	java.sql.Ref	SetRef	getRef
STRUCT	java.sql.Struct	SetStruct	getStruct

尽管访问每种不同的 SQL 数据类型推荐使用相应的 getXXX()方法，但是有些时候，

getXXX()方法也可以访问类型不匹配的 SQL 数据类型。

例如：

```
String englishsth = rs.getString("english ");
```

上述语句将 Float 类型的英语成绩转换为 String 类型。

表 10-6 显示了 getXXX()方法所能访问的 SQL 数据类型。在该表中，X 表示推荐使用 X 所在行的 getXXX()方法来访问该 X 所在列的 SQL 数据类型；x 表示可以使用该 x 所在行的 getXXX()方法来访问该 x 所在列的 SQL 数据类型，但是不推荐使用。

表 10-6 getXXX()方法所能访问的 SQL 数据类型

SQL 数据类型 / getXXX( )方法	TINYINT	SAMLLINT	INTEGER	BIGINT	REAL	FLOAT	DOUBLE	DECIMAL	NUMERIC	BIT	CHAR	VARCHAR	LONGVARCHAR	BINARY	VARBINARY	LONG VARBINARY	DATE	TIME	TIMESTAMP
getByte	**X**	x	x	x	x	x	x	x	x	x	x	x	x						
getShort	x	**X**	x	x	x	x	x	x	x	x	x	x	x						
getInt	x	x	**X**	x	x	x	x	x	x	x	x	x	x						
getLong	x	x	x	**X**	x	x	x	x	x	x	x	x	x						
getFloat	x	x	x	x	**X**	**X**	x	x	x	x	x	x	x						
getDouble	x	x	x	x	x	**X**	**X**	x	x	x	x	x	x						
getBigDecimal	x	x	x	x	x	x	x	**X**	**X**	x	x	x	x						
getBoolean	x	x	x	x	x	x	x	x	x	**X**	x	x	x						
getString	x	x	x	x	x	x	x	x	x	x	**X**	**X**	x	x	x	x	x	x	x
getBytes														**X**	**X**	x			
getDate											x	x	x				**X**		x
getTime											x	x	x					**X**	x
getTimestamp											x	x	x				x	x	**X**
getAsciiStream											x	x	**X**	x	x	x			
getUnicodeStream											x	x	**X**	x	x	x			
getBinaryStream														x	x	**X**			
getObject	x	x	x	x	x	x	x	x	x	x	x	x	x	x	x	x	x	x	x

10.3.3 executeBatch

executeBatch()方法用来批量执行 SQL 语句。需要注意的是，这些要批量执行的 SQL 语句是更新类型(如 INSERT、UPDATE、DELETE 以及 CREATE 等)，即会对数据库进行修改操作的 SQL 语句，并且其中不能包含查询类型(SELECT)的 SQL 语句。

下面的代码演示了如何使用 executeBatch()方法：

```
Statement stmt = con.createStatement();
stmt.addBatch(updateSql_1);
stmt.addBatch(updateSql_2);
stmt.addBatch(updateSql_3);
int[] results = stmt. executeBatch();
```

在上面的代码片段中，向 stmt 对象中添加了 3 条更新类型的 SQL 语句。调用 executeBatch()方法后，这 3 条 SQL 语句将批量执行。该方法返回的是一个整型数组，其中依次存放了每条 SQL 语句对数据库产生影响的行数。

10.3 节通过几个简单的例子讲解了一些基本的 JDBC API。尽管演示例子中的 SQL 语句都非常简单，但是只要驱动程序和 DBMS 支持，完全可以通过这些基本的 JDBC API 向 DBMS 发送复杂的 SQL 语句，以满足复杂应用程序的需要。

10.4　使用 PreparedStatement

在前面的介绍中，使用数据库连接对象创建 Statement 对象，然后通过 Statement 对象向 DBMS 发送 SQL 语句。除此之外，还可以通过数据库连接对象创建 PreparedStatement 类型的对象，然后通过它向 DBMS 发送 SQL 语句。

java.sql.PreparedStatement 接口继承Statement，并与之在两方面有更大优势：

(1) 执行效率更高

PreparedStatement 实例包含已编译的 SQL 语句，这就是使语句事先“准备好”。由于 PreparedStatement 对象已预编译过，因此其执行速度要快于 Statement 对象。因此，多次执行的 SQL 语句经常创建为 PreparedStatement 对象，以提高效率。

(2) 使用更灵活

PreparedStatement 继承了 Statement 的所有功能。包含于 PreparedStatement 对象中的 SQL 语句可具有一个或多个 IN 参数。IN 参数的值在 SQL 语句创建时未被指定。相反，该语句为每个 IN 参数保留一个问号(?)作为占位符。每个问号的值必须在该语句执行之前，通过适当的 setXXX 方法来提供，用于设置发送给数据库以取代 IN 参数占位符的值。同时，三个方法——execute( )、executeQuery( )和 executeUpdate( )已被更改以使之不再需要参数。这些方法的 Statement 形式(接受 SQL 语句参数的形式)不应该用于 PreparedStatement 对象。

例如：

```
String sql = "select * from stuInfo where  math > ? and chinese > ?";
PreparedStatement pstmt = con.prepareStatement(sql);
pstmt.setFloat(1,60.0);
pstmt.setFloat(2,85.0);
Resultset rs = pstmt.executeQuery();
```

上述代码片段中的第 1 和第 2 行，创建了一个 PreparedStatement 类型的对象 pstmt，该对象中的 SQL 语句为"select * from stuInfo where math > ?"，这条语句立刻被发送到 DBMS 进行预编译。还可以发现，上面这条 SQL 语句使用了一个参数占位符，因此在执行 pstmt 对象中的 SQL 语句前，必须先设定该参数占位符的值。依据参数占位符所指代的数据类型的不同，选用相应类型的 setXXX( )方法来设定参数占位符的值。上述代码片段中，由于 math 和 chinese 均是浮点数类型的值，因此可以使用 setFloat()来设定参数占位符的值，如第 3 和第 4 行代码所示。其中，setFloat( )方法中的第一个参数，表示参数占位符"?"的位置索引，第二个参数是赋给该参数占位符的值。在设定完参数占位符的值后，pstmt 中的 SQL 语句就是"select * from stuInfo where math > 60.0 and chinese > 80.0"。这时候调用 executeQuery( )方法就可以返回查询的结果集 rs，如代码中的第 5 行所示。

通过上面的讲解，不难发现，如果需要向 stuInfo 中插入一条新的记录('2006005', '赵蒙蒙',60.0,85.0,70.0)，根据上面所讲的知识，下列代码片段能够完成该功能：

```
Connection con = DriverManager.getConnection(url, "admin","");
//SQL 语句不再采用拼接方式，应用占位符问号的方式写 SQL 语句
String sql = "insert into stuInfo values(?,?,?,?,?)";
//创建 PreparedStatement 对象
PreparedStatement pstmt = con.prepareStatement (sql);
//对占位符设置值，占位符的顺序从 1 开始，第一个参数是占位符的位置，第二个参数是占位符的值
pstmt.setString(1, "2006005");
pstmt.setString(2, "赵蒙蒙");
pstmt.setFloat(3,60.0);
pstmt.setFloat(4,85.0);
pstmt.setFloat(5,70.0);
//数据库更新操作
pstmt.executeUpdate();
```

在上述代码片段中，使用 setXXX()方法来逐个设定参数占位符的值。在实际的应用程序中，一条记录的字段往往有几十个，使用这种方式的话，程序就会写的很长，效率不高。这时候，可以使用 setObject( )方法集合循环语句来设置占位符的值。同样以上述插入一条记录为例：

```
Connection con = DriverManager.getConnection(url, "admin","");
String sql = "insert into stuInfo values(?,?,?,?,?)";
PreparedStatement pstmt = con.prepareStatement (sql);
Object[] datas = {"2006005","赵蒙蒙",60.0,85.0,70.0};
//利用循环语句逐个赋值
for(int i=1;i<=datas.length;i++){
pstmt.setObject(i, datas[i-1]);
}
//数据库更新操作
pstmt.executeUpdate();
```

setObject( )方法有两个参数：第一个参数是占位符的索引；第二个参数是对象类型的值，赋值给占位符所指的参数。需要注意的是，所赋的对象类型必须和占位符所指参数的SQL 数据类型相匹配。例如在上述代码片段中，将 Float 类型的对象赋值给一个 SQL 数据类型为 float 的参数，将 String 类型的对象赋值给一个 SQL 数据类型为 varchar 的参数。

10.5　事务处理

10.5.1　什么是事务

事务是访问数据库的一个操作序列，数据库应用系统通过事务集来完成对数据库的存取。事务的正确执行使得数据库从一种状态转换成另一种状态。

事务必须服从 ISO/IEC 所制定的 ACID 原则。ACID 是原子性(Atomicity)、一致性(Consistency)、隔离性(Isolation)和持久性(Durability)的英文缩写。

- 原子性。即不可分割性，事务要么全部被执行，要么就全部不被执行。如果事务的所有子事务全部提交成功，则所有的数据库操作被提交，数据库状态发生转换；如果有子事务失败，则其他子事务的数据库操作被回滚，即数据库回到事务执行前的状态，不会发生状态转换。
- 一致性或可串性。事务的执行使得数据库从一种正确状态转换成另一种正确状态。
- 隔离性。在事务正确提交之前，不允许把该事务对数据的任何改变提供给任何其他事务，即在事务正确提交之前，可能的结果不应显示给任何其他事务。
- 持久性。事务正确提交后，其结果将永久保存在数据库中，即使在事务提交后有了其他故障，事务的处理结果也会得到保存。

运行嵌入式 SQL 应用程序或脚本，在可执行 SQL 语句第一次执行时(在建立与数据库的连接之后或在现有事务终止之后)，事务就会自动启动。在启动事务之后，必须由启动事务的用户或应用程序显式地终止它，除非使用了称为自动提交(automatic commit)的过程(在这种情况下，发出的每个单独的 SQL 语句被看成单个事务，它一执行就被隐式地提交了)。

在大多数情况下，通过执行 COMMIT 或 ROLLBACK 语句来终止事务。当执行 COMMIT 语句时，自从事务启动以来对数据库所做的一切更改就成为永久性的，即它们被写到磁盘。当执行 ROLLBACK 语句时，自从事务启动以来对数据库所做的一切更改都被撤销，并且数据库返回到事务开始之前所处的状态。不管是哪种情况，数据库在事务完成时都保证能回到一致状态。

一定要注意一点：虽然事务通过确保对数据的更改仅在事务被成功提交之后才成为永久性的，从而提供了一般的数据库一致性，但还是需要用户或应用程序来确保每个事务中执行的 SQL 操作序列始终会导致一致的数据库。

10.5.2　一个关于事务的案例

来看一个账户资金转移的问题：假设存在张三和李四两个账户，现在需要张三从自己的账户上把 1000 元转到李四的账户上。可使用下面的代码：

```
String sql_1 = "update account set monery=monery-1000 where name='zhangsan'";
String sql_2 = "update account set monery=monery+1000 where name='lisi'";
PreparedStatement pstmt _1= con.prepareStatement (sql_1);
PreparedStatement pstmt _2= con.prepareStatement (sql_2);
pstmt _1.executeUpdate();    // pstmt _1 语句的作用是：从账户张三减去资金 1000 元
pstmt _2.executeUpdate();    // pstmt _2 语句的作用是：为账户李四加上资金 1000 元
```

如果一切正常，上面代码片段能完成资金转移的功能。然而，实际情况可能不是这么简单。例如，如果语句 pstmt _1 正常执行完毕，而 pstmt _2 在执行时出现异常，那么就会出现数据的不一致性：张三账户上的资金减少了，而李四账户上的资金并没有增加。这种情况显示是不能接受的。

要解决这个问题，我们希望：语句 pstmt _1 和语句 pstmt _2 组成一个执行单元，并且只有在 pstmt _1 和 pstmt _2 均正确执行完毕后，才对数据库产生影响；任何一条语句出错，都退回到这个执行单元之前的状态。这个执行单元就被称为事务。

在数据库操作中，一项事务是指由一条或多条对数据库更新的 SQL 语句组成的一个不可分割的工作单元。只有当事务中的所有操作都正常完成了，整个事务才能被提交到数据库，只要有一项操作没有完成，就必须撤消整个事务。

在 Connection 类中提供了 3 个控制事务的方法：

(1) setAutoCommit(Boolean autoCommit)：设置是否自动提交事务

(2) commit()：提交事务

(3) rollback()：撤消事务

在 JDBC API 中，默认的情况为自动提交事务，也就是说，每一条对数据库更新的 SQL 语句代表一项事务，操作成功后，系统自动调用 commit( )来提交，否则将调用 rollback( )来撤消事务。

在 JDBC API 中，可以通过调用 setAutoCommit(false)来禁止自动提交事务。然后就可以把多条更新数据库的 SQL 语句作为一个事务，在所有操作完成之后，调用 commit( )来进行整体提交。只要其中一项 SQL 操作失败，就不会执行 commit( )方法，而是产生相应的 SQL 异常，此时就可以在捕获异常的代码块中调用 rollback( )方法来撤消事务。

10.5.3　事务提交模式

数据库系统支持两种事务模式：

- 自动提交模式：每个 SQL 语句都是一个独立的事务，当数据库系统执行完一个 SQL 语句后，会自动提交事务。
- 手动提交模式：必须由数据库客户程序显式指定事务的开始边界和结束边界。

MySQL 中的数据库表分为 3 种类型：INNODB、BDB 和 MyISAM，其中 MyISAM 不支持数据库事务。MySQL 中的 create table 语句默认为 MyISAM 类型。

默认状态下，创建的连接处于自动提交(auto commit)模式：每条语句执行完毕后，立即向 DBMS 递交执行结果。即每条语句独立构成一个事务。因此，为了让若干条语句构成一个事务，在执行第一条语句前先关闭自动提交模式，使用如下方法：

```
con.setAutoCommit(false);
```

将自动提交模式设置为 false 后，所执行的语句不会将执行结果提交给 DBMS，直到调用如下提交语句：

```
con.commit();
```

因此，要为上述账户间资金转移定制事务，使用下面的代码片段：

```
con.setAutoCommit(false);  // 设置为非自动提交模式
PreparedStatement pstmt _1= con.prepareStatement (sql_1);
PreparedStatement pstmt _2= con.prepareStatement (sql_2);
pstmt _1.executeUpdate();   // pstmt _1 语句执行完毕后不立刻提交
pstmt _2.executeUpdate();   // pstmt _2 语句执行完毕后不立刻提交
con.commit();  // 提交事务
con.setAutoCommit(true);  // 恢复自动提交模式
pstmt _1.close();
pstmt _2.close();
```

上述代码中，pstmt _1 和 pstmt _2 组成了一个事务。pstmt _1 和 pstmt _2 执行完毕后，并不立即提交，直到执行完 con.commit()语句后，这两条语句作为一个整体同时提交。con.setAutoCommit(true)语句再将连接恢复为原先的自动提交模式。

10.5.4 事务撤消

再次回到上述问题：语句 pstmt _1 正常执行完毕，而语句 pstmt _2 在执行时出现异常。这时候，就需要放弃该事务，并且恢复到事务开始时的状态。为此，可以把事务放在一个 try 代码块中，在对应的 catch 代码块中捕获事务执行过程中出现的异常。一旦有异常发现，可以调用 rollBack( )方法撤消事务，恢复到事务开始时的状态。这样就可以有效地保持数据库数据的完整性和一致性，例如：

```
try{
con.setAutoCommit(false);         // 设置为非自动提交模式
PreparedStatement pstmt _1= con.prepareStatement (sql_1);
PreparedStatement pstmt _2= con.prepareStatement (sql_2);
pstmt _1.executeUpdate();         // pstmt _1 语句执行完毕后不立刻提交
pstmt _2.executeUpdate();         // pstmt _2 语句执行完毕后不立刻提交
con.commit();                     // 提交事务
```

```
    con.setAutoCommit(true);          // 恢复自动提交模式
    pstmt _1.close();
    pstmt _2.close();
    }catch(SQLException e){
    e.printStackTrace();
    if(con!=null){
        try{
          con.rollBack();             //撤消事务
          con.setAutoCommit(true);    // 恢复自动提交模式
          } catch(SQLException ex){
          ex.printStackTrace();
        }
      }
    }
```

由于撤消事务仍可能抛出异常，因此同样需要使用 try-catch 代码块来捕获异常。此外，由于在事务执行的过程中一旦抛出异常，将不会执行 con.setAutoCommit(true)语句，因此需要在执行事务撤消语句 con.rollBack()后，调用 con.setAutoCommit(true)语句将连接恢复为原先的自动提交模式。

10.6　编写数据库工具类

Java 编程语言提供了用于数据库编程访问的各种 API。有的时候，一些 API 总是要组合在一起使用。例如，要建立一个数据库连接，总是需要先载入数据库驱动程序，然后使用驱动程序管理器建立连接。为此，我们可以编写一个方法(比如例 10-4 中的 getConnection( )，该方法完成载入驱动程序并使用驱动程序管理器建立连接)，然后将该方法封装在一个自定义的类中(比如例 10-4 中的 DbUtil 类)。这样，要创建一个数据库连接，只需要一条语句：

```
Connection con = DbUtil.getConnection();
```

这样可以更加高效、简洁地编写出应用程序。

在例 10-4 中，类 DbUtil 被打包到 com.util 中。因此，在其他的类中需要使用类 DbUtil 时，必须首先引入包：

```
import com.util.DbUtil;
```

或是：

```
import com.util.*;
```

DbUtil 类中集成了读写数据库和表格的一些方法，包括将数据库中的记录读入表格以及将表格中的数据写入数据库等。DbUtil 里面的方法可以根据需要进行丰富和完善。

我们希望数据库中存储的字段值不出现空值 null，这样可以在应用程序中减少很多烦人的空值条件判断。为此，在字段值为空值时，可以考虑使用特殊值来代替。例如，一个 Double 类型的字段，可以用 Double.NEGATIVE_INFINITE 这个特殊值来代替空值。也就是说，在数据库中，如果一个数据字段的值为 Double.NEGATIVE_INFINITE，就表示该字段为空值。使用这种处理方式后，当需要将字段值为空值(已经由特殊值表示)的字段读入表格中显示时，需要将表示空值的特殊值转换为真正的空值 null，这样才能使得表格正确显示。DbUtil 类提供了一个方法 getLineForTableFromLineForDB()，该方法将适合数据库存储的一行数据(空值由特殊值表示)转换为适合表格显示的数据：依次判断字段值，如果是一个表示空值的特殊值，则将其转换为空值 null。由于不同的数据类型，所定义的代表控制的特殊值是不同的(例如，整型可以是 Integer.MIN_VALUE)，因此需要依据每个字段的数据类型来判断是否使用特殊值代替空值。出于演示的目的，在该方法中，只考虑了 String、Double、Integer，读者可以根据需要自行添加。

```
// 例 10-4 演示一个简单的数据库工具类。
package com.util;
import java.io.FileInputStream;
import java.io.IOException;
import java.sql.Connection;
import java.sql.DriverManager;
import java.sql.PreparedStatement;
import java.sql.ResultSet;
import java.sql.SQLException;
import java.util.Properties;
import javax.swing.JOptionPane;
import javax.swing.table.DefaultTableModel;
public class DbUtil {
    //读入配置文件
  public static Properties loadProperty()
  {     Properties prop = new Properties();
        try{
        String currentPath1=DbUtil.class.
            getResource(".").getFile().toString();
        prop.load(new FileInputStream(currentPath1+"db.properties"));
        }catch(IOException e)
        {
            e.printStackTrace();
            JOptionPane.showMessageDialog(null, "配置文件丢失！\n 建议重新安装
                程序","信息",JOptionPane.ERROR_MESSAGE);
            prop = null;
        }
        return prop;
  }
```

```
//和数据库建立连接
public static Connection getConnection()
{      Connection con = null;
   try{
    Properties prop = DbUtil.loadProperty();
    //开始读取配置信息的值
    String driver = prop.getProperty("dbDriver");
    String ip = prop.getProperty("dbIp");
    String port = prop.getProperty("dbPort");
    String userName = prop.getProperty("dbUserName");
    String userpwd = prop.getProperty("dbPassword");
    String dbName = prop.getProperty("defaultDbName");
    String url = "jdbc:mysql://"+ip+":"+port+"/"+dbName;
    //读取配置信息结束
    Class.forName(driver);          //加载 MySQL JDBC 驱动程序
    con = DriverManager.getConnection(url,userName, userpwd);
   }catch(Exception e)
   {   e.printStackTrace();
     JOptionPane.showMessageDialog(null, "数据库连接失败！",
         "信息",JOptionPane.ERROR_MESSAGE);
   }
   return con;
}
//使用指定的 SQL 语句和数据，向数据库修改一条记录：包括添加、修改、删除等
public static boolean updateRowToDB(Connection con,String sql,
   Object[] datas)
{  boolean flag = true;
   PreparedStatement pstmt = null;
   try {
    pstmt = con.prepareStatement(sql);
    if(datas!=null)
    {
       for(int i=1;i<=datas.length;i++)
       {
          pstmt.setObject(i, datas[i-1]);
       }
       pstmt.execute();
       JOptionPane.showMessageDialog(null, "操作成功！",
          "信息",JOptionPane.INFORMATION_MESSAGE);
    }
  } catch (SQLException e) {
    // TODO Auto-generated catch block
    e.printStackTrace();
    flag = false;
```

```
        JOptionPane.showMessageDialog(null, "向数据库插入记录失败! "+e,
            "信息",JOptionPane.ERROR_MESSAGE);
    }finally{
        if(pstmt!=null)
        {    try {
                pstmt.close();
            } catch (SQLException e) {
                // TODO Auto-generated catch block
                e.printStackTrace();
            }
        }
    }
    return flag;
}
//将适合数据库存储的一行数据 lineForDB 转换为适合表格显示的 lineForTable
//依据数据类型的不同，将代表空值的特殊值转换为空值
public static Object[] getLineForTableFromLineForDB(Object[]
    lineForDB,Class[] dataType){
  Object[] lineForTable = new Object[lineForDB.length];
  for(int i=0;i<lineForDB.length;i++)
  {
      if(dataType[i]==java.lang.String.class)
          lineForTable[i] = lineForDB[i];
      else if(dataType[i]==java.lang.Double.class){
          if(((Double)lineForDB[i]).doubleValue()==
              Double.NEGATIVE_INFINITY)
          lineForTable[i] = null;
          else
          lineForTable[i] = lineForDB[i];
      }
      else if(dataType[i]==java.lang.Integer.class){
          if(((Integer)lineForDB[i]).doubleValue()==Integer.MIN_VALUE)
          lineForTable[i] = null;
          else
          lineForTable[i] = lineForDB[i];
      }
  }
  return lineForTable;
}
//清空表格中所有的数据
public static void clearAlldatasForTable(DefaultTableModel model)
{
   while(model.getRowCount()>0)
       model.removeRow(0);
```

```
}
//从数据库读取数据到表格中，dataType 指明表格中每一列的数据类型
//当前只考虑了 String、Double、Integer、Boolean、Timestamp 类型
public static void readDBToTable(Connection con,
    String readsql,DefaultTableModel model,Class[] dataType)
{      clearAlldatasForTable(model);
    PreparedStatement pstmt = null;
    try {
      pstmt = con.prepareStatement(readsql);
      pstmt.clearParameters();
      ResultSet rs = pstmt.executeQuery();
      while(rs.next())
      {
          int column = model.getColumnCount();
          Object[] line = new Object[column];
          for(int i=0;i<column;i++)
          {
              if(dataType[i]== java.lang.String.class)
                  line[i] = rs.getString(i+1).trim();
              else if(dataType[i]==java.lang.Double.class){
                  if(rs.getDouble(i+1)==Double.NEGATIVE_INFINITY)
                      line[i] = null;
                  else
                      line[i] = new Double(rs.getDouble(i+1));
              }
              else if(dataType[i]==java.lang.Integer.class){
                  if(rs.getInt(i+1)==Integer.MIN_VALUE)
                      line[i] = null;
                  else
                      line[i] = new Integer(rs.getInt(i+1));
              }
          }
          model.addRow(line);//将数据添加到表模型
      }
  } catch(SQLException e) {
      // TODO Auto-generated catch block
      e.printStackTrace();
      JOptionPane.showMessageDialog(null, "从数据库读取数据失败！"+e,
          "提示",JOptionPane.ERROR_MESSAGE);
  }finally{
      if(pstmt!=null)
      {
          try {
              pstmt.close();
```

```
            } catch(SQLException e) {
                // TODO Auto-generated catch block
                e.printStackTrace();
            }
        }
    }
  }
  //查询获得单行记录
  public static Object[] getLineDatasFromSearchSql(Connection con,String
sql,DefaultTableModel model,Class[] dataType)
  {   Object[] line = null;
      PreparedStatement pstmt = null;
      try {
        pstmt = con.prepareStatement(sql);
        pstmt.clearParameters();
        ResultSet rs = pstmt.executeQuery();
        if(rs.next())
        {
            int column = model.getColumnCount();
            line = new Object[column];
            for(int i=0;i<column;i++)
            {
                if(dataType[i]== java.lang.String.class)
                    line[i] = rs.getString(i+1).trim();
                else if(dataType[i]==java.lang.Double.class){
                    if(rs.getDouble(i+1)==Double.NEGATIVE_INFINITY)
                        line[i] = null;
                    else
                        line[i] = new Double(rs.getDouble(i+1));
                }
                else if(dataType[i]==java.lang.Integer.class){
                    if(rs.getInt(i+1)==Integer.MIN_VALUE)
                        line[i] = null;
                    else
                        line[i] = new Integer(rs.getInt(i+1));
                }
            }
        }
    } catch(SQLException e) {
        // TODO Auto-generated catch block
        e.printStackTrace();
        JOptionPane.showMessageDialog(null, "该学生不存在! "+e,
            "提示",JOptionPane.ERROR_MESSAGE);
    }finally{
```

```
        if(pstmt!=null)
        {
            try {
                pstmt.close();
            } catch(SQLException e) {
                // TODO Auto-generated catch block
                e.printStackTrace();
            }
        }
    }
      return line;
  }
}
```

10.7　一个例子

本节提供一段源代码，是教务信息管理系统中的子模块：学生信息管理。该应用程序的主界面如图 10-4 所示，包括一个菜单栏和多个菜单(“查询信息”、“添加学生”、“删除信息”、“修改信息”、“退出系统”)，其他页面中主要包含文本框、按钮、组合框和表格。

该应用的程序代码结构图如图 10-5 所示。

图 10-4　程序主界面

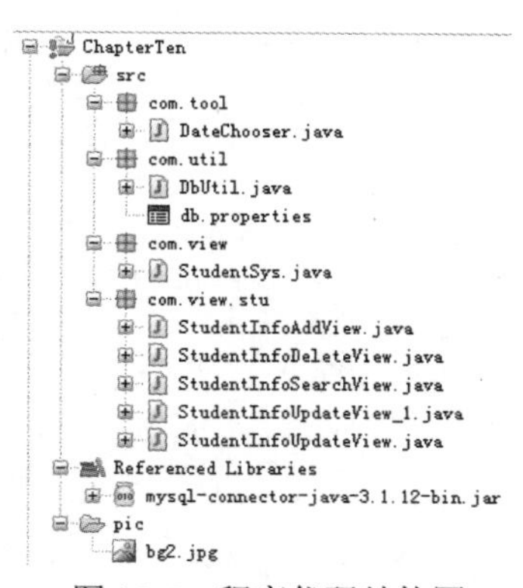

图 10-5　程序代码结构图

10.7.1　数据库

该例中，所用的数据库名字是 studb，在数据库中创建表 stuInfo，其中的字段名和数据类型如表 10-7 所示。

表 10-7　表 stuInfo 的字段名及数据类型

字段名	数据/类型	描述
stuID	varchar(10)	学生学号(关键字)
stuName	varchar(50)	学生姓名
stuBirth	date	学生出生日期
stuCity	varchar(20)	学生籍贯
stuDep	varchar(50)	学生所在系部

10.7.2　布局及功能简介

查询学生信息：包含所有信息查询和按学号进行的单条记录查询，如图 10-6 和图 10-7 所示。

图 10-6　查询所有学生信息

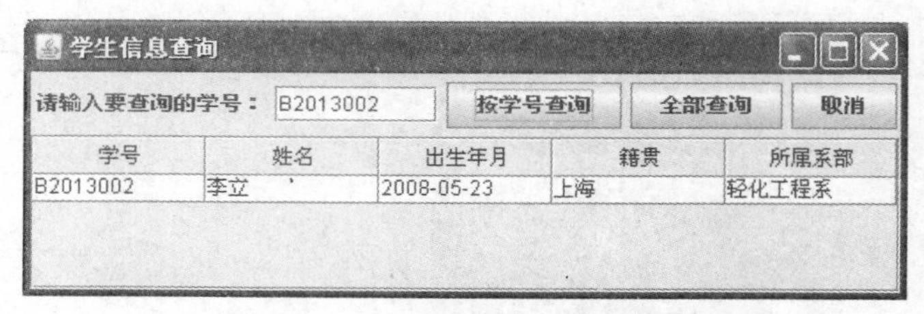

图 10-7　按学号查询某学生信息

添加学生信息：出生日期采用自定义编写的“小日历”，籍贯和所属系部用的是组合框，如图 10-8 所示。

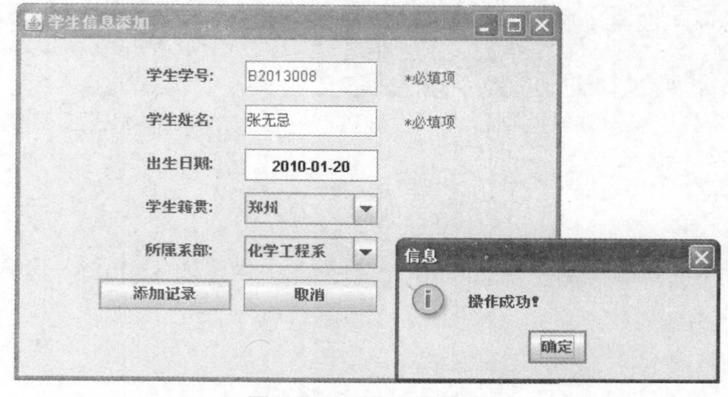

图 10-8　添加学生信息

删除学生信息：输入学号，单击“删除记录”按钮，即可删除信息，如图 10-9 所示。

学生信息删除

请输入要删除的学号：005　删除记录　全部查询　取消

学号	姓名	出生年月	籍贯	所属系部
003	333	2017-01-23	北京	计算机系
005	00522	2012-06-19	郑州	机电工程系
B2013001	张三	2007-04-10	北京	计算机系
B2013002	李立	2008-05-23	上海	轻化工程系
B2013003	任盈盈	2008-07-19	郑州	艺术设计系
B2013007	张无忌	2010-01-20	郑州	化学工程系
B2013008	张无忌	2010-01-20	郑州	化学工程系

图 10-9　按学号删除学生信息

修改学生信息：输入学号，单击“进入修改页面”按钮，即可获取该学生的所有信息。用户可在新打开的页面里，对学生信息进行修改。该模块实际上包含两个功能：查询学生记录和修改学生信息，如图 10-10 所示。

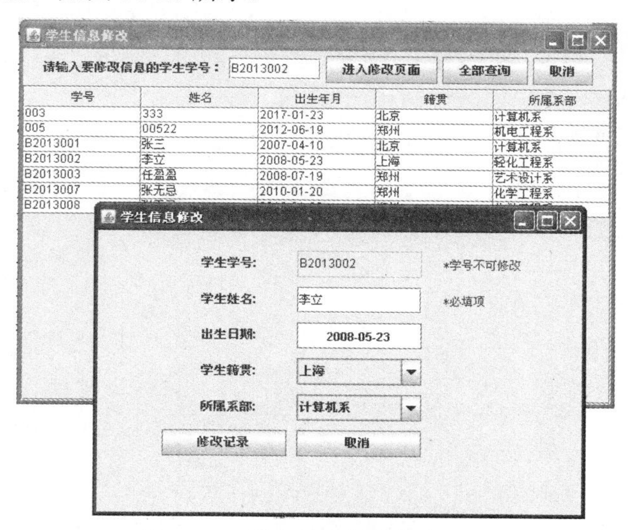

图 10-10　进入修改学生信息页面

10.7.3　源代码

```
//关于属性文件 properties
dbDriver = com.mysql.jdbc.Driver
dbIp = 127.0.0.1
dbPort = 3306
dbUserName = root
dbPassword = root
defaultDbName =studb
//主页面 StudentSys.java 是主程序
package com.view;
import java.awt.event.ActionEvent;
```

```
import java.awt.event.ActionListener;
import javax.swing.ImageIcon;
import javax.swing.JFrame;
import javax.swing.JLabel;
import javax.swing.JMenu;
import javax.swing.JMenuBar;
import javax.swing.JMenuItem;
public class StudentSys extends JFrame implements ActionListener {
    JMenuBar mb = new JMenuBar();
    JMenu mm[] = { new JMenu("学生信息管理"), new JMenu("课程管理"),
            new JMenu("成绩管理"), new JMenu("教师管理"),
                new JMenu("退出系统") };
    JMenuItem sm[] = { new JMenuItem("查询信息"), new JMenuItem("添加学生"),
            new JMenuItem("删除信息"), new JMenuItem("修改信息"),
            new JMenuItem("退出系统") };
    ImageIcon icon = new ImageIcon("pic/bg2.jpg");
    JLabel lb = new JLabel(icon);
    public StudentSys() {
        this.setJMenuBar(mb);
        for(int i = 0; i < mm.length; i++) {
            mb.add(mm[i]);
        }
        for(int i = 0; i < sm.length; i++) {
            mm[0].add(sm[i]);
            sm[i].addActionListener(this);
        }
        this.setTitle("教务信息管理系统");
        this.setBounds(100, 100, 500, 400);
        this.getContentPane().add(lb);
        this.setDefaultCloseOperation(JFrame.EXIT_ON_CLOSE);
        this.setVisible(true);
    }
    @Override
    public void actionPerformed(ActionEvent e) {
        if(e.getSource()==sm[0])
            new StudentInfoSearchView();
        else if(e.getSource()==sm[1])
            new StudentInfoAddView();
        else if(e.getSource()==sm[2])
            new StudentInfoDeleteView();
        else if(e.getSource()==sm[3])
            new StudentInfoUpdateView_1();
        else
            System.exit(0);
```

```
    }
    public static void main(String[] args) {
        new StudentSys();
    }
}
//查询页面 StudentInfoSearchView.java
package com.view.stu;
import java.awt.BorderLayout;
import java.awt.event.ActionEvent;
import java.awt.event.ActionListener;
import java.sql.Connection;
import javax.swing.JButton;
import javax.swing.JFrame;
import javax.swing.JLabel;
import javax.swing.JOptionPane;
import javax.swing.JPanel;
import javax.swing.JScrollPane;
import javax.swing.JTable;
import javax.swing.JTextField;
import javax.swing.table.DefaultTableModel;
import com.util.DbUtil;
public class StudentInfoSearchView extends JFrame implements ActionListener {
    String biaoti[] = { "学号", "姓名", "出生年月", "籍贯", "所属系部" };
    DefaultTableModel dtm = new DefaultTableModel(null, biaoti);
    JTable tb = new JTable(dtm);
    JScrollPane sp = new JScrollPane(tb);
    JPanel p = new JPanel();
    JTextField td = new JTextField(8);
    JButton bt1 = new JButton("按学号查询");
    JButton bt2 = new JButton("全部查询");
    JButton bt3 = new JButton("取消");
    public StudentInfoSearchView() {
        this.setTitle("学生信息查询");
        this.setBounds(100, 100, 500, 400);
        p.add(new JLabel("请输入要查询的学号："));
        p.add(td);
        p.add(bt1);
        p.add(bt2);
        p.add(bt3);
        bt1.addActionListener(this);
        bt2.addActionListener(this);
        bt3.addActionListener(this);
        this.getContentPane().add(p, BorderLayout.NORTH);
        this.getContentPane().add(sp);
```

```
        this.setDefaultCloseOperation(JFrame.HIDE_ON_CLOSE);
        this.setVisible(true);
    }
      @Override
    public void actionPerformed(ActionEvent e) {
        if(e.getSource() == bt1) {
         String id = td.getText();
            if(id == null || id.equals("")) {
                JOptionPane.showMessageDialog(this, "请输入学号: ");
            } else {
                Connection con = DbUtil.getConnection();
                String readsql = "select * from stuInfo where stuId = '"+id+"'";
                Class[] datType ={java.lang.String.class,java.lang.String.
                    class,java.lang.String.class,java.lang.String.class,
                    java.lang.String.class};
                DbUtil.readDBToTable(con, readsql, dtm, datType);
            }
        } else if(e.getSource()==bt2)
            {
                Connection con = DbUtil.getConnection();
                String readsql ="select * from stuInfo";
                Class[] datType ={java.lang.String.class,java.lang.String.
                    class,java.lang.String.class,java.lang.String.class,
                    java.lang.String.class};
                DbUtil.readDBToTable(con, readsql, dtm, datType);
        }
        else if(e.getSource()==bt3){
            td.setText("");
        }
    }
}
//添加记录页面 StudentInfoAddView.java
package com.view.stu;
import java.awt.BorderLayout;
import java.awt.Color;
import java.awt.Font;
import java.awt.GridLayout;
import java.awt.event.ActionEvent;
import java.awt.event.ActionListener;
import java.sql.Connection;
import javax.swing.JButton;
import javax.swing.JComboBox;
import javax.swing.JFrame;
import javax.swing.JLabel;
```

```
    import javax.swing.JOptionPane;
    import javax.swing.JPanel;
    import javax.swing.JTextField;
    import com.tool.DateChooser;
    import com.util.DbUtil;
    public class StudentInfoAddView extends JFrame implements ActionListener {
        JPanel p = new JPanel();
        JTextField tdid = new JTextField(8);
        JTextField tdname = new JTextField(8);
        JButton bt1 = new JButton("添加记录");
        JButton bt2 = new JButton("取消");
        DateChooser dc1 = new DateChooser("yyyy-MM-dd");
        DateChooser dc2 = new DateChooser("yyyy-MM-dd");
        String adds[] = {"北京", "天津", "上海", "广州", "郑州", "武汉",……};
        //此处地名有省略
        String deps[]={"计算机系","艺术系","环境工程系","化学工程系","物理系","财经管
理系","机电工程系","外语系","生物工程系"};
        JComboBox cb1 = new JComboBox(adds);
        JComboBox cb2 = new JComboBox(deps);
        JLabel lb1 = new JLabel("  *必填项");
        JLabel lb2 = new JLabel("  *必填项");
        Font font = new Font("宋体",Font.PLAIN,12);
        public StudentInfoAddView() {
            p.setLayout(new GridLayout(7, 3,10,10));
            lb1.setFont(font);
            lb2.setFont(font);
            lb1.setForeground(Color.red);
            lb2.setForeground(Color.red);
            p.add(new JLabel("     学生学号:"));
            p.add(tdid);
            p.add(lb1);
            p.add(new JLabel("     学生姓名:"));
            p.add(tdname);
            p.add(lb2);
            p.add(new JLabel("     出生日期:"));
            p.add(dc1);
            p.add(new JLabel("     "));
            p.add(new JLabel("     学生籍贯:"));
            p.add(cb1);
            p.add(new JLabel("     "));
            p.add(new JLabel("     所属系部:"));
            p.add(cb2);
            p.add(new JLabel("     "));
            p.add(bt1);
```

```
        p.add(bt2);
        p.add(new JLabel("    "));
        bt1.addActionListener(this);
        bt2.addActionListener(this);
        this.setTitle("学生信息添加");
        this.setBounds(100, 100, 450, 320);
        this.getContentPane().add(new JLabel("    "),BorderLayout.NORTH);
        this.getContentPane().add(new JLabel("    "),BorderLayout.EAST);
        this.getContentPane().add(p);
        this.getContentPane().add(new JLabel("    "),BorderLayout.WEST);
        this.getContentPane().add(new JLabel("    "),BorderLayout.SOUTH);
        this.setDefaultCloseOperation(JFrame.HIDE_ON_CLOSE);
        this.setVisible(true);
    }
    @Override
    public void actionPerformed(ActionEvent e) {
      if(e.getSource()==bt1)
      {String stuID = tdid.getText();
        String stuName = tdname.getText();
        String stuBirth = dc1.getFinalTime();
        String stuAddess = (String)cb1.getSelectedItem();
        String stuDepartment = (String)cb2.getSelectedItem();
        Connection con = DbUtil.getConnection();
        String sql = "insert into stuInfo values(?,?,?,?,?)";
        String datas[]={stuID,stuName,stuBirth,stuAddess,stuDepartment};
        DbUtil.updateRowToDB(con, sql, datas);//修改数据库
      }
      else
      {tdid.setText("");
         tdname.setText("");
      }
    }
}
//修改页面 1: StudentInfoUpdateView_1.java
package com.view.stu;
import java.awt.BorderLayout;
import java.awt.event.ActionEvent;
import java.awt.event.ActionListener;
import java.sql.Connection;
import javax.swing.JButton;
import javax.swing.JFrame;
import javax.swing.JLabel;
import javax.swing.JOptionPane;
import javax.swing.JPanel;
```

```
import javax.swing.JScrollPane;
import javax.swing.JTable;
import javax.swing.JTextField;
import javax.swing.table.DefaultTableModel;
import com.util.DbUtil;
public class StudentInfoUpdateView_1 extends JFrame implements
  ActionListener {
    String biaoti[] = { "学号", "姓名", "出生年月", "籍贯", "所属系部" };
    DefaultTableModel dtm = new DefaultTableModel(null, biaoti);
    JTable tb = new JTable(dtm);
    JScrollPane sp = new JScrollPane(tb);
    JPanel p = new JPanel();
    JTextField td = new JTextField(8);
    JButton bt1 = new JButton("进入修改页面");
    JButton bt2 = new JButton("全部查询");
    JButton bt3 = new JButton("取消");
    public StudentInfoUpdateView_1() {
        this.setTitle("学生信息删除");
        this.setBounds(100, 100, 600, 400);
        p.add(new JLabel("请输入要修改信息的学生学号: "));
        p.add(td);
        p.add(bt1);
        p.add(bt2);
        p.add(bt3);
        bt1.addActionListener(this);
        bt2.addActionListener(this);
        bt3.addActionListener(this);
        this.getContentPane().add(p, BorderLayout.NORTH);
        this.getContentPane().add(sp);
        this.setDefaultCloseOperation(JFrame.HIDE_ON_CLOSE);
        this.setVisible(true);
    }
    @Override
    public void actionPerformed(ActionEvent e) {
        if(e.getSource() == bt1) {
            String id = td.getText();
            if(id == null || id.equals("")) {
                JOptionPane.showMessageDialog(this, "请输入学号: ");
            }
            else
            {   Connection con = DbUtil.getConnection();
                String sql = "select * from stuInfo where stuId = '"+id+"'";
                Class[] datType ={java.lang.String.class,java.lang.String.
                    class,java.lang.String.class,java.lang.String.class,
```

```
                java.lang.String.class};
            Object obj[]=DbUtil.getLineDatasFromSearchSql(con, sql, dtm,
                datType);
            if(obj!=null)
            {
                new StudentInfoUpdateView(obj);
            }
        }
    } else if(e.getSource()==bt2)
        {
        Connection con = DbUtil.getConnection();
        String readsql ="select * from stuInfo";
        Class[] datType ={java.lang.String.class,java.lang.String.
            class,java.lang.String.class,java.lang.String.class,
            java.lang.String.class};
        DbUtil.readDBToTable(con, readsql, dtm, datType);
        }
    else if(e.getSource()==bt3){
        td.setText("");
    }
  }
}
//修改页面 StudentInfoUpdateView.java
package com.view.stu;
import java.awt.BorderLayout;
import java.awt.Color;
import java.awt.Container;
import java.awt.Font;
import java.awt.GridLayout;
import java.awt.event.ActionEvent;
import java.awt.event.ActionListener;
import java.sql.Connection;
import javax.swing.JButton;
import javax.swing.JComboBox;
import javax.swing.JFrame;
import javax.swing.JLabel;
import javax.swing.JOptionPane;
import javax.swing.JPanel;
import javax.swing.JTextField;
import com.tool.DateChooser;
import com.util.DbUtil;
public class StudentInfoUpdateView extends JFrame implements ActionListener {
    JPanel p = new JPanel();
    JTextField tdid = new JTextField(8);
```

```
JTextField tdname = new JTextField(8);
JButton bt1 = new JButton("修改记录");
JButton bt2 = new JButton("取消");
DateChooser dc1 = new DateChooser("yyyy-MM-dd");
DateChooser dc2 = new DateChooser("yyyy-MM-dd");
String adds[] = { "北京", "天津", "上海", "广州", "郑州", "武汉", "长沙",
   "西安", "重庆",   "浙江", "山东" };
String deps[] = { "计算机系", "艺术系", "环境工程系", "化学工程系",
   "物理系", "财经管理系", "机电工程系","外语系", "生物工程系" };
JComboBox cb1 = new JComboBox(adds);
JComboBox cb2 = new JComboBox(deps);
JLabel lb1 = new JLabel("  *学号不可修改");
JLabel lb2 = new JLabel("  *必填项");
Font font = new Font("宋体", Font.PLAIN, 12);
Container ct = null;
public StudentInfoUpdateView(Object[] obj) {
   p.setLayout(new GridLayout(7, 3, 10, 10));
   lb1.setFont(font);
   lb2.setFont(font);
   lb1.setForeground(Color.red);
   lb2.setForeground(Color.red);
   p.add(new JLabel("      学生学号:"));
   p.add(tdid);
   p.add(lb1);
   tdid.setText(obj[0].toString());
   tdid.setEditable(false);
   p.add(new JLabel("      学生姓名:"));
   p.add(tdname);
   tdname.setText(obj[1].toString());
   p.add(lb2);
   p.add(new JLabel("      出生日期:"));
   p.add(dc1);
   dc1.setFinalTime(obj[2].toString());
   p.add(new JLabel("      "));
   p.add(new JLabel("      学生籍贯:"));
   p.add(cb1);
    cb1.setSelectedItem(obj[3].toString());
   p.add(new JLabel("      "));
   p.add(new JLabel("      所属系部:"));
   p.add(cb2);
   cb2.setSelectedItem(obj[4].toString());
   p.add(new JLabel("      "));
   p.add(bt1);
   p.add(bt2);
```

```
        p.add(new JLabel("    "));
        bt1.addActionListener(this);
        bt2.addActionListener(this);
        this.setTitle("学生信息修改");
        this.setBounds(100, 100, 500, 400);
        ct = this.getContentPane();
        ct.add(new JLabel("    "), BorderLayout.NORTH);
        ct.add(new JLabel("    "), BorderLayout.EAST);
        ct.add(p);
        ct.add(new JLabel("          "), BorderLayout.WEST);
        ct.add(new JLabel("     "), BorderLayout.SOUTH);
        this.setDefaultCloseOperation(JFrame.HIDE_ON_CLOSE);
        this.setVisible(true);
    }
    @Override
    public void actionPerformed(ActionEvent e) {
        if(e.getSource() == bt1) {
            String stuID = tdid.getText();
            String stuName = tdname.getText();
            String stuBirth = dc1.getFinalTime();
            String stuAddess = (String) cb1.getSelectedItem();
            String stuBeginTime = dc2.getFinalTime();
            String stuDepartment = (String) cb2.getSelectedItem();
            Connection con = DbUtil.getConnection();
            String sql = "update stuInfo set stuName=?,stuBirth=?,
              stuCity=?,stuDep=? where stuId = ?";
            String datas[]={stuName,stuBirth,stuAddess,stuDepartment,stuID};
            DbUtil.updateRowToDB(con, sql, datas);//修改数据库
        } else {
            tdid.setText("");
            tdname.setText("");
        }
    }
}
//删除页面
package com.view.stu;
import java.awt.BorderLayout;
import java.awt.event.ActionEvent;
import java.awt.event.ActionListener;
import java.sql.Connection;
import javax.swing.JButton;
import javax.swing.JFrame;
import javax.swing.JLabel;
import javax.swing.JOptionPane;
```

```
import javax.swing.JPanel;
import javax.swing.JScrollPane;
import javax.swing.JTable;
import javax.swing.JTextField;
import javax.swing.table.DefaultTableModel;
import com.util.DbUtil;
public class StudentInfoDeleteView extends JFrame implements ActionListener {
    String biaoti[] = { "学号", "姓名", "出生年月", "籍贯", "所属系部" };
    DefaultTableModel dtm = new DefaultTableModel(null, biaoti);
    JTable tb = new JTable(dtm);
    JScrollPane sp = new JScrollPane(tb);
    JPanel p = new JPanel();
    JTextField td = new JTextField(8);
    JButton bt1 = new JButton("删除记录");
    JButton bt2 = new JButton("全部查询");
    JButton bt3 = new JButton("取消");
    public StudentInfoDeleteView() {
        this.setTitle("学生信息删除");
        this.setBounds(100, 100, 500, 400);
        p.add(new JLabel("请输入要删除的学号: "));
        p.add(td);
        p.add(bt1);
        p.add(bt2);
        p.add(bt3);
        bt1.addActionListener(this);
        bt2.addActionListener(this);
        bt3.addActionListener(this);
        this.getContentPane().add(p, BorderLayout.NORTH);
        this.getContentPane().add(sp);
        this.setDefaultCloseOperation(JFrame.HIDE_ON_CLOSE);
        this.setVisible(true);
    }
    @Override
    public void actionPerformed(ActionEvent e) {
         if(e.getSource() == bt1) {
            String id = td.getText();
            if(id == null || id.equals("")) {
                JOptionPane.showMessageDialog(this, "请输入学号: ");
            }
            else
            {    Connection con = DbUtil.getConnection();
                String sql = "delete from stuInfo where stuId = ?";
                String datas[]={id};
                DbUtil.updateRowToDB(con, sql, datas);//删除数据库数据
```

```
                String readsql ="select * from stuInfo";
                Class[] datType ={java.lang.String.class,java.lang.String.
                    class,java.lang.String.class,java.lang.String.class,
                    java.lang.String.class};
                DbUtil.readDBToTable(con, readsql, dtm, datType);
            }
        } else if(e.getSource()==bt2)
            {
            Connection con = DbUtil.getConnection();
            String readsql ="select * from stuInfo";
            Class[] datType ={java.lang.String.class,java.lang.String.
                class,java.lang.String.class,java.lang.String.class,
                java.lang.String.class};
            DbUtil.readDBToTable(con, readsql, dtm, datType);
            }
        else if(e.getSource()==bt3){
            td.setText("");
        }
    }
}
//工具类：DateChooser日历
package com.tool;
import java.awt.BasicStroke;
import java.awt.BorderLayout;
import java.awt.Color;
import java.awt.Component;
import java.awt.Cursor;
import java.awt.Dimension;
import java.awt.Font;
import java.awt.Graphics;
import java.awt.Graphics2D;
import java.awt.GridLayout;
import java.awt.Point;
import java.awt.Polygon;
import java.awt.Stroke;
import java.awt.Toolkit;
import java.awt.event.FocusEvent;
import java.awt.event.FocusListener;
import java.awt.event.MouseAdapter;
import java.awt.event.MouseEvent;
import java.awt.event.MouseListener;
import java.awt.event.MouseMotionListener;
import java.text.SimpleDateFormat;
import java.util.ArrayList;
```

```
import java.util.Calendar;
import java.util.Comparator;
import java.util.Date;
import java.util.List;
import javax.swing.BorderFactory;
import javax.swing.JButton;
import javax.swing.JFrame;
import javax.swing.JLabel;
import javax.swing.JPanel;
import javax.swing.Popup;
import javax.swing.PopupFactory;
import javax.swing.SwingUtilities;
import javax.swing.event.AncestorEvent;
import javax.swing.event.AncestorListener;
//日期选择器，可以指定日期的显示格式
 public class DateChooser extends JPanel{
    private static final long serialVersionUID = 4529266044762990227L;
    private Date initDate;
    private Calendar now=Calendar.getInstance();
    private Calendar select;
    private JPanel monthPanel;//月历
    private JP1 jp1;//四块面板,组成
    private JP2 jp2;
    private JP3 jp3;
    private JP4 jp4;
    private Font font=new Font("宋体",Font.PLAIN,12);
    private final LabelManager lm=new LabelManager();
    private JLabel showDate; //,toSelect;
    private SimpleDateFormat sdf;
    private boolean isShow=false;
    private Popup pop;
    public DateChooser() {
        this(new Date());
    }
    public DateChooser(Date date){
       this(date, "yyyy年MM月dd日");
    }
    public DateChooser(String format){
        this(new Date(), format);
    }
    public DateChooser(Date date, String format){
        initDate=date;
        sdf=new SimpleDateFormat(format);
        select=Calendar.getInstance();
```

```
        select.setTime(initDate);
        initPanel();
        initLabel();
    }
    // 是否允许用户选择
    public void setEnabled(boolean b){
        super.setEnabled(b);
        showDate.setEnabled(b);
    }
    //得到当前选择框的日期
    public Date getDate(){
        return select.getTime();
    }
    //根据初始化的日期,初始化面板
    private void initPanel(){
        monthPanel=new JPanel(new BorderLayout());
        monthPanel.setBorder(BorderFactory.createLineBorder(Color.BLUE));
        JPanel up=new JPanel(new BorderLayout());
        up.add(jp1=new JP1(),BorderLayout.NORTH);
        up.add(jp2=new JP2(),BorderLayout.CENTER);
        monthPanel.add(jp3=new JP3(),BorderLayout.CENTER);
        monthPanel.add(up,BorderLayout.NORTH);
        monthPanel.add(jp4=new JP4(),BorderLayout.SOUTH);
        this.addAncestorListener(new AncestorListener(){
            public void ancestorAdded(AncestorEvent event) { }
            public void ancestorRemoved(AncestorEvent event) { }
            //只要祖先组件一移动,马上就让 popup 消失
            public void ancestorMoved(AncestorEvent event) {
                hidePanel();
            }
        });
    }
    //初始化标签
    private void initLabel(){
        showDate=new JLabel(sdf.format(initDate));
        showDate.setRequestFocusEnabled(true);
        showDate.addMouseListener(new MouseAdapter(){
            public void mousePressed(MouseEvent me){
                showDate.requestFocusInWindow();
            }
        });
        this.setBackground(Color.WHITE);
        this.add(showDate,BorderLayout.CENTER);
        this.setPreferredSize(new Dimension(90,25));
```

```
    this.setBorder(BorderFactory.createLineBorder(Color.GRAY));
    showDate.addMouseListener(new MouseAdapter(){
        public void mouseEntered(MouseEvent me){
            if(showDate.isEnabled()){
                showDate.setCursor(new Cursor(Cursor.HAND_CURSOR));
                showDate.setForeground(Color.RED);
            }
        }
        public void mouseExited(MouseEvent me){
            if(showDate.isEnabled()){
                showDate.setCursor(new Cursor(Cursor.DEFAULT_CURSOR));
                showDate.setForeground(Color.BLACK);
            }
        }
        public void mousePressed(MouseEvent me){
            if(showDate.isEnabled()){
                showDate.setForeground(Color.CYAN);
                if(isShow){
                    hidePanel();
                }else{
                    showPanel(showDate);
                }
            }
        }
        public void mouseReleased(MouseEvent me){
            if(showDate.isEnabled()){
                showDate.setForeground(Color.BLACK);
            }
        }
    });
    showDate.addFocusListener(new FocusListener(){
        public void focusLost(FocusEvent e){
            hidePanel();
        }
        public void focusGained(FocusEvent e){ }
    });
}
//根据新的日期刷新
private void refresh(){
    jp1.updateDate();
    jp3.updateDate();
    SwingUtilities.updateComponentTreeUI(this);
}
//提交日期
```

```
    private void commit(){
        System.out.println("选中的日期是: "+sdf.format(select.getTime()));
        showDate.setText(sdf.format(select.getTime()));
        hidePanel();
    }
    //隐藏日期选择面板
    private void hidePanel(){
        if(pop!=null){
            isShow=false;
            pop.hide();
            pop=null;
        }
    }
    //显示日期选择面板
    private void showPanel(Component owner){
        if(pop!=null){
            pop.hide();
        }
        Point show=new Point(0,showDate.getHeight());
        SwingUtilities.convertPointToScreen(show,showDate);
        Dimension size=Toolkit.getDefaultToolkit().getScreenSize();
        int x=show.x;
        int y=show.y;
        if(x<0){
            x=0;
        }
        if(x>size.width-295){
            x=size.width-295;
        }
        if(y<size.height-170){
        }else{
            y-=188;
        }
        pop=PopupFactory.getSharedInstance().getPopup(owner,
            monthPanel,x,y);
        pop.show();
        isShow=true;
    }
    public String getFinalTime()
    {
        String finaltime = showDate.getText();
        return finaltime;
    }
    public void setFinalTime(String str)
```

```
{
    showDate.setText(str);
}
//  最上面的面板用来显示月份的增减
private class JP1 extends JPanel{
    JLabel yearleft,yearright,monthleft,monthright,center,
        centercontainer;
    public JP1(){
        super(new BorderLayout());
        this.setBackground(new Color(160,185,215));
        initJP1();
    }
    private void initJP1(){
        yearleft=new JLabel("  <<",JLabel.CENTER);
        yearleft.setToolTipText("上一年");
        yearright=new JLabel(">>  ",JLabel.CENTER);
        yearright.setToolTipText("下一年");
        yearleft.setBorder(BorderFactory.createEmptyBorder(2,0,0,0));
        yearright.setBorder(BorderFactory.createEmptyBorder(2,0,0,0));
        monthleft=new JLabel("  <", JLabel.RIGHT);
        monthleft.setToolTipText("上一月");
        monthright=new JLabel(">  ", JLabel.LEFT);
        monthright.setToolTipText("下一月");
        monthleft.setBorder(BorderFactory.createEmptyBorder(2,30,0,0));
        monthright.setBorder(BorderFactory.createEmptyBorder(2,0,0,30));
        centercontainer=new JLabel("", JLabel.CENTER);
        centercontainer.setLayout(new BorderLayout());
        center=new JLabel("", JLabel.CENTER);
        centercontainer.add(monthleft,BorderLayout.WEST);
        centercontainer.add(center,BorderLayout.CENTER);
        centercontainer.add(monthright,BorderLayout.EAST);
        this.add(yearleft,BorderLayout.WEST);
        this.add(centercontainer,BorderLayout.CENTER);
        this.add(yearright,BorderLayout.EAST);
        this.setPreferredSize(new Dimension(295,25));
        updateDate();
        yearleft.addMouseListener(new MouseAdapter(){
            public void mouseEntered(MouseEvent me){
                yearleft.setCursor(new Cursor(Cursor.HAND_CURSOR));
                yearleft.setForeground(Color.RED);
            }
            public void mouseExited(MouseEvent me){
                yearleft.setCursor(new Cursor(Cursor.DEFAULT_CURSOR));
                yearleft.setForeground(Color.BLACK);
```

```
            }
            public void mousePressed(MouseEvent me){
                select.add(Calendar.YEAR,-1);
                yearleft.setForeground(Color.WHITE);
                refresh();
            }
            public void mouseReleased(MouseEvent me){
                yearleft.setForeground(Color.BLACK);
            }
        });
        yearright.addMouseListener(new MouseAdapter(){
            public void mouseEntered(MouseEvent me){
                yearright.setCursor(new Cursor(Cursor.HAND_CURSOR));
                yearright.setForeground(Color.RED);
            }
            public void mouseExited(MouseEvent me){
                yearright.setCursor(new Cursor(Cursor.DEFAULT_CURSOR));
                yearright.setForeground(Color.BLACK);
            }
            public void mousePressed(MouseEvent me){
                select.add(Calendar.YEAR,1);
                yearright.setForeground(Color.WHITE);
                refresh();
            }
            public void mouseReleased(MouseEvent me){
                yearright.setForeground(Color.BLACK);
            }
        });
        monthleft.addMouseListener(new MouseAdapter(){
            public void mouseEntered(MouseEvent me){
                monthleft.setCursor(new Cursor(Cursor.HAND_CURSOR));
                monthleft.setForeground(Color.RED);
            }
            public void mouseExited(MouseEvent me){
                monthleft.setCursor(new Cursor(Cursor.DEFAULT_CURSOR));
                monthleft.setForeground(Color.BLACK);
            }
            public void mousePressed(MouseEvent me){
                select.add(Calendar.MONTH,-1);
                monthleft.setForeground(Color.WHITE);
                refresh();
            }
            public void mouseReleased(MouseEvent me){
                monthleft.setForeground(Color.BLACK);
```

```
            }
        });
        monthright.addMouseListener(new MouseAdapter(){
            public void mouseEntered(MouseEvent me){
                monthright.setCursor(new Cursor(Cursor.HAND_CURSOR));
                monthright.setForeground(Color.RED);
            }
            public void mouseExited(MouseEvent me){
                monthright.setCursor(new Cursor(Cursor.
                    DEFAULT_CURSOR));
                monthright.setForeground(Color.BLACK);
            }
            public void mousePressed(MouseEvent me){
                select.add(Calendar.MONTH,1);
                monthright.setForeground(Color.WHITE);
                refresh();
            }
            public void mouseReleased(MouseEvent me){
                monthright.setForeground(Color.BLACK);
            }
        });
    }
    private void updateDate(){
        center.setText(select.get(Calendar.YEAR)+"年"
            +(select.get(Calendar.MONTH)+1)+"月");
    }
}
private class JP2 extends JPanel{
    public JP2(){
        this.setPreferredSize(new Dimension(295,20));
    }
    protected void paintComponent(Graphics g){
        g.setFont(font);
        g.drawString("星期日 星期一 星期二 星期三 星期四 星期五 星期六",5,10);
        g.drawLine(0,15,getWidth(),15);
    }
}
private class JP3 extends JPanel{
    public JP3(){
        super(new GridLayout(6,7));
        this.setPreferredSize(new Dimension(295,100));
        initJP3();
    }
    private void initJP3(){
```

```
            updateDate();
        }
        public void updateDate(){
            this.removeAll();
            lm.clear();
            Date temp=select.getTime();
            Calendar select=Calendar.getInstance();
            select.setTime(temp);
            select.set(Calendar.DAY_OF_MONTH,1);
            int index=select.get(Calendar.DAY_OF_WEEK);
            int sum=(index==1?8:index);
            select.add(Calendar.DAY_OF_MONTH,0-sum);
            for(int i=0;i<42;i++){
                select.add(Calendar.DAY_OF_MONTH,1);
                lm.addLabel(new MyLabel(select.get(Calendar.YEAR),
                        select.get(Calendar.MONTH),select.get(Calendar.DAY_
                            OF_MONTH)));
            }
            for(MyLabel my:lm.getLabels()){
                this.add(my);
            }
            select.setTime(temp);
        }
    }
    private class MyLabel extends JLabel implements Comparator<MyLabel>,
            MouseListener,MouseMotionListener{
        private int year,month,day;
        private boolean isSelected;
        public MyLabel(int year,int month,int day){
            super(""+day,JLabel.CENTER);
            this.year=year;
            this.day=day;
            this.month=month;
            this.addMouseListener(this);
            this.addMouseMotionListener(this);
            this.setFont(font);
            if(month==select.get(Calendar.MONTH)){
                this.setForeground(Color.BLACK);
            }else{
                this.setForeground(Color.LIGHT_GRAY);
            }
            if(day==select.get(Calendar.DAY_OF_MONTH)){
                this.setBackground(new Color(160,185,215));
            }else{
```

```
            this.setBackground(Color.WHITE);
        }
    }
    public boolean getIsSelected(){
        return isSelected;
    }
    public void setSelected(boolean b,boolean isDrag){
        isSelected=b;
        if(b&&!isDrag){
            int temp=select.get(Calendar.MONTH);
            select.set(year,month,day);
            if(temp==month){
                SwingUtilities.updateComponentTreeUI(jp3);
            }else{
                refresh();
            }
        }
        this.repaint();
    }
    protected void paintComponent(Graphics g){
        if(day==select.get(Calendar.DAY_OF_MONTH)&&
                month==select.get(Calendar.MONTH)){
            //如果当前日期是选择日期,则高亮显示
            g.setColor(new Color(160,185,215));
            g.fillRect(0,0,getWidth(),getHeight());
        }
        if(year==now.get(Calendar.YEAR)&&
                month==now.get(Calendar.MONTH)&&
                day==now.get(Calendar.DAY_OF_MONTH)){
            //如果日期和当前日期一样,则用红框
            Graphics2D gd=(Graphics2D)g;
            gd.setColor(Color.RED);
            Polygon p=new Polygon();
            p.addPoint(0,0);
            p.addPoint(getWidth()-1,0);
            p.addPoint(getWidth()-1,getHeight()-1);
            p.addPoint(0,getHeight()-1);
            gd.drawPolygon(p);
        }
        if(isSelected){//如果被选中，就画一个虚线框出来
            Stroke s=new BasicStroke(1.0f,BasicStroke.CAP_SQUARE,
                BasicStroke.JOIN_BEVEL,1.0f,new float[]
                    {2.0f,2.0f},1.0f);
            Graphics2D gd=(Graphics2D)g;
```

```
            gd.setStroke(s);
            gd.setColor(Color.BLACK);
            Polygon p=new Polygon();
            p.addPoint(0,0);
            p.addPoint(getWidth()-1,0);
            p.addPoint(getWidth()-1,getHeight()-1);
            p.addPoint(0,getHeight()-1);
            gd.drawPolygon(p);
        }
        super.paintComponent(g);
    }
    public boolean contains(Point p){
        return this.getBounds().contains(p);
    }
    private void update(){
        repaint();
    }
    public void mouseClicked(MouseEvent e) { }
    public void mousePressed(MouseEvent e) {
        isSelected=true;
        update();
    }
    public void mouseReleased(MouseEvent e) {
        Point p=SwingUtilities.convertPoint(this,e.getPoint(),jp3);
        lm.setSelect(p,false);
        commit();
    }
    public void mouseEntered(MouseEvent e) {  }
    public void mouseExited(MouseEvent e) { }
    public void mouseDragged(MouseEvent e) {
        Point p=SwingUtilities.convertPoint(this,e.getPoint(),jp3);
        lm.setSelect(p,true);
    }
    public void mouseMoved(MouseEvent e) {  }
    public int compare(MyLabel o1, MyLabel o2) {
        Calendar c1=Calendar.getInstance();
        c1.set(o1.year,o2.month,o1.day);
        Calendar c2=Calendar.getInstance();
        c2.set(o2.year,o2.month,o2.day);
        return c1.compareTo(c2);
    }
}
private class LabelManager{
    private List<MyLabel> list;
```

```
    public LabelManager(){
        list=new ArrayList<MyLabel>();
    }
    public List<MyLabel> getLabels(){
        return list;
    }
    public void addLabel(MyLabel my){
        list.add(my);
    }
    public void clear(){
        list.clear();
    }
    public void setSelect(MyLabel my, boolean b){
        for(MyLabel m:list){
            if(m.equals(my)){
                m.setSelected(true,b);
            }else{
                m.setSelected(false,b);
            }
        }
    }
    public void setSelect(Point p, boolean b){
        //如果是拖动,则要优化一下,以提高效率
        if(b){
            //表示是否能返回,不用比较完所有的标签,能返回的标志就是把上一个标签和
            //将要显示的标签找到就可以了
            boolean findPrevious=false,findNext=false;
            for(MyLabel m:list){
                if(m.contains(p)){
                    findNext=true;
                    if(m.getIsSelected()){
                        findPrevious=true;
                    }else{
                        m.setSelected(true,b);
                    }
                }else if(m.getIsSelected()){
                    findPrevious=true;
                    m.setSelected(false,b);
                }
                if(findPrevious&&findNext){
                    return;
                }
            }
        }else{
```

```
                MyLabel temp=null;
                for(MyLabel m:list){
                    if(m.contains(p)){
                        temp=m;
                    }else if(m.getIsSelected()){
                        m.setSelected(false,b);
                    }
                }
                if(temp!=null){
                    temp.setSelected(true,b);
                }
            }
        }
    }
    private class JP4 extends JPanel{
        public JP4(){
            super(new BorderLayout());
            this.setPreferredSize(new Dimension(295,20));
            this.setBackground(new Color(160,185,215));
            SimpleDateFormat sdf=new SimpleDateFormat("yyyy年MM月dd日");
            final JLabel jl=new JLabel("今天: "+sdf.format(new Date()));
            jl.setToolTipText("单击选择今天日期");
            this.add(jl,BorderLayout.CENTER);
            jl.addMouseListener(new MouseAdapter(){
                public void mouseEntered(MouseEvent me){
                    jl.setCursor(new Cursor(Cursor.HAND_CURSOR));
                    jl.setForeground(Color.RED);
                }
                public void mouseExited(MouseEvent me){
                    jl.setCursor(new Cursor(Cursor.DEFAULT_CURSOR));
                    jl.setForeground(Color.BLACK);
                }
                public void mousePressed(MouseEvent me){
                    jl.setForeground(Color.WHITE);
                    select.setTime(new Date());
                    refresh();
                    commit();
                }
                public void mouseReleased(MouseEvent me){
                    jl.setForeground(Color.BLACK);
                }   });
            }
        }
}
```

10.8　本章小结

本章主要介绍了数据库的两种连接方式：JDBC 直接连接数据库和 JDBC-ODBC 连接数据源，通过这两种方式均可以实现对数据库数据的访问和修改。预编译语句 PreparedStatement 在很多时候要比 Statement 执行效率更高；利用属性文件，编写数据库工具类，可以大大提高编程效率。

10.9　思考和练习

一、选择题

1、下列关于 JDBC 的说法中错误的是(　　)。

A、JDBC 可以为多种关系数据库提供统一访问，它由一组用Java 语言编写的类和接口组成

B、JDBC 驱动程序管理器又可以两种方式和最终的数据库进行通信：一种是使用 JDBC/ODBC 桥接驱动程序的间接方式；另一种是使用 JDBC 驱动程序的直接方式

C、Java 使用 Class.forName("sun.jdbc.odbc.IdbcOdbcDriver");语句加载驱动

D、MySQL JDBC 驱动程序的名称为 com.mysql.jdbc.Driver

2、关于 Statement 接口中的方法，下列说法中错误的是(　　)。

A、executeQuery 执行查询操作

B、executeUpdate 执行更新操作

C、executeInsert 执行数据插入操作

D、executeBatch 执行批量操作

3、关于事务，下列说法中错误的是(　　)。

A、事务要么全部被执行，要么全部不被执行

B、在事务正确提交之前，可以把该事务对数据的任何改变提供给任何其他事务，即在事务正确提交之前，可能的结果可以显示给任何其他事务

C、事务的执行使得数据库从一种正确状态转换成另一种正确状态

D、事务正确提交后，其结果将永久保存在数据库中，即使在事务提交后有了其他故障，事务的处理结果也会得到保存

二、编程题

1、利用 Access 创建数据库和数据源，实现例 10-1 中查询数据的效果，同时补充代码，实现对表中数据的增、删、改操作。

2、利用 MySQL 创建数据库和数据源，实现例 10-2 中查询数据的效果，同时补充代码，实现对表中数据的增、删、改操作。

3、上机完成 10.7 节中的例子。

第11章 网 络 编 程

如今计算机网络已经成为人们日常生活的必需品，无论工作时发送邮件，还是在消遣时和朋友网上聊天，都离不开计算机网络。位于同一网络中的计算机若想实现彼此通信，必须通过编写网络程序来实现，网络编程的目的就是直接或间接地通过网络协议与其他计算机进行通信。网络编程中有两个主要的问题，一个是如何准确地定位网络上的一台或多台主机，另一个就是找到主机后如何可靠高效地进行数据传输。本章将重点介绍网络通信的相关知识以及如何编写网络程序。

本章学习目标：

- 了解网络通信协议及 TCP/IP 协议的特点
- 熟悉 IP 地址和端口号的作用、InetAddress 对象的使用方法
- 掌握 UDP 和 TCP 通信方式及 ServerSocket、Socket、DatagramPacket、DatagramSocket 类的使用方法。

11.1 网络编程的基本概念

11.1.1 计算机网络的基本概念

计算机网络，是指将地理位置不同的具有独立功能的多台计算机及其外部设备，通过通信线路连接起来，在网络操作系统、网络管理软件及网络通信协议的管理和协调下，实现资源共享和信息传递的计算机系统。网络中包含的设备有计算机、路由器、交换机等。

其实从软件编程的角度来说，对于物理设备的理解不需要很深刻，就像你打电话时不需要很熟悉通信网络的底层实现一样，但是当深入到网络编程的底层时，这些基础知识是必须要补的。

路由器和交换机组成了核心的计算机网络，计算机只是这个网络上的节点以及控制等，通过光纤、网线等介质将设备连接起来，从而形成一张巨大的计算机网络。

网络最主要的优势在于共享：共享设备和数据。现在共享设备最常见的是打印机，一个公司一般一台打印机即可；共享数据就是将大量的数据存储在一组计算机中，其他计算机通过网络访问这些数据，例如网站、银行服务器等。

如果需要了解更多的网络硬件基础知识，可以阅读计算机网络相关教材，对基础进行强化，这在基础学习阶段不是必需的，但是如果想在网络编程领域有所造诣，则是一项必需的基本功。

对于网络编程来说，最主要的是计算机和计算机之间的通信，这样，首要的问题就是如何找到网络上的计算机呢？这就需要了解 IP 地址的概念。

为了能够方便地识别网络上的每台设备，网络上的每台设备都会有一个唯一的数字标识，这就是 IP 地址。在计算机网络中，现在命名 IP 地址的规定是 IPv4 协议，该协议规定每个 IP 地址由 4 个 0~255 之间的数字组成，例如 10.0.120.34。接入网络的每台计算机都拥有唯一的 IP 地址，这个 IP 地址可能是固定的，例如网络上各种各样的服务器，也可以是动态的，例如使用 ADSL 拨号上网的宽带用户。无论以何种方式获得或是否固定，每台计算机在联网以后都拥有一个唯一合法的 IP 地址，就像每个手机号码一样。

但是由于 IP 地址不容易记忆，所以为了方便记忆，又创造了另外一个概念——域名(Domain Name)，例如 sohu.com 等。一个 IP 地址可以对应多个域名，一个域名只能对应一个 IP 地址。域名的概念可以类比手机中的通讯簿，由于手机号码不方便记忆，因此添加一个姓名来标识号码，在实际拨打电话时可以选择姓名，然后拨打即可。

在网络中传输的数据，全部以 IP 地址作为地址标识，所以在实际传输数据以前，需要将域名转换为 IP 地址，实现这种功能的服务器称为 DNS 服务器，通俗的说法叫作域名解析。例如当用户在浏览器中输入域名时，浏览器首先请求 DNS 服务器，将域名转换为 IP 地址，然后将转换后的 IP 地址反馈给浏览器，然后进行实际的数据传输。

当 DNS 服务器正常工作时，使用 IP 地址或域名都可以很方便地找到计算机网络上的某台设备，例如服务器计算机。当 DNS 工作不正常时，只能通过 IP 地址访问该设备。所以 IP 地址的使用要比域名通用一些。

IP 地址和域名很好地解决了在网络上如何找到一台计算机的问题，但是为了让一台计算机可以同时运行多个网络程序，就引入了另外一个概念——端口(port)。

在介绍端口的概念以前，首先来看一个例子。一般公司的前台会有一部电话，每个员工会有一个分机，这样如果需要找到这个员工的话，需要首先拨打前台总机，然后转该分机号即可。这样减少了公司的开销，也方便了每个员工。在该例中，前台总机的电话号码就相当于 IP 地址，而每个员工的分机号就相当于端口。

有了端口的概念以后，在同一台计算机中每个程序对应唯一的端口，这样在一台计算机上就可以通过端口区分发送给每个端口的数据了。换句话说，也就是在一台计算机上可以并发运行多个网络程序，而不会互相之间产生干扰。

在硬件上规定，端口的号码必须位于 0~65535 之间，每个端口唯一对应一个网络程序，一个网络程序可以使用多个端口。这样一个网络程序运行在一台计算机上时，不管是客户端还是服务器，都至少占用一个端口进行网络通信。在接收数据时，首先发送给对应的计算机，然后计算机根据端口把数据转发给对应的程序。

有了 IP 地址和端口的概念以后，在进行网络通信交换时，就可以通过 IP 地址查找到该台计算机，然后通过端口标识这台计算机上的一个唯一的程序。这样就可以进行网络数据的交换了。

但是，进行网络编程时，只有 IP 地址和端口的概念还是不够的，下面就介绍一下基础的网络编程相关的软件基础知识。

11.1.2　网络编程概述

按照前面的介绍，网络编程就是两台或多台设备之间的数据交换，其实更具体地说，网络编程就是两个或多个程序之间的数据交换。和普通的单机程序相比，网络程序最大的不同就是需要交换数据的程序运行在不同的计算机上，这就造成数据交换较为复杂。虽然通过 IP 地址和端口可以找到网络上运行的一个程序，但是如果需要进行网络编程，则还需要了解网络通信的过程。

网络通信基于"请求-响应"模型。为了理解这个模型，先来看一个例子。看电视的人肯定见过审讯的场面，一般是这样的：

警察：姓名

嫌疑犯：某某某

警察：职业

嫌疑犯：无固定职业

警察：年龄

嫌疑犯：29

……

在这个例子中，警察问一句，嫌疑犯回答一句。如果警察不问，嫌疑犯就保持沉默。这种一问一答的形式就是网络中的"请求-响应"模型。也就是通信的一端发送数据，另外一端反馈数据，网络通信都基于该模型。

在网络通信中，第一次主动发起通信的程序被称作客户端(Client)程序，简称客户端；而在第一次通信中等待连接的程序被称作服务器端(Server)程序，简称服务器。一旦通信建立，客户端和服务器端就完全一样，没有本质的区别。

由此，网络编程中的两种程序就分别是客户端程序和服务器端程序，例如 QQ 程序，每个 QQ 用户安装的都是 QQ 客户端程序，而 QQ 服务器端程序则运行在腾讯公司的机房中，为大量的 QQ 用户提供服务。这种网络编程结构被称作客户端/服务器结构，也叫 Client/Server 结构，简称 C/S 结构。

使用 C/S 结构的程序，在开发时需要分别开发客户端程序和服务器端程序，这种结构的优势在于：由于客户端程序是专门开发的，因此可根据需要实现各种效果，专业说法就是表现力丰富，而服务器端程序也需要专门进行开发。但是这种结构也存在着很多不足，例如通用性差，几乎不通用等。也就是说，一种程序的客户端只能和对应的服务器端通信，而不能和其他服务器端通信。在实际维护时，也需要维护专门的客户端和服务器端，维护压力比较大。

其实在运行很多程序时，没有必要使用专用的客户端，而需要使用通用的客户端，例如浏览器。使用浏览器作为客户端的结构被称作浏览器/服务器结构，也叫作 Browser/Server 结构，简称 B/S 结构。

使用 B/S 结构的程序，在开发时只需要开发服务器端程序即可，这种结构的优势在于开发压力比较小，不需要维护客户端。但是这种结构也存在很多不足，例如浏览器的限制比较大，表现力不强，无法进行系统级操作等。

总之，C/S 结构和 B/S 结构是现在网络编程中常见的两种结构，B/S 结构其实也就是一种特殊的 C/S 结构。

另外简单介绍一下 P2P(Point to Point，点对点)程序，常见的有 BT、电驴等。P2P 程序是一种特殊的程序，一个 P2P 程序中既包含客户端程序，也包含服务器端程序。例如 BT，使用客户端程序连接其他的种子(服务器端)，而使用服务器端向其他的 BT 客户端传输数据。如果这样解释还不是很清楚，其实 P2P 程序和手机是一样的，当手机拨打电话时就是使用客户端的功能，而当手机处于待机状态时，可以接收到其他用户拨打的电话，此时起作用的就是服务器端。只是一般的手机不能同时使用拨打电话和接听电话的功能，而 P2P 程序实现了该功能。

最后介绍一个网络编程中最重要，也是最复杂的概念——协议(Protocol)。按照前面的介绍，网络编程就是运行在不同计算机中两个程序之间的数据交换。在实际进行数据交换时，为了让接收端理解该数据，计算机比较笨，什么都不懂，那么就需要规定该数据的格式，数据的格式就是协议。

如果还没有理解协议的概念，那么再举一个例子。记得有部电影叫《永不消逝的电波》，讲述的是地下党通过电台发送情报的故事，这里我们不探讨电影的剧情，而只关心电台发送的数据。在实际发报时，需要首先将需要发送的内容转换为电报编码，然后将电报编码发送出去，而接收端接收的是电报编码。如果需要理解电报的内容，则需要根据密码本翻译出电报的内容。这里的密码本就规定了一种数据格式，这种用于网络中数据传输的格式，在网络编程中就被称作协议。

那么如何编写协议格式呢？答案是随意。只要按照这种协议格式能够生成唯一的编码，按照该编码可以唯一地解析出发送数据的内容即可。也正因为各个网络程序之间协议格式的不同，所以才导致客户端程序都是专用的结构。

在实际的网络编程中，最麻烦的内容不是数据的发送和接收，因为这个功能在几乎所有的编程语言中都提供了封装好的 API 进行调用，最麻烦的内容就是协议的设计以及协议的生成和解析，这才是网络编程中最核心的内容。

关于网络编程的基础知识，就介绍到这里，深刻理解 IP 地址、端口和协议等概念，将会极大有助于对后续知识的学习。

11.1.3　网络通信方式

在现有的网络中，网络通信的方式主要有两种：

- TCP(Transmission Control Protocol，传输控制协议)方式
- UDP(User Datagram Protocol，用户数据报协议)方式

为了方便理解这两种方式，还是先来看一个例子。大家使用手机时，向别人传递信息时有两种方式：拨打电话和发送短信。使用拨打电话的方式可以保证将信息传递给别人，因为别人接听电话时本身就确认接收到了该信息。而发送短信的方式价格低廉，使用方便，但是接收人有可能接收不到。在网络通信中，TCP 方式就类似于拨打电话，使用该种方式

进行网络通信时，需要建立专门的虚拟连接，然后进行可靠的数据传输。如果数据发送失败，客户端会自动重发该数据。而 UDP 方式就类似于发送短信，使用这种方式进行网络通信时，不需要建立专门的虚拟连接，传输也不是很可靠。如果发送失败，则客户端无法获得信息。这两种传输方式都在实际的网络编程中得到使用，重要的数据一般使用 TCP 方式进行数据传输，而大量的非核心数据则通过 UDP 方式进行传递，在一些程序中甚至结合使用这两种方式进行数据的传递。

由于 TCP 需要建立专用的虚拟连接以及确认传输是否正确，因此使用 TCP 方式的速度稍微慢一些，而且传输时产生的数据量要比 UDP 稍微大一些。

关于网络编程的基础知识就介绍这么多，如果需要深入了解相关知识，请阅读专门的计算机网络书籍。

11.1.4　InetAddress 类简介

InetAddress 类在网络 API 套接字编程中扮演了一个重要角色。InetAddress 描述了 32 位或 128 位 IP 地址，要完成这个功能，InetAddress 类主要依靠 Inet4Address 和 Inet6Address 两个支持类。这三个类是继承关系，InetAddrress 是父类，Inet4Address 和 Inet6Address 是子类。

由于 InetAddress 类没有公共的构造函数，因此不能直接创建 InetAddress 对象，比如下面的语句就是错误的：

```
InetAddress ia = new InetAddress();
```

但我们可以通过下面的 5 个静态方法来创建 InetAddress 对象或 InetAddress 数组：

1) public static InetAddress[] getAllByName(String *host*)

在给定主机名的情况下，根据系统上配置的名称服务返回由其 IP 地址组成的数组。参数 *host* 可以是计算机名(如 java.sun.com)，也可以是其 IP 地址的文本表示形式。

2) public static InetAddress getByName(String *host*)

返回一个在给定主机名的情况下确定主机的 IP 地址。主机名可以是计算机名(如 java.sun.com)，也可以是其 IP 地址的文本表示形式。如果主机为 null，则返回表示回送接口地址的 InetAddress。

3) public static InetAddress getByAddress(byte[] *addr*)

在给定原始 IP 地址的情况下，返回 InetAddress 对象。

4) public static InetAddress getByAddress(String *host*, byte[] *addr*)

根据提供的主机名和 IP 地址创建 InetAddress。不检查名称服务的地址有效性。主机名可以是计算机名(如 java.sun.com)，也可以是其 IP 地址的文本表示形式。如果 *addr* 指定 IPv4 地址，则返回 Inet4Address 实例；否则将返回 Inet6Address 实例。IPv4 地址 *byte* 数组的长度必须为 4 个字节，IPv6 地址 *byte* 数组的长度必须为 16 个字节。

5) public static InetAddress getLocalHost()

返回本地主机。

上面讲到的方法均提到返回一个或多个 InetAddress 对象的引用，实际上每一个方法都要返回一个或多个 Inet4Address/Inet6Address 对象的引用，调用者不需要知道引用的子类型，相反调用者可以使用返回的引用调用 InetAddress 对象的非静态方法。

InetAddress 及其子类型对象处理主机名到主机 IPv4 或 IPv6 地址的转换。要完成这个转换，需要使用域名系统，如通过调用 getByName(String *host*)方法获得 InetAddress 子类对象的方法，这个对象包含与 *host* 参数相对应的 IP 地址：InetAddress ia = InetAddress.getByName("www.sun.com");。这时 InetAddress 子类对象 ia 就可以调用 InetAddress 的各种方法来获得 InetAddress 子类对象的 IP 地址信息。例如：

- getCanonicalHostName( ) 从域名服务获得标准的主机名。
- getHostAddress( ) 获得 IP 地址。
- getHostName( ) 获得主机名。
- isReachable(int *timeout*) 表示判断在指定的时间内 IP 地址是否可以到达，常用于测试网络是否通畅。
- isLoopbackAddress( ) 判断 IP 地址是否是 loopback 地址。

下面用例 11-1 来演示一下 InetAddress 的使用方法。

```
// 例 11-1 Example01.java。
import java.net.InetAddress;
import java.net.UnknownHostException;
public class Example01 {
    public static void main(String[] args) throws UnknownHostException {
        //获取本机的 IP 地址
        InetAddress address = InetAddress.getLocalHost();
        //以字符串形式返回 IP 地址
        String ip = address.getHostAddress();
        //获取此 IP 地址的主机名
        String name = address.getHostName();
        System.out.println("本机的 ip 地址是: "+ip);
        System.out.println("本机的 hostName 是: "+name);
    }
}
```

运行结果如图 11-1 所示。

图 11-1　运行结果

11.2　基于 URL 的网络编程

11.2.1　统一资源定位器 URL

URL(Uniform Resource Locator)是统一资源定位器的简称，表示 Internet 上某一资源的地址。通过 URL 我们可以访问 Internet 上的各种网络资源，比如最常见的 WWW、FTP 站点。浏览器通过解析给定的 URL，可以在网络上查找相应的文件或其他资源。

URL 是最为直观的一种网络定位方法。使用 URL 符合人们的语言习惯，容易记忆，所以应用十分广泛。而且在目前使用最为广泛的 TCP/IP 中对 URL 中主机名的解析也是协议的一个标准，即所谓的域名解析服务。使用 URL 进行网络编程，不需要对协议本身有太多的了解，功能也比较弱，相对而言是比较简单的，所以在这里我们先介绍在 Java 中如何使用 URL 进行网络编程，进而引导读者入门。

11.2.2　URL 的组成

URL 由三部分组成：资源类型、存放资源的主机域名、资源文件名。一般语法格式为：

```
protocol://hostname[:port]/path/[;parameters][?query]#fragment
```

带方括号[ ]的为可选项。

协议名(protocol)指明获取资源所使用的传输协议，如 HTTP、FTP、GOPHERr、FILE 等，资源名(resourceName)则应该是资源的完整地址，包括主机名、端口号、文件名或文件内部的一个引用。例如：

- 协议名://主机名：http://www.hnzj.edu.cn/
- 协议名://机器名+文件名：http://home.netscape.com/home/welcome.html
- 协议名://机器名+端口号+文件名+内部引用：http://www.gamelan.com:80/Gamelan/network.html#BOTTOM

11.2.3　创建一个 URL

类 URL 的构造函数有四个：

- public URL (String *spec*);通过一个表示URL地址的字符串可以构造一个URL对象。
- public URL(URL *context*, String *spec*);通过基 URL 和相对 URL 构造一个 URL 对象。
- public URL(String *protocol*, String *host*, String *file*);
- public URL(String *protocol*, String *host*, int *port*, String *file*);

注意：

声明类 URL 的构造函数时，会抛出非运行时异常(MalformedURLException)，因此生成 URL 对象时，我们必须对这一异常进行处理，通常是用 try-catch 语句进行捕获。格式如下：

```
try{
    URL myURL= new URL(…)
}catch (MalformedURLException e){
…
//exception handler code here
…
}
```

11.2.4 解析一个 URL

一个 URL 对象生成后，其属性是不能改变的，但是我们可以通过类 URL 提供的方法来获取这些属性：

```
public String getProtocol() 获取该 URL 的协议名。
public String getHost() 获取该 URL 的主机名。
public int getPort() 获取该 URL 的端口号，如果没有设置端口，则返回-1。
public String getFile() 获取该 URL 的文件名。
public String getRef() 获取该 URL 在文件中的相对位置。
public String getQuery() 获取该 URL 的查询信息。
public String getPath() 获取该 URL 的路径。
public String getAuthority() 获取该 URL 的权限信息。
public String getUserInfo() 获得使用者的信息。
public String getRef() 获得该 URL 的锚。
```

在例 11-2 中，我们生成一个 URL 对象，并获取它的各个属性。

```
// 例 11-2  Example02.java。
import java.net.*;
public class Example02 {
public static void main(String[] args) throws Exception {
    URL Aurl = new URL("http://java.sun.com:80/docs/books/");
    URL tuto = new URL(Aurl, "tutorial.intro.html#DOWNLOADING");
    System.out.println("protocol=" + tuto.getProtocol());//获取该 URL 的协议名。
    System.out.println("host =" + tuto.getHost());//获取该 URL 的主机名。
    System.out.println("filename=" + tuto.getFile());//获取该 URL 的文件名。
    System.out.println("port=" + tuto.getPort()); //获取该 URL 的端口号，如
                                                  //果没有设置端口，返回-1。
    System.out.println("ref=" + tuto.getRef());// 获取该 URL 在文件中的相对位置。
    System.out.println("query=" + tuto.getQuery());//获取该 URL 的查询信息。
    System.out.println("path=" + tuto.getPath());//获取该 URL 的路径。
    System.out.println("UserInfo=" + tuto.getUserInfo());//获得使用者的信息。
    System.out.println("Authority=" + tuto.getAuthority()); //获取该 URL
                                                            //的权限信息。
  }
}
```

执行结果为：

```
protocol=http
host =java.sun.com
filename=/docs/books/tutorial.intro.html
port=80
ref=DOWNLOADING
query=null
path=/docs/books/tutorial.intro.html
UserInfo=null
Authority=java.sun.com:80
```

11.2.5　从 URL 读取 WWW 网络资源

当我们得到一个 URL 对象后，就可以通过它读取指定的 WWW 资源。这时我们将使用 URL 类的方法 openStream( )与指定的 URL 建立连接并返回 InputStream 类的对象以从这一连接中读取数据。我们用例 11-3 来演示如何用 openStream( )读取 WWW 资源。

```
// 例 11-3 Example03.java。
import java.io.BufferedReader;
import java.io.InputStreamReader;
import java.net.*;
public class Example03 {
    public static void main(String[] args) throws Exception { //声明抛出所
                                                                //有例外
        URL tirc = new URL("http://www.hnzj.edu.cn/");
        // 构建一个 URL 对象
        BufferedReader in = new BufferedReader(new InputStreamReader(
                tirc.openStream()));
        // 使用 openStream 得到一个输入流并由此构造一个 BufferedReader 对象
        String inputLine;
        while((inputLine = in.readLine()) != null)
            // 从输入流不断地读数据，直到读完为止
            System.out.println(inputLine); // 把读入的数据打印到屏幕上
        in.close(); // 关闭输入流
    }
}
```

11.2.6　通过 URLConnetction 连接 WWW

通过 URL 类的方法 openStream()，我们只能从网络上读取数据。如果我们同时还想输出数据，例如向服务器端的 CGI 程序发送一些数据，就必须先与 URL 建立连接，然后才能对其进行读写，这时就要用到类 URLConnection 了。CGI 是公共网关接口(Common Gateway Interface)的简称，它是用户浏览器和服务器端应用程序进行连接的接口，有关 CGI

程序设计，请读者参考有关书籍。

类 URLConnection 也在包 java.net 中定义，它表示 Java 程序和 URL 在网络上的通信连接。当与一个 URL 建立连接时，首先要在一个 URL 对象上通过方法 openConnection( )生成对应的 URLConnection 对象。例如下面的程序段首先生成一个指向地址 http://www.javasoft.com/cgi-bin/backwards 的对象，然后用 openConnection( )打开该 URL 对象上的一个连接，返回一个 URLConnection 对象。如果连接过程失败，将产生 IOException。

类 URLConnection 提供了很多方法来设置或获取连接参数，程序设计时最常用的是 getInputStream( )和 getOutputStream( )，其定义为：

```
InputSteram getInputStream();
OutputSteram getOutputStream();
```

通过返回的输入/输出流，我们可以与远程对象进行通信。看下面的例子：

```
URL url =new URL ("http://www.javasoft.com/cgi-bin/backwards");
//创建一个 URL 对象
URLConnection con=url.openConnection();//由 URL 对象获取 URLConnection 对象
DataInputStream dis=new DataInputStream (con.getInputStream());
//由 URLConnection 获取输入流，并构造 DataInputStream 对象
PrintStream ps=new PrintStream(con.getOutputStream());
//由 URLConnection 获取输出流，并构造 PrintStream 对象
String line=dis.readLine(); //从服务器读入一行
ps.println("client…"); //向服务器写出字符串 "client…"
```

其中，backwards 为服务器端的 CGI 程序。实际上，类 URL 的方法 openSteam()是通过 URLConnection 来实现的，它等价于 openConnection( ).getInputStream( )。

11.3 基于 Socket 的网络编程

11.3.1 Socket 通信

网络上的两个程序通过一个双向的通信连接来实现数据的交换，这个双向链路的一端称为一个 Socket。Socket 通常用来实现客户端和服务器端的连接。Socket 是 TCP/IP 协议的一个十分流行的编程界面，一个 Socket 由一个 IP 地址和一个端口号唯一确定。

在传统的 UNIX 环境下，可以操作 TCP/IP 协议的接口不止 Socket 一个，Socket 所支持的协议种类也不光 TCP/IP 一种，因此两者之间是没有必然联系的。在 Java 环境下，Socket 编程主要是指基于 TCP/IP 协议的网络编程。

Socket 编程比基于 URL 的网络编程提供了更强大的功能和更灵活的控制力，但是却要更复杂一些。由于 Java 本身的特殊性，Socket 编程在 Java 中可能已经是层次最低的网络编程接口，在 Java 中要直接操作协议中更低的层次，需要使用 Java 的本地方法调用(Java Native Interface，JNI)，在这里就不予讨论了。

11.3.2　Socket 通信过程

前面已经提到 Socket 通常用来实现 C/S 结构。

使用 Socket 进行 Client/Server 程序设计的一般连接过程是这样的：Server 端 Listen(监听)某个端口是否有连接请求，Client 端向 Server 端发出 Connect(连接)请求，Server 端向 Client 端发回 Accept(接受)消息。一个连接就建立起来了。Server 端和 Client 端都可以通过 send、write 等方法与对方通信。Socket 通信过程见图 11-2。

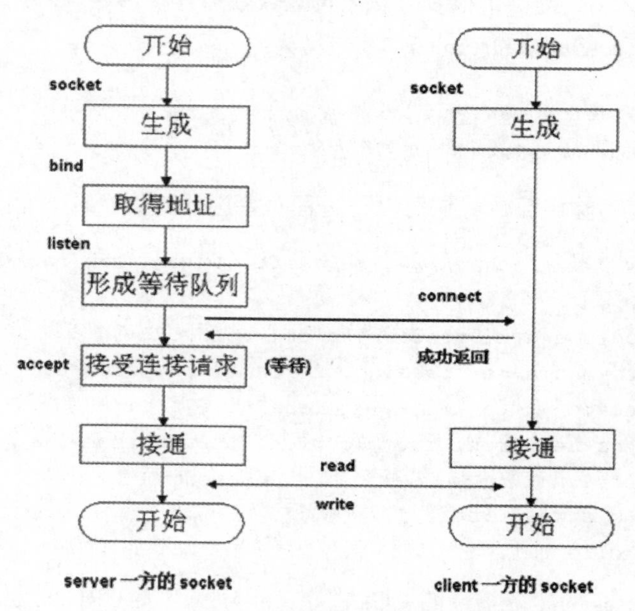

图 11-2　Socket 通信过程示意图

对于一个功能齐全的 Socket，都要包含以下基本结构，其工作过程包含以下四个基本步骤：

(1) 创建 Socket。

(2) 打开连接到 Socket 的输入/输出流。

(3) 按照一定的协议对 Socket 进行读/写操作。

(4) 关闭 Socket。

第(3)步是程序员用来调用 Socket 和实现程序功能的关键步骤，其他三步在各种程序中基本相同。

以上四个步骤是针对 TCP 传输而言的，使用 UDP 进行传输时略有不同，在后面会作具体讲解。

11.3.3　创建 Socket

Java 在包 java.net 中提供了两个类——Socket 和 ServerSocket，分别用来表示双向连接的客户端和服务器端。这是两个封装得非常好的类，使用很方便。其构造函数如下：

- Socket(InetAddress *address*, int *port*);

- Socket(InetAddress *address*, int *port*, boolean *stream*);
- Socket(String *host*, int *prot*);
- Socket(String *host*, int *prot*, boolean *stream*);
- Socket(SocketImpl *impl*)
- Socket(String *host*, int *port*, InetAddress *localAddr*, int *localPort*)
- Socket(InetAddress *address*, int *port*, InetAddress *localAddr*, int *localPort*)
- ServerSocket(int *port*);
- ServerSocket(int *port*, int *backlog*);
- ServerSocket(int *port*, int *backlog*, InetAddress *bindAddr*)

其中 *address*、*host* 和 *port* 分别是双向连接中另一方的 IP 地址、主机名和端口号；*stream* 指明 *socket* 是流 Socket 还是数据报 Socket，*localPort* 表示本地主机的端口号，*localAddr* 和 *bindAddr* 是本地计算机的地址(ServerSocket 的主机地址)，*impl* 是 Socket 的父类，既可以用来创建 ServerSocket，又可以用来创建 Socket。*count* 则表示服务器端所能支持的最大连接数。例如：

```
Socket client = new Socket("127.0.01.", 80);
ServerSocket server = new ServerSocket(80);
```

注意，在选择端口时，必须小心。每一个端口提供一种特定的服务，只有给出正确的端口，才能获得相应的服务。0~1023 的端口号为系统所保留，例如 HTTP 服务的端口号为 80、Telnet 服务的端口号为 21、FTP 服务的端口号为 23，所以我们在选择端口号时，最好选择一个大于 1023 的数以防止发生冲突。

在创建 Socket 时如果发生错误，将产生 IOException，在程序中必须对之做出处理，所以在创建 Socket 或 ServerSocket 时必须捕获或抛出例外。

11.3.4 客户端 Socket

下面是一个典型的创建客户端 Socket 的过程。

```
try{
   Socket socket=new Socket("127.0.0.1",4700);
   //127.0.0.1 是 TCP/IP 协议中默认的本机地址
}catch(IOException e){
   System.out.println("Error:"+e);
}
```

这是最简单的在客户端创建一个 Socket 的一个小程序段，也是使用 Socket 进行网络通信的第一步，程序相当简单，在这里不作过多解释。在后面的程序中会用到该小程序段。

11.3.5 服务器端 ServerSocket

下面是一个典型的创建 Server 端 ServerSocket 的过程：

```
ServerSocket server=null;
try {
      server=new ServerSocket(4700);
      //创建一个 ServerSocket，在端口 4700 上监听客户端请求
}catch(IOException e){
      System.out.println("can not listen to :"+e);
}
Socket socket=null;
try {
    socket=server.accept();
    //accept()是一个阻塞的方法，一旦有客户端请求，它就会返回一个 Socket 对象用
    //于同客户端进行交互
}catch(IOException e){
    System.out.println("Error:"+e);
}
```

以上程序是服务器的典型工作模式，只不过在这里服务器只能接收一个请求，接收完之后服务器就退出了。在实际的应用中总是让它不停地循环接收，一旦有客户端请求，服务器总是会创建一个服务线程来服务新来的客户，而自己继续监听。程序中 accept( )是一个阻塞函数，所谓阻塞函数，就是说函数被调用后，将等待客户端请求，直到有一个客户端启动并请求连接到相同的端口，然后 accept( )返回一个对应客户端的 Socket。这时，客户端和服务器端方都建立了用于通信的 Socket，接下来就是由各个 Socket 分别打开各自的输入/输出流。

11.3.6 打开输入/输出流

类 Socket 提供了方法 getInputStream ()和 getOutStream()来得到对应的输入/输出流以进行读/写操作，这两个方法分别返回 InputStream 和 OutputSteam 类对象。为了便于读/写数据，我们可以在返回的输入/输出流对象上建立过滤流，如 DataInputStream、DataOutputStream 或 PrintStream 类对象。对于文本方式的流对象，可以采用 InputStreamReader 和 OutputStreamWriter、PrintWirter 等加以处理。

例如：

```
PrintStream os=new PrintStream(new BufferedOutputStreem
  (socket.getOutputStream()));
DataInputStream is=new DataInputStream(socket.getInputStream());
PrintWriter out=new PrintWriter(socket.getOutStream(),true);
BufferedReader in=new ButfferedReader(new
  InputSteramReader(Socket.getInputStream()));
```

输入/输出流是网络编程的实质性部分，具体如何构造所需要的过滤流，要根据需要而定，能否运用自如，主要看读者对 Java 中的输入/输出部分掌握如何。

11.3.7　关闭 Socket

每一个 Socket 存在时，都将占用一定的资源。在 Socket 对象使用完毕时，要将其关闭。为了关闭 Socket，可以调用 Socket 的 Close()方法。在关闭 Socket 之前，应将与 Socket 相关的所有输入/输出流全部关闭，以释放所有的资源。而且要注意关闭的顺序，与 Socket 相关所有输入/输出应该首先关闭，然后再关闭 Socket。

```
os.close();
is.close();
socket.close();
```

尽管 Java 有自动回收机制，网络资源最终是会被释放的。但是为了有效地利用资源，建议读者按照合理的顺序主动释放资源。

11.3.8　简单的 Client/Server 程序设计

下面我们给出一个用 Socket 实现的客户端和服务器交互的典型的 C/S 结构的演示程序，读者通过仔细阅读该程序，会对前面讨论的各个概念有更深刻的认识。程序的意义请参考注释。

1. 客户端程序

```
import java.io.*;
import java.net.*;
    public class TalkClient {
        public static void main(String args[]) {
            try{
                Socket socket=new Socket("127.0.0.1",4700);
                //向本机的 4700 端口发出客户端请求
                    BufferedReader sin=new BufferedReader(
                new InputStreamReader(System.in));
                //由系统标准输入设备构造 BufferedReader 对象
                PrintWriter os=new PrintWriter(socket.getOutputStream());
                //由 Socket 对象得到输出流，并构造 PrintWriter 对象
                BufferedReader is=new BufferedReader(new InputStreamReader
                    (socket.getInputStream()));
                //由 Socket 对象得到输入流，并构造相应的 BufferedReader 对象
                String readline;
                readline=sin.readLine(); //从系统标准输入读入一个字符串
                while(!readline.equals("bye")){
                //若从标准输入读入的字符串为 "bye"，则停止循环
```

```
                os.println(readline);
                //将从系统标准输入读入的字符串输出到服务器
                os.flush();
                //刷新输出流，使服务器马上收到该字符串
                System.out.println("Client:"+readline);
                //在系统标准输出上打印读入的字符串
                System.out.println("Server:"+is.readLine());
                //从服务器读入一个字符串，并打印到标准输出上
                readline=sin.readLine(); //从系统标准输入读入一个字符串
            } //继续循环
            os.close(); //关闭 Socket 输出流
            is.close(); //关闭 Socket 输入流
            socket.close(); //关闭 Socket
        }catch(Exception e) {
            System.out.println("Error"+e); //出错，则打印出错信息
        }
    }
}
```

2. 服务器端程序

```
import java.io.*;
import java.net.*;
import java.applet.Applet;
public class TalkServer{
    public static void main(String args[]) {
        try{
            ServerSocket server=null;
            try{
                server=new ServerSocket(4700);
            //创建一个 ServerSocket，在端口 4700 上监听客户端请求
            }catch(Exception e) {
                System.out.println("can not listen to:"+e);
            //出错，打印出错信息
            }
            Socket socket=null;
            try{
                socket=server.accept();
                //使用 accept()阻塞等待客户端请求，有客户端
                //请求到来，则产生一个 Socket 对象，并继续执行
            }catch(Exception e) {
                System.out.println("Error."+e);
                //出错，打印出错信息
            }
```

```
            String line;
            BufferedReader is=new BufferedReader(new InputStreamReader
              (socket.getInputStream()));
              //由Socket对象得到输入流，并构造相应的BufferedReader对象
            PrintWriter os=new PrintWriter(socket.getOutputStream());
              //由Socket对象得到输出流，并构造PrintWriter对象
            BufferedReader sin=new BufferedReader(
              new InputStreamReader(System.in));
              //由系统标准输入设备构造BufferedReader对象
            System.out.println("Client:"+is.readLine());
            //在标准输出上打印从客户端读入的字符串
            line=sin.readLine();
            //从标准输入读入一个字符串
            while(!line.equals("bye")){
            //如果该字符串为 "bye"，则停止循环
                os.println(line);
                //向客户端输出该字符串
                os.flush();
                //刷新输出流，使客户端马上收到该字符串
                System.out.println("Server:"+line);
                //在系统标准输出上打印读入的字符串
                System.out.println("Client:"+is.readLine());
                //从客户端读入一个字符串，并打印到标准输出上
                line=sin.readLine();
                //从系统标准输入读入一个字符串
            }   //继续循环
            os.close(); //关闭Socket输出流
            is.close(); //关闭Socket输入流
            socket.close(); //关闭Socket
            server.close(); //关闭ServerSocket
        }catch(Exception e){
            System.out.println("Error:"+e);
            //出错，打印出错信息
        }
    }
}
```

从上面的两个程序中我们可以看到 Socket 四个步骤的使用过程。读者可以分别将Socket使用的四个步骤的对应程序段选择出来，这样便于读者对Socket的使用有进一步的了解。

读者可以在单机上试验该程序，最好是能在真正的网络环境下试验该程序，这样更容易分辨输出的内容和客户机、服务器的对应关系。同时也可以修改该程序，提供更为强大的功能，或使之更能满足读者的意图。

11.3.9　支持多客户端的 Client/Server 程序设计

前面提供的 Client/Server 程序只能实现服务器和一个客户端的对话。在实际应用中，往往是在服务器上运行一个永久的程序，它可以接收来自其他多个客户端的请求，提供相应的服务。为了实现在服务器方给多个客户端提供服务的功能，需要对上面的程序进行改造，利用多线程实现多客户端机制。服务器总是在指定的端口上监听是否有客户端请求，一旦监听到客户端请求，服务器就会启动一个专门的服务线程来响应该客户端请求，而服务器本身在启动完线程之后，马上又进入监听状态，等待下一个客户端请求的到来。

客户端的程序和上面的程序是完全一样的，读者如果仔细阅读过上面的程序，可以跳过不读，把主要精力集中在服务器端的程序上。

1. 服务器端程序 MultiTalkServer.java

```
  import java.io.*;
  import java.net.*;
  public class MultiTalkServer{
    static int clientnum=0;     //静态成员变量，记录当前客户端的个数
    public static void main(String args[]) throws IOException {
      ServerSocket serverSocket=null;
      boolean listening=true;
      try{
          serverSocket=new ServerSocket(4700);
          //创建一个 ServerSocket，在端口 4700 上监听客户端请求
      }catch(IOException e) {
          System.out.println("Could not listen on port:4700.");
          //出错，打印出错信息
          System.exit(-1);       //退出
      }
      while(listening){          //永远循环监听
          new ServerThread(serverSocket.accept(),clientnum).start();
          //监听到客户端请求，根据得到的 Socket 对象和客户端计数创建服务线程，并启动
          clientnum++;           //增加客户端计数
      }
      serverSocket.close();     //关闭 ServerSocket
  }
}
```

2. 程序 ServerThread.java

```
  import java.io.*;
  import java.net.*;
  public class ServerThread extends Thread{
    Socket socket=null;     //保存与本线程相关的 Socket 对象
    int clientnum;          //保存本进程的客户端计数
```

```
    public ServerThread(Socket socket,int num) { //构造函数
      this.socket=socket;   //初始化 socket 变量
      clientnum=num+1;      //初始化 clientnum 变量
    }
    public void run() {     //线程主体
      try{
          String line;
          BufferedReader is=new BufferedReader(new InputStreamReader
              (socket.getInputStream()));
          //由 socket 对象得到输入流，并构造相应的 BufferedReader 对象
          PrintWriter os=new PrintWriter(socket.getOutputStream());
          //由 socket 对象得到输出流，并构造 PrintWriter 对象
          BufferedReader sin=new BufferedReader(new InputStreamReader
              (System.in));
          //由系统标准输入设备构造 BufferedReader 对象
          System.out.println("Client:"+ clientnum +is.readLine());
          //在标准输出上打印从客户端读入的字符串
          line=sin.readLine();
          //从标准输入读入一个字符串
          while(!line.equals("bye")){
          //如果该字符串为 "bye"，则停止循环
              os.println(line);
              //向客户端输出该字符串
              os.flush();
              //刷新输出流，使客户端马上收到该字符串
              System.out.println("Server:"+line);
              //在系统标准输出上打印该字符串
              System.out.println("Client:"+ clientnum +is.readLine());
              //从客户端读入一个字符串，并打印到标准输出上
              line=sin.readLine();
              //从系统标准输入读入一个字符串
          } //继续循环
          os.close();         //关闭 Socket 输出流
          is.close();         //关闭 Socket 输入流
          socket.close();     //关闭 Socket
          server.close();     //关闭 ServerSocket
        }catch(Exception e){
          System.out.println("Error:"+e);
          //出错，打印出错信息
        }
    }
}
```

这个程序向读者展示了网络应用中最为典型的 C/S 结构。

通过以上学习，读者应该对 Java 的面向流的网络编程有了一个比较全面的认识，这些

都是基于 TCP 的应用，后面我们将介绍基于 UDP 的 Socket 编程。

11.4　数据报通信

前面在介绍 TCP/IP 协议的时候，我们已经提到，在 TCP/IP 协议的传输层除了 TCP 协议之外还有 UDP 协议。相比而言，UDP 的应用不如 TCP 广泛，几个标准的应用层协议——HTTP、FTP、SMTP 等，使用的都是 TCP 协议。但是，随着计算机网络的发展，UDP 协议正越来越显示出其威力，尤其是在需要很强的实时性交互的场合，如网络游戏、视频会议等，UDP 更是显示出极强的威力。下面我们就介绍一下 Java 环境下如何实现 UDP 网络传输。

11.4.1　什么是数据报

数据报(Datagram)就跟日常生活中的邮件系统一样，不保证可靠寄到，而面向连接的 TCP 就好比电话，双方能肯定对方接收到了信息。在本章前面，我们已经对 UDP 和 TCP 进行了比较，在这里再稍作总结：

- TCP：可靠，传输大小无限制，但是需要建立连接，差错控制开销大。
- UDP：不可靠，差错控制开销较小，传输大小限制在 64KB 以下，不需要建立连接。

总之，这两个协议各有特点，应用的场合也不同，是完全互补的两个协议。它们在 TCP/IP 协议中占有同样重要的地位，要学好网络编程，两者缺一不可。

11.4.2　数据报通信的表示方法：DatagramSocket 和 DatagramPacket

java.net 包中提供了两个类——DatagramSocket 和 DatagramPacket，用来支持数据报通信。DatagramSocket 用于在程序之间建立传送数据报的通信连接，DatagramPacket 则用来表示数据报。先来看一下 DatagramSocket 的构造函数：

```
DatagramSocket();
DatagramSocket(int prot);
DatagramSocket(int port, InetAddress laddr)
```

其中，*port* 指明 Socket 所使用的端口号，如果未指明端口号，则把 Socket 连接到本地主机上一个可用的端口。*laddr* 指明一个可用的本地地址。给出端口号时要保证不发生端口冲突，否则会生成 SocketException 异常。注意，上述两个构造函数都声明抛出非运行时异常 SocketException，在程序中必须进行处理，要么捕获，要么声明抛弃。

用数据报方式编写 Client/Server 程序时，无论在客户端还是服务器，首先都要建立一个 DatagramSocket 对象，用来接收或发送数据报，然后使用 DatagramPacket 类对象作为传输数据的载体。下面看一下 DatagramPacket 的构造函数：

```
DatagramPacket(byte buf[],int length);
```

```
DatagramPacket(byte buf[], int length, InetAddress addr, int port);
DatagramPacket(byte[] buf, int offset, int length);
DatagramPacket(byte[] buf, int offset, int length, InetAddress address,
    int port);
```

其中，*buf* 中存放数据报数据，*length* 为数据报中数据的长度，*addr* 和 *port* 指明目的地址，*offset* 指明数据报的位移量。

在接收数据前，应该采用上面的第一个构造函数生成一个 DatagramPacket 对象，给出接收数据的缓冲区及其长度。然后调用 DatagramSocket 的方法 receive( )等待数据报的到来。receive( )将一直等待，直到收到一个数据报为止。

```
DatagramPacket packet=new DatagramPacket(buf, 256);
Socket.receive(packet);
```

发送数据前，也要先生成一个新的 DatagramPacket 对象，这时要使用上面的第二个构造函数，在给出存放发送数据的缓冲区的同时，还要给出完整的目的地址，包括 IP 地址和端口号。发送数据是通过 DatagramSocket 的方法 send( )实现的，send( )根据数据报的目的地址来寻址，以传递数据报。

```
DatagramPacket packet=new DatagramPacket(buf, length, address, port);
Socket.send(packet);
```

在构造数据报时，要给出 InetAddress 类参数。类 InetAddress 在 java.net 包中定义，用来表示一个 Internet 地址。我们可以通过它提供的类方法 getByName( )，从一个表示主机名的字符串获取该主机的 IP 地址，然后再获取相应的地址信息。

11.4.3 基于 UDP 的简单的 Client/Server 程序设计

有了上面的知识，我们就可以构造一个基于 UDP 的 C/S 网络传输模型。

1. 客户端程序 QuoteClient.java

```
import java.io.*;
import java.net.*;
import java.util.*;

public class QuoteClient {
    public static void main(String[] args) throws IOException {
        if(args.length != 1) {
            // 如果启动的时候没有给出服务器的名字，那么出错并退出
            System.out.println("Usage:java QuoteClient <hostname>");
            // 打印出错信息
            return; // 返回
        }
        DatagramSocket socket = new DatagramSocket();
```

```
        // 创建数据报套接字
        byte[] buf = new byte[256]; // 创建缓冲区
        InetAddress address = InetAddress.getByName(args[0]);
        // 由命令行给出的第一个参数默认为服务器的名字，通过它得到服务器的 IP 信息
        DatagramPacket packet = new DatagramPacket(buf, buf.length, address,
              4445);
        // 创建 DatagramPacket 对象
        socket.send(packet); // 发送数据报
        packet = new DatagramPacket(buf, buf.length);
        // 创建新的 DatagramPacket 对象，用来接收数据报
        socket.receive(packet); // 接收数据报
        String received = new String(packet.getData());
        // 根据接收到的字节数组生成相应的字符串
        System.out.println("Quote of the Moment:" + received);
        // 打印生成的字符串
        socket.close(); // 关闭套接口
    }
}
```

2. 服务器端程序 QuoteServer.java

```
public class QuoteServer {
    public static void main(String args[]) throws java.io.IOException {
        new QuoteServerThread().start();
        // 启动一个 QuoteServerThread 线程
    }
}
```

3. 程序 QuoteServerThread.java

```
import java.io.*;
import java.net.*;
import java.util.*;

//服务器线程
public class QuoteServerThread extends Thread {
    protected DatagramSocket socket = null;
    // 记录和本对象相关联的 DatagramSocket 对象
    protected BufferedReader in = null;
    // 用来读文件的一个 Reader
    protected boolean moreQuotes = true;

    // 标志变量，是否继续操作
    public QuoteServerThread() throws IOException {
        // 无参数的构造函数
```

```
    this("QuoteServerThread");
    // 以 QuoteServerThread 为默认值调用带参数的构造函数
  }

  public QuoteServerThread(String name) throws IOException {
    super(name);                             // 调用父类的构造函数
    socket = new DatagramSocket(4445);
    // 在端口 4445 上创建数据报套接字
    try {
      in = new BufferedReader(new FileReader(" one-liners.txt"));
      // 打开一个文件，构造相应的 BufferReader 对象
    } catch (FileNotFoundException e) {  // 异常处理
      System.err
        .println("Could not open quote file. Serving time instead.");
      // 打印出错信息
    }
  }
  public void run()                          // 线程主体
  {
    while (moreQuotes) {
      try {
        byte[] buf = new byte[256];     // 创建缓冲区
        DatagramPacket packet = new DatagramPacket(buf, buf.length);
        // 由缓冲区构造 DatagramPacket 对象
        socket.receive(packet);          // 接收数据报
        String dString = null;
        if (in == null)
          dString = new Date().toString();
        // 如果初始化的时候打开文件失败
        // 则使用日期作为要传送的字符串
        else
          dString = getNextQuotes();
        // 否则调用成员函数，从文件中读出字符串
        buf = dString.getBytes();
        // 把 String 转换成字节数组，以便传送
        InetAddress address = packet.getAddress();
        // 从客户端传来的数据报中得到客户端地址
        int port = packet.getPort();   // 和端口号
        packet = new DatagramPacket(buf, buf.length, address, port);
        // 根据客户端信息构建 DatagramPacket
        socket.send(packet);             // 发送数据报
      } catch(IOException e) {           // 异常处理
        e.printStackTrace();             // 打印错误栈
        moreQuotes = false;              // 将标志变量置 false，以结束循环
```

```
            }
        }
        socket.close();                               // 关闭数据报套接字
    }

    protected String getNextQuotes() {
        // 成员函数，从文件中读数据
        String returnValue = null;
        try {
            if((returnValue = in.readLine()) == null) {
                // 从文件中读一行，如果读到文件末尾
                in.close();                           // 关闭输入流
                moreQuotes = false;
                // 将标志变量置 false，以结束循环
                returnValue = "No more quotes. Goodbye.";
                // 置返回值
            } // 否则返回的字符串即为从文件读出的字符串
        } catch(IOException e) {            // 异常处理
            returnValue = "IOException occurred in server";
            // 置异常返回值
        }
        return returnValue;                           // 返回字符串
    }
}
```

可以看出，在程序中使用 UDP 和使用 TCP 还是有很大区别的。一个比较明显的区别是：UDP 的 Socket 编程是不提供监听功能的，也就是说，通信双方更为平等，面对的接口是完全一样的。但是为了用 UDP 实现 C/S 结构，在使用 UDP 时可以使用 DatagramSocket.receive( )来实现类似于监听的功能。因为 receive( )是阻塞函数，当它返回时，缓冲区里已经填满了接收到的一个数据报，并且可以从该数据报得到发送方的各种信息，这一点跟 accept( )很像，因而可以根据读入的数据报来决定下一步的动作，这就达到了跟网络监听相似的效果。

11.4.4　用数据报进行广播通信

DatagramSocket 只允许数据报发送一个目的地址，java.net 包中提供了一个类 MulticastSocket，允许数据报以广播方式发送到该端口的所有客户。MulticastSocket 用在客户端，监听服务器广播来的数据。

我们对上面的程序做一些修改，利用 MulticastSocket 实现广播通信。新程序完成的功能是使同时运行的多个客户端程序能够接收到服务器发送来的相同的信息，显示在各自的屏幕上。

1. 客户端程序 MulticastClient.java

```
import java.io.*;
import java.net.*;
import java.util.*;

public class MulticastClient {
    public static void main(String args[]) throws IOException {
        MulticastSocket socket = new MulticastSocket(4446);
        // 创建 4446 端口的广播套接字
        InetAddress address = InetAddress.getByName("230.0.0.1");
        // 得到 230.0.0.1 的地址信息
        socket.joinGroup(address);
        // 使用 joinGroup()将广播套接字绑定到地址上
        DatagramPacket packet;
        for(int i = 0; i < 5; i++) {
            byte[] buf = new byte[256];
            // 创建缓冲区
            packet = new DatagramPacket(buf, buf.length);
            // 创建接收数据报
            socket.receive(packet); // 接收
            String received = new String(packet.getData());
            // 由接收到的数据报得到字节数组，并由此构造一个 String 对象
            System.out.println("Quote of theMoment:"+received);
            // 打印得到的字符串
        } // 循环 5 次
        socket.leaveGroup(address);
        // 把广播套接字从地址上解除绑定
        socket.close(); // 关闭广播套接字
    }
}
```

2. 服务器端程序 MulticastServer.java

```
    public class MulticastServer {
    public static void main(String args[]) throws java.io.IOException {
        new MulticastServerThread("MulticastServerThread").start();
        // 启动一个服务器线程
    }
}
```

3. 程序 MulticastServerThread.java

```
import java.io.*;
import java.net.*;
import java.util.*;
```

```
public class MulticastServerThread extends QuoteServerThread
// 从 QuoteServerThread 继承得到新的服务器线程类 MulticastServerThread
{
    private long FIVE_SECOND = 5000; // 定义常量，5 秒钟

    public MulticastServerThread(String name) throws IOException {
        super("MulticastServerThread");
        // 调用父类，也就是 QuoteServerThread 的构造函数
    }

    public void run() // 重写父类的线程主体
    {
        while(moreQuotes) {
            // 根据标志变量判断是否继续循环
            try {
                byte[] buf = new byte[256];
                // 创建缓冲区
                String dString = null;
                if(in == null)
                    dString = new Date().toString();
                // 如果初始化的时候打开文件失败，则使用日期作为要传送的字符串
                else
                    dString = getNextQuotes();
                // 否则，调用成员函数从文件中读出字符串
                buf = dString.getBytes();
                // 把 String 转换成字节数组，以便传送
                InetAddress group = InetAddress.getByName("230.0.0.1");
                // 得到 230.0.0.1 的地址信息
                DatagramPacket packet = new DatagramPacket(buf, buf.length,
                        group, 4446);
                // 根据缓冲区、广播地址和端口号创建 DatagramPacket 对象
                socket.send(packet); // 发送该数据报
                try {
                    sleep((long) (Math.random() * FIVE_SECOND));
                    // 随机等待一段时间，0～5 秒之间
                } catch(InterruptedException e) {
                } // 异常处理
            } catch(IOException e) { // 异常处理
                e.printStackTrace(); // 打印错误栈
                moreQuotes = false; // 置结束循环标志
            }
        }
        socket.close(); // 关闭广播套接口
    }
}
```

至此，本章已经讲解完毕。读者通过学习，应该对网络编程有了一个清晰的认识，但可能对某些概念还不是十分清楚，需要通过更多的实践来进一步掌握。对编程语言的学习不同于一般的学习，极其强调实践的重要性。读者应该对 URL 网络编程、Socket 中的 TCP、UDP 编程进行大量练习才能更好地掌握本章中所提到的一些概念，才能真正学到 Java 网络编程的精髓！

11.5　本章小结

本章主要讲解了 Java 环境下的网络编程。首先讲解了一些最基本的概念，帮助读者理解后面的相关内容。重点有以下几个概念：主机名、IP、端口、服务类型、TCP、UDP。后续内容分为两大块：一块以 URL 为主线，讲解如何通过 URL 类和 URLConnection 类访问 WWW 网络资源；另一块以 Socket 接口和 C/S 网络编程模型为主线，依次讲解了如何用 Java 实现基于 TCP 的 C/S 结构，主要用到的类有 Socket 和 ServerSocket，以及如何用 Java 实现基于 UDP 的 C/S 结构，还讨论了一种特殊的传输方式——广播方式。这种方式是 UDP 所特有的，主要用到的类有 DatagramSocket、DatagramPacket 和 MulticastSocket。

11.6　思考和练习

一、填空题

1、TCP 协议的特点是______，即在传输数据前先在______和______间建立逻辑连接。

2、在计算机中，端口号用______字节，也就是 16 位的二进制数表示，它的取值范围是______。

3、在 JDK 中，IP 地址用______类来表示，该类提供了许多和 IP 地址相关的操作。

4、使用 UDP 协议开发网络程序时，需要使用两个类，分别是______和______。

二、选择题

1、使用 UDP 协议通信时，需要使用哪个类对要发送的数据打包(　　)？

A、Socket　　B、DatagramSocket

C、DatagramPacket　　D、ServerSocket

2、以下哪个是 ServerSocket 类用于接收来自客户端请求的方法(　　)？

A、accept( )　　B、getOutputStream( )

C、receive( )　　D、get( )

3、以下说法中哪些是正确的(　　)？(多选)

A、在 TCP 连接中必须明确客户端与服务器端

B、TCP 是面向连接的通信协议，提供了两台计算机之间可靠、无差错的数据传输

C、UDP 是面向无连接的协议，可以保证数据的完整性

D、UDP 资源消耗小，通信效率高，通常被用于音频、视频和普通数据的传输

4、以下哪个类用于实现 TCP 通信的客户端程序(　　)?

A、ServerSocket　　B、Socket

C、Client　　D、Server

5、进行 UDP 通信时，在接收端若要获得发送端的 IP 地址，可以使用 DatagramPacket 的哪个方法(　　)?

A、getAddress( )　　B、getPort( )　　C、getName( )　　D、getData( )

6、以下哪个方法是 DatagramSocket 类用于发送数据的方法(　　)?

A、receive( )　　B、accept( )　　C、set( )　　D、send( )

7、在程序运行时，DatagramSocket 的哪个方法会发生阻塞(　　)?

A、send( )　　B、receive( )　　C、close( )　　D、connect( )

8、在 TCP 协议的“三次握手”中，第一次握手指的是什么(　　)?

A、客户端再次向服务器端发送确认信息，确认连接

B、服务器端向客户端回送一个响应，通知客户端收到了连接请求

C、客户端向服务器端发出连接请求，等待服务器确认

D、以上答案全部错误

四、简答题

1、网络通信协议是什么?

2、TCP 协议和 UDP 协议有什么区别?

3、Socket 类和 ServerSocket 类各有什么作用?

五、编程题

1、使用InetAddress类获取本地计算机的IP地址和主机名，以及甲骨文公司(www.oracle.com)主机的IP地址。

2、使用 UDP 协议编写一个网络程序，设置接收端程序的监听端口为 8001，发送端发送的数据是“hello world”。

3、使用 TCP 协议编写一个网络程序，设置服务器程序的监听端口为 8002，当与客户端建立连接后，向客户端发送“hello world”，客户端接负责将信息输出。

参考文献

[1] 高飞，陆佳炜，徐俊 等. Java 程序设计实用教程. 北京：清华大学出版社，2013
[2] 谷志峰. Java 程序设计基础教程. 北京：电子工业出版社，2016
[3] 龚炳江，文志诚. Java 程序设计. 北京：人民邮电出版社，2016
[4] 耿祥义，张跃平. Java 程序设计实用教程(第 2 版). 北京：人民邮电出版社，2016
[5] Bruce Eckel. Java 编程思想(第 4 版). 北京：机械工业出版社，2007
[6] 霍斯特曼，科内尔. Java 核心技术卷 1 基础知识. 北京：机械工业出版社，2014
[7] 明日科技. Java 从入门到精通(第 3 版). 北京：清华大学出版社，2012
[8] 何水艳. Java 程序设计. 北京：机械工业出版社，2016
[9] 辛运帏. Java 程序设计(第 3 版). 北京：清华大学出版社，2013
[10] 萨维特切. Java 程序设计与问题解决(第 6 版). 北京：清华大学出版社，2012
[11] 胡伏湘，雷军环，侯小毛. Java 程序设计实用教程(第 3 版). 北京：清华大学出版社，2014
[12] 高飞 ，陆佳炜 ，徐俊. Java 程序设计实用教程. 北京：清华大学出版社，2013
[13] 陈国君. Java 程序设计基础(第 4 版). 北京：清华大学出版社，2013
[14] 莱利. Java 程序设计. 北京：机械工业出版社，2007
[15] 唐大仕. Java 程序设计(第 2 版). 北京：北京交通大学出版社，2015